U0876595

大学生健全人格培养

于 婧 著

清华大学出版社
北 京

内容简介

本书在综合以往各学科、各流派关于人格与人格培养问题的理论说明和相关研究的基础上，从高校思想政治教育工作的角度，论述了大学生健全人格的内涵，思考了当代大学生人格培养的定位，探讨了大学生人格培养的目标、主要内容，结合实证研究分析了当代大学生的人格发展现状和高校人格培养现状，并对大学生人格发展和高校人格培养中存在的问题及其成因进行深入剖析，阐述了当代大学生人格培养应坚持的原则，提出了大学生健全人格培养的有效途径和方法。

本书可作为高校大学生心理健康教育课程的教材，也可作为青年心理健康教育的自学读物。

图书在版编目(CIP)数据

大学生健全人格培养 / 于婧著. —北京：清华大学出版社，2021.7
ISBN 978-7-302-57008-0

Ⅰ. ①大…　Ⅱ. ①于…　Ⅲ. ①大学生—人格心理学—研究　Ⅳ. ①B844.2

中国版本图书馆 CIP 数据核字(2020)第 238013 号

责任编辑：王　定
封面设计：周晓亮
版式设计：思创景点
责任校对：马遥遥
责任印制：朱雨萌

出版发行：清华大学出版社
网　　址：http://www.tup.com.cn，http://www.wqbook.com
地　　址：北京清华大学学研大厦 A 座　　**邮　　编：**100084
社 总 机：010-62770175　　**邮　　购：**010-62786544
投稿与读者服务：010-62776969，c-service@tup.tsinghua.edu.cn
质 量 反 馈：010-62772015，zhiliang@tup.tsinghua.edu.cn
印 装 者：天津鑫丰华印务有限公司
经　　销：全国新华书店
开　　本：185mm×260mm　　**印　　张：**12.5　　**字　　数：**273 千字
版　　次：2021 年 8 月第 1 版　　**印　　次：**2021 年 8 月第 1 次印刷
定　　价：58.00 元

产品编号：083770-01

前　言

对人格问题的研究源于笔者的工作实践和研究兴趣。人格既是学术研究的重要范畴，又是现实生活中的重要概念，同时也是人实现全面发展的重要因素。人格健全、能力突出的个体更能适应当代社会的竞争，也更容易取得成功。当今世界的竞争，其实就是人才的竞争、教育的竞争，人才资源作为国家经济发展和社会发展的第一资源，其作用越来越重要。我国社会主义现代化建设事业的发展需要德才兼备、身心健康、人格健全的高级应用型人才。大学生作为国家的重要人才群体，是否拥有健全的人格至关重要。在大学这个关键时期，大学生的个体人格完善对今后的成长发展极其重要。随着我国改革开放和现代化进程的推进，随着高校教育规模的扩大，大学生健全人格培养的需求越来越迫切。

基于这个迫切需求，本书以当代大学生全面发展为核心，以提高大学生培养质量为目的，尝试将各学科的人格理论与思想政治教育目标相结合，深入探究如何构建有效的大学生人格培养体系及如何有效地进行大学生思想政治教育，不断促进大学生的全面发展，提高大学生的培养质量。本书综合了心理学、教育学、社会学等有关学科的研究成果，以科学、理性的思维审视中西方人格理论和人格培养实践的发展历程，分析中西方历史上人格理论及人格培养实践的利弊得失，结合实证研究分析当代大学生的人格发展现状和高校人格培养现状，对大学生人格培养中存在的问题及其成因进行深入剖析，阐述了当代大学生人格培养应坚持的原则，提出了当代大学生人格培养的有效途径和方法。本书力求将理论性、针对性、指导性、适用性相结合，帮助大学生树立正确的世界观、人生观和价值观，帮助教师和辅导员在工作中有针对性地开展教育和培养工作，提升高校思想教育中人格塑造的实效性。

大学生健全人格培养是一个复杂的理论问题，也是一个较有难度的实践问题。笔者认为，大学生健全人格培养的关键在于社会、学校、家庭要创造有利于大学生人格发展的有利环境，并激发大学生人格自我培养的觉醒，引导大学生明确自身人格健全发展的方向。

本书撰写过程中借鉴了许多国内外专家、学者的观点及研究资料，在此向他们表示衷心的感谢！感谢我的家人以及所有为本书提供帮助和支持的朋友，感谢清华大学出版社编辑的热忱帮助和辛勤劳动。由于本人水平所限，书中疏漏之处在所难免，真切希望同行、专家及读者予以批评指正。

于　婧

2021 年 4 月于西北师大

目　　录

第一章 人格培养概述

每个人渴望自己与周围人的关系和谐、融洽，尤其是青年，更希望与别人友好相处，获得他人的信任、理解和友谊，从而走向成功。秦末有个叫季布的人，一向说话算数，信誉非常高，许多人都同他建立了浓厚的友情。当时甚至流传着这样的谚语：“得黄金百斤，不如得季布一诺。”后来，他得罪了汉高祖刘邦，被悬赏捉拿。结果他的朋友不仅不被重金所惑，而且冒着灭九族的危险来保护他，使他免遭灾殃。古今中外的成功人士都非常看重人格，认为一个人的最大财富便是人格。一位有名的商人曾经说：“有些人生来就有与人交往的天性，他们对人对己、待人处事、举手投足与言谈行为都很自然、得体，能够毫不费力地获得他人的信任和理解。可有些人就没有这种天赋，他们必须倍加努力，才能获得他人的信任和理解。但不论是哪种人，要获得他人的信任和理解，首先要有健全的人格。”因此，世间凡是智者贤人，常把人格的特征极力地表现出来。有的时候，有些人即使与他人偶尔相识，只有一面之交，也能引起他人的注意，使他人喜悦，这是什么道理呢？他(她)能打动人们，使人们善待他们，这又是什么原因呢？贺华勃说：“这是一种不可言喻的两情相悦，他给予我们的，犹如芳香给予花儿的一样。”由此可见，要想成为一个优秀的人，人格的魅力永远是第一位的。

人格是人的灵魂，一个人如果离开了对健全人格的追求，那么他就会失去精神支柱；一个社会如果忽略了对人们健全人格的培养，那么社会就会陷入混乱之中。因此，重视人格培养是社会进步和人类文明的重要标志。当前，我国正处在科技创新、信息发达的伟大时代，迫切需要德才兼备、身心健康、人格健全发展的应用型人才。大学生作为一个重要的人才群体，为适应社会的发展，必须具备竞争意识、责任意识、机遇意识和创新意识，更需要具有健全的人格。因此，开展大学生健全人格培养成为高校思想政治教育实践的重要内容。

第一节　时代呼唤大学生健全人格的培养

古人云："人心不同，各如其面。"世界上芸芸众生，不仅长相各不相同，而且做事、处理问题的方式和方法也不尽相同。人们会通过各种方式谋生，有的从商，有的从政，有的从学，等等。一位老教授昔日培养的三个得意门生事业有成，一个在官场上春风得意，一个在商场上捷报频传，一个埋头做学问成了学术明星。于是，有人问老教授："你认为三人中哪个会更有出息？"老教授说："现在还看不出来。人生的较量有三个层次，最低层次是技巧的较量，其次是智慧的较量，他们现在正处于这一层次，而最高层次的较量则是人格的较量。"这个故事生动地说明了，在人的素质结构中，人格起着近乎决定性的作用。爱因斯坦也说过，一个人事业上的成功取决于他性格上的伟大。性格是人格的重要组成部分，因此，良好的人格是人生成功的必要条件，值得引起当代大学生的重视。

一、人格的重要性

汉代司马迁是一个伟大的人。他为了完成"究天人之际，通古今之变，成一家之言"的《史记》，把个人精神和肉体的痛苦都抛到九霄云外，忍辱负重、坚韧不拔，专注于史书的撰写。经过几十年的努力，洋洋52万言、煌煌130篇，全面记载自黄帝至汉武帝三千年历史的杰作《史记》终于问世，为中国历史学竖起了一座巍峨的丰碑。千百年来，司马迁非凡的人格力量让人敬仰、催人奋发，他悲壮的一生影响着一代又一代中国人。

宋代苏东坡的一生多灾多难，如他在潮州韩文公庙碑中所说："浩然之气，不依形而立，不恃力而行，不待生而存，不随死而亡矣。"他在挫折中建树了卓越的成就。苏东坡留给人们的，正是这种万古不朽的浩然之气。

爱因斯坦是一位伟大的科学家，他不仅在科学成就上站在了人类的巅峰，而且在人格上堪称高尚的楷模。爱因斯坦一生事业辉煌，然而对名利却看得十分淡漠。他多次拒绝受任以色列总统，他说："方程对我更重要些，因为政治是为当前，而方程是一种永恒的东西。"1955年，他在美国去世，终年76岁。遵照他的遗嘱，没有官方讣告，没有花圈，没有乐队，没有悼词，只有最亲近的12个亲朋好友为他送行，遗体当天火化。他的朋友格里芬回忆说："爱因斯坦希望一声不响地离开，他害怕他的住宅和坟墓将来成为纪念堂。"爱因斯坦曾说："我自己不过是自然的一个极微小的部分。"友人贝克在爱因斯坦75岁生日的贺信中诚挚地写道："在那对道德是否存在这个问题只能得到'否'的回答的岁月里，当人们对'人性'这个概念深表怀疑的时候，我有幸想起了你，顿时就感到内心恢复了平静。多少个日日夜夜，你站在我的心中对我说话。"对于人格的意义，爱因斯坦有着精辟的回答："大多数人说，是才智造就了伟大的科学家。他们错了，是人格。"

人格是存在于世界上的一种巨大能量。坚强的人格不会因种种外来压力而扭曲变形，高尚的人在任何境遇之中都主宰自己的人格，亦即维护自身做人的尊严。

【思考】为什么在同样的环境和社会条件下，有些人获得成功，而有些人却一事无成？为什么有些人总是会犯同样的错误？究竟是什么决定了人的命运？是运气、努力，还是人格？

社会发展的根本动力与最终目的都是人的全面发展，现代社会的竞争，其实质是人才的竞争。相比之下，人格健全、能力突出的个体才能更适应当前激烈的竞争，并且容易获得成功。然而，个体人格的不断完善与健全发展不仅对自身的发展起着重要作用，对于国家与社会的发展也具有重要意义。对此，我国著名教育家蔡元培先生也早有深刻认识："盖国民而无完全人格，欲国家之隆盛，非但不可得，且有衰亡之虑焉。造成完全人格，使国家隆盛而不衰亡，真所谓爱国矣。"①

由此可以看出，人格不仅是个体立足社会获得成功的必要条件，更是社会现代化与社会和谐发展的重要条件和基础。对个体人格的培养既是个人全面发展的要求，更是社会不断进步的需要，这不仅关系到个体自身的发展，也关系着国家和社会的不断发展与进步。

周总理的故事，人们耳熟能详。为方便出入，工作人员想把院子里的十几个台阶拆除，把院子修平，被周总理果断制止，周总理说："国家经济还很困难，不能把钱花在我这里。"到灾区走访，他要求改变现场布置，让群众背风坐，自己却迎风讲话；外事活动结束，他请随行人员就餐，因坚持按照标准交费，留下"三付饭费"的美谈。周总理的话语，人们铭记在心。他疾呼"为中华之崛起而读书"，以信仰之忠诚、不屈之奋斗，激扬拳拳爱国之心、殷殷报国之志；他告诫"畏难苟安，不是共产党人的品质"，以身作则、不惧险阻，敢于迎着困难上；他坚信"只有忠实于事实，才能忠实于真理"，实事求是、一丝不苟，始终坚持"认真"二字。

邓小平在接受意大利记者法拉奇采访时回忆，周总理一天的工作时间超过 12 小时，有时在 16 小时以上，一生如此。忠贞不屈、矢志不渝的党性修养，勇担重任、呕心沥血的担当精神，任劳任怨、勤勤恳恳的务实作风，心忧天下、勤政为民的百姓情怀……

周恩来知行合一，用毕生的勤勉奉献深刻诠释了什么是"一个高尚的人，一个纯粹的人，一个有道德的人，一个脱离了低级趣味的人，一个有益于人民的人"。他真正做到了鞠躬尽瘁、死而后已，生前无愧于党和国家，死后树立起一座永恒的灯塔，照亮了共产党人的精神家园。

不凡的精神品质感染心灵，伟大的人格力量无远弗届。美国《时代》周刊驻华记者白修德感慨，一见到周恩来，自己的"怀疑和不信任几乎荡然无存"。一位干部也曾说："周总理是用作风和人格领导我们的。"周恩来的优良作风和优秀品德证明了"共产党人干事业，一靠真理的力量，二靠人格的力量"，永远是我们学习的榜样。

---

① 蔡元培. 蔡元培教育名篇[M]. 北京：教育科学出版社，2007：47.

周恩来就像一面镜子，照见以人民为中心的价值理念，照见严以修身、严以用权、严以律己，照见谋事要实、创业要实、做人要实，助力大学生培育健全的人格、高尚的人格、伟大的人格。

二、当代大学生的人格特点

目前的在校大学生，从其心理发展水平来看，大多处于尚未完全成熟却又快速成熟的阶段，其心理的发展存在较明显的不确定性，人格有着较强的可塑性。在当前的社会背景下，当代大学生的人格特点如下。

(一) 人格发展尚未定型，可塑性较强

大学生生理发展已基本成熟，但还处于独立性与依赖性、自觉性与矛盾性相互交错的矛盾期，其心理起伏较大，易冲动，易受外界环境的影响。相对于青春期来讲，处于青年期的大学生的智力和个性的发展逐渐趋于成熟，但是人格尚未定型，其人格发展存在较大的波动性，可塑性强，易受到外界环境的影响和干扰。因此，外部社会环境和教育对其人格的成长起着不可低估的作用。在不同的环境熏陶和教育引导下，其人格的不同方面会得到不同程度的彰显、强化或抑制。这一人格发展特点为高校教育者进行大学生的人格培育提供了可能。

(二) 崇尚个体独特性的发挥

总体来说，在当前社会背景下，外向、张扬，崇尚个体独特性的发挥，成为当代大学生较为看重的人格品质。任何经济形式总是需要相应的文化支撑，从文艺复兴时代的人文主义思想到现代的市场经济文化都在强调人格独立与自我奋斗的价值观。因此，人的主体性、创造性与独立性成为西方社会的主流价值取向，人们崇尚个性自由、自我张扬的人格特征。没有理性基础的外向、张扬容易导致愚蠢的冲动，不利于个人发展和社会和谐。因此，需要对青年大学生加强科学、理性方面的教育与引导。因此，在大学生人格培养过程中，既要重视对青年大学生进行文化价值观、社会规范、社会准则等的普遍性教育，也要考虑到其人格的独特性，面对学生的不同发展需要，有针对性地设计培养方案，帮助学生理性地发挥其主体性和自主性，形成和发展带有个体独特性的且能够体现个人魅力的人格特点。

(三) 个体人格的内在机制与外在行为特征的发展不平衡

处于人格发展关键期的高校大学生在其人格的内在机制与外在行为特征的发展上，往往表现出不协调、不平衡的特点，具体表现为认知能力普遍较强，但行为能力较弱，行为

水平较低，这与当下的教育环境不无关系。教育者普遍重视学生认知能力的培养，相对忽视行为能力的培养，尤其是社会能力的提升，因而造成其人格的知、情、意、行的发展不协调、不统一的问题，这一问题直接影响大学生自我同一性的建立与完善。由于缺乏必要的社会实践，身处象牙塔中的大学生对自我缺乏充分的了解，其自我认知往往脱离现实，不切实际，无法将自己的过去、现在和将来进行切合实际的有效建构，无法形成对于有关自我发展的重大问题(诸如理想、职业、价值观、人生观等问题)的有效解释，无法对未来自我的发展做出自己的思考，很难形成稳定、统一的健全人格。针对该问题，在学校教育中，对于大学生人格的培养不能只注重个体内在认知的提升，还要结合行为塑造、情感陶冶等方面，全方位综合塑造个体的人格。

三、人格危机是大学生人格发展面临的严峻现实

大学生是我国未来社会主义现代化建设事业的主力军，他们的人格健全与否既关系到个体的顺利成长和成才，也关系到国家和民族的未来。因为发展中国特色社会主义的伟大事业需要高校培养和造就一大批高素质的建设者和接班人，而健全的人格是社会主义建设者和接班人所必备的基本素质。一个真正为社会所接纳、认同并能充分发挥作用的人，除了应当具备社会和时代发展所需要的科学文化素质之外，还必须具有健全人格所涵盖的多个方面的综合素质。当前，从总体上看，作为高知识群体的大学生多数都具备较高的人格素养。他们大多数都能积极向上、与人为善，能够正确地处理好个人与社会、现实与理想、理性与感性等两难问题，既具有脚踏实地的奋斗精神，也具有追求卓越的崇高理想；既具有克服困难的信心与勇气，也具有长期拼搏的干劲与动力。但是，由于我国关于人格理论的研究起步较晚，对大学生进行系统的人格培养与训练的方法还处于相对滞后的阶段。传统人格培养的失效、现实人格培养的失范、理想人格培养的缺失等现象都不同程度地存在着。特别是由于受经济压力、学习压力和就业压力等多方面因素的影响，部分大学生在人格上也不同程度地存在着各种各样的缺陷，以致有相当部分的大学生对大学生活感到迷惘、困惑、烦恼、焦虑和压抑，明显存在不健全人格的种种心理和行为迹象。

(一) 大学生极端伤害行为不断涌现

由于大学生身份的特殊性和伤害后果的严重性，每次伤害事故发生，都会成为社会关注的焦点。大学生伤害行为包括伤害他人与自我伤害两种类型。

(1) 伤害他人。从 1997 年北大学生投毒案，到 2002 年清华大学刘海洋硫酸泼熊事件、2004 年云南大学马加爵杀人案、2008 年中国政法大学付成励持刀砍倒上课教师程春明并致其死亡案、2009 年吉林农业大学郭力维用尖刀扎死同学赵研案，再到 2010 年西安音乐学院药家鑫驾车撞人并刺死张妙案、2013 年林森浩投毒案、2016 年北大学子弑母案等，每次

极端伤害事故都成为当年舆论的热点。[①]社会各方在事故发生后都进行了激烈的争论与反思，并引起了学术界的极大关注。

拓展阅读 1-1

硫酸泼熊事件

拓展阅读 1-2

林森浩投毒案

(2) 自我伤害。极端的自我伤害即自杀。近年来，很多高校都发生过学生自杀事件。仅2015 年上半年，公开报道的大学生自杀事件就有几十起。2016 年 2 月，南京邮电大学一名研究生疑因毕业论文不过关跳楼自杀；2017—2019 年，大学生自杀事件的数量呈上升趋势。

拓展阅读 1-3

被拒绝的表白

拓展阅读 1-4

吃安眠药来解决问题

在网上搜索可以发现，大学生自杀事件屡见不鲜，有的是因为感情受挫，有的是因为论文答辩、考试成绩不合格，有的是因为家庭变故，有的是因为就业压力大，对生活失去信心。

从数量上看，虽然大学生发生极端伤害行为的人数只占大学生群体中极小的一部分，但带来的后果是十分严重的，并且会严重影响社会秩序、学校的正常教学和管理秩序，甚至还可能给学校带来法律纠纷及公共危机，进而影响学校和社会的稳定，应当引起社会的广泛关注。

(二) 大学生心理问题愈发突出

研究显示：目前在校大学生中有心理问题的学生比例逐年增加，每年高校中因为心理

① 颜吾佴. 由大学生刑事案件引发的对大学生思想政治教育的思考[J]. 思想理论教导刊，2011(7)：101.

问题退学的学生占总退学人数的 55%。2019 年 7 月 24 日，《中国青年报》在微博上发起关于大学生抑郁症的调查，在超过30 万的投票中，有超过两成的大学生认为自己存在严重的抑郁倾向。世界卫生组织也曾指出，1/4的中国大学生承认有过抑郁症状。沈阳卫生中心的最新流行病调查统计结果显示：“中国大学生中约有 24%的人患有不同程度的抑郁症。名牌大学的学生中患抑郁症的比率更高，达到 35%。”①还有相关研究显示，“青少年的焦虑、抑郁等消极指数在逐年增加，自尊、幸福感等积极指数却逐年下降”②。《中国青少年网络成瘾数据报告》显示：18～23 岁青年网络成瘾人数达到数百万，其中研究生和本、专科生网络成瘾人数比例高达 14%和 11%。这些数据充分地反映出现代社会中，大学生心理问题愈发突出。

拓展阅读 1-5

抑郁的小易

抑郁症是自杀率较高的心理疾病，对家庭和个人都具有摧毁性的力量，使人经受痛苦的折磨，对家庭、个人和社会造成的损失不可估量。联合国专家预言，从现在到 21 世纪中叶，没有一种灾难像心理危机那样带给人们持续而深刻的痛苦。为什么抑郁症会在大学生这个群体里高发呢？主要原因如下。

(1) 理想与现实的冲突。随着社会的发展，越来越多的适龄青年有机会进入大学，接受高等教育。大学生活中存在理想与现实的冲突，成长的压力与动力并存，机遇与挑战同在，个人成长与危机同生。在危机中自我成长，是每个大学生面临的任务。

(2) 情感困惑和危机。大学生既有对友情、爱情的追寻和渴望, 也有对情感的迷惑和失落，处理不好就会受到压抑、抑郁等情绪的困扰。一方面，进入大学后，由于离开了家乡和父母，一些同学难以适应大学生活和学习状态，产生了情绪的波动，独立意识增强和独立生活能力弱的反差，对大学生造成了较大的心理压力；另一方面，大学生情感丰富，但缺乏处理感情问题的能力，也是诱发大学生心理问题的重要因素，恋爱失败往往对大学生心理产生一定的影响，有的人因此走向极端，甚至酿成悲剧。

(3) 学业与就业压力。大学生的首要任务是学习好专业知识，与中学阶段的学习相比，大学阶段的学习环境、学习内容、学习方法及学习目标等都发生了很大变化，要求学生变被动学习为主动学习，并且需要同时学习许多专业课程，缺少老师、家长的陪伴和监督，部分学生难以适应这些变化进而产生心理冲突。如果学生缺乏相应的自我调整能力和自我规划能力，又缺乏相应的心理辅导，其心理压力会变得越来越大，进而影响其学习生活。同时，日趋激烈的就业竞争给在校大学生带来新的压力，导致部分大学生处于焦急和忧虑

① 优等生更易孤独，三成名牌大学生抑郁. 中国新闻网调查报告，2005-01-12.

② 辛自强，池丽萍. 社会变迁中的青少年[M]. 北京：北京师范大学出版社，2008：116-123.

之中。

(4) 人际关系不适。大学生们的感情世界丰富而敏感，渴望与人交往，渴望获得友谊、尊重和理解，希望能够找到同甘共苦、无话不说的知己。然而，大学校园内汇聚了来自全国各地、四面八方的莘莘学子，生活方式、兴趣爱好及家庭状况等都不尽相同，导致某些大学生之间的交流不顺畅。再加上部分大学生沉溺于网络等虚拟世界而不愿与身边的同学沟通交流，导致部分学生越发内向、自我，不愿与他人沟通交流，进而诱发学生之间的交往与相处的矛盾，产生心理压力，而这种情绪如果不能及时得到缓和，就很有可能导致更大的心理疾病产生。

可以采取一些措施来预防大学生抑郁症的发生。

(1) 运动。大学生处于人体生理状态最好的时期，应多参加学校举办的活动，多参加体育运动，既能增强体质又能抒发心中的忧郁，能够有效地预防抑郁症的发生。

(2) 心态调整。大学是值得一生来回味的美好时光，大学生要善于捕捉生活和学习中令人快乐的因素，少去体验和强化不愉快的事情，学会自得其乐，正确地认识自我，对名利、地位、处境形成正确认识。

(3) 养成良好的生活习惯。大学生心智已经成熟，应能够承担一定的心理压力和挫折。人生不会一帆风顺，也正是因为经历人生的坎坷，才能更好地培养才智、锻炼意志、积累经验。大学生要认真学习，提高自身修养，增强心理适应能力，养成良好的生活习惯，使智商和情商同步发展。

(4) 引导。学校、社会、家庭应积极引导大学生心理的健康发展，及时帮助大学生解决所面临的问题，可以开设心理健康教育课程、建立心理干预机制等。

拓展阅读 1-6

走出网瘾迷途——一名大学生的真实故事

现实中，许多大学生网络成瘾。网络成瘾与网络娱乐往往只是一线之隔，不管是青少年自身还是家长，有时并不能正确区分。暨南大学第一附属医院睡眠医学中心与精神医学科主任潘集阳教授说，成瘾有着严格的医学标准，具有一定的生物学系，与大脑或基因的缺陷、神经环路的缺陷等多种因素有关。成瘾有多种类型，烟酒、药物、毒品都会成瘾，网络成瘾是其中一种。判断是否处于网络成瘾状态，潘教授给出了 4 个基本标准：①每天连续上网玩游戏超过 4 小时；②无法控制自己，每天都必须玩电脑或手机；③一旦被阻止使用网络，就会有焦虑、愤怒、失眠等戒断症状；④长期沉迷网络时会出现抑郁、焦虑等情绪，以致严重影响学习、工作或生活。

怎么判断一个人是否患上了网络成瘾综合征？国外心理学家提出 8 项标准。

(1) 是否觉得上网已占据了你的身心？

(2) 是否觉得只有不断增加上网时间才能感到满足，从而使上网时间经常比预定时间长？

(3) 是否无法控制自己上网的冲动？

(4) 每当网络线路被掐断或由于其他原因不能上网时，是否会感到烦躁不安或情绪低落？

(5) 是否将上网作为摆脱痛苦的唯一办法？

(6) 是否对家人或亲友隐瞒迷恋网络的程度？

(7) 是否因为迷恋网络而面临失学、失业或失去朋友的危险？

(8) 是否在支付高额上网费用时有所后悔，但第二天却仍然忍不住还要上网？

如果有 4 项或 4 项以上表现，并已持续一年以上，那就表明已患上了网络成瘾综合征。

(三) 部分大学生主体价值观偏离

当前，有一些大学生出现了理想和信仰危机，价值观出现物欲化倾向，重金钱讲实惠，功利色彩浓重，道德上出现自私和冷漠的倾向。有关调查显示，部分大学生个人主义倾向严重，只追求自身的名誉、金钱与利益，有的甚至将“过奢侈生活”“傍大款”“做高官”“赚大钱”等视为人生的奋斗目标，还有部分大学生在面对各种利益的诱惑时背信弃义、见利忘义。相关的数据分析指出，全国在校大学生借贷的违约率达到 20%，各经办银行也因此停止对许多高校的贷款业务，已有 100 多所高校被各大银行列入了“黑名单”，占全国所有高校的近 12%。

拓展阅读 1-7

助学贷款违约率居高不下　存在大学生恶意欠款现象

(四) 大学生学术造假层出不穷

近几年，关于学术造假的新闻层出不穷。“当代大学生利用网络学术资源不端行为的调查”课题组的调查结果显示，在 1492 份有效调查问卷中，仅有 22.8%的学生对其他同学的学术不端行为表示坚决抵制，有 36.1%的大学生表示可以容忍和接受，有 32.8%的大学生表示无所谓，甚至有 8.3%的大学生表示支持。这种漠视、纵容的态度折射出部分大学生学术诚信缺失及学术素养低下的现实状况。

拓展阅读 1-8

“竢实扬华奖章”候选人学术造假

拓展阅读 1-9

翟天临学术造假案

(五) 大学生违法犯罪人数不断增加

2009 年 8 月 26 日，中国新闻网刊登的一篇题为《67 所高校 601 件盗窃案调查，犯罪主体呈现高学历化》的报道中指出："2003 年至 2008 年 10 月期间，北京市海淀区检察院受理的关于大学生校园盗窃的案件达 601 件，涉及高校 67 所，涉及人数 669 人，涉案金额共计人民币 3 845 953 元，在全部涉案人员中，大专及以上学历 267 人。"相关部门在全国范围内对目前在校大学生进行犯罪率调查时发现："在校大学生犯罪率呈逐年上升趋势，2001 年比 2000 年上升 299%，2002 年比上年上升 122%，2003 年又比 2002 年增加了 63%，2004 年比 2003 年上升了 55%，2005 年比上年同期上升了 96%。"①这些数据说明了一个严峻的事实，大学生犯罪现象越来越严重，呈现出明显上升趋势。

众多的新闻和媒体的报道也从侧面反映了人们对大学生这个群体的关注和期望。大学生是社会主义建设的主力军，肩负着国家建设的重任和民族发展的希望，社会给予他们较高的期望，希望他们不管是在学术水平方面还是在道德品质方面都能成为社会的楷模。目前，大学在实施教育的过程中对大学生人格的培养存在缺失。在教育的目的上，重视知识的传授，忽视思想、灵魂、智慧的培养和塑造；在教育过程中，有意或无意地忽视了人格的培养。面对当前的社会环境，加强和重视对大学生人格的培养已成为一项非常重要的工作。对大学生健全人格的培养，不但是个体全面发展的需要，更是促进社会和谐健康发展的需要。因此，培养大学生健全人格，既是目前高校的一项重要工作，也是社会主义现代化建设的一项重要任务。

四、健全人格是大学生人格培养的必然选择

(一) 健全人格是大学生身心健康发展和成才的需要

大学生正处于自我意识发展的关键期，正确的自我认知是其人格成长的重要目标。培养健全的人格有助于大学生把自己的能力、才干、潜力和长处竭力发扬光大，努力克服自己的缺点和不足，改造对自己不利的条件，从而正确地认知自己的能力与作用，树立献身于社会的理想与信念，提高综合素质及社会适应能力。

① 刘朗嵬. 大学生盗窃犯罪特点原因分析与预防措施研究[D]. 硕士论文库，2007：09.

(二) 培养大学生健全人格是我国高等教育发展的基本目标

胡锦涛总书记在“加强和改进大学生思想政治教育工作会议”上的讲话中强调：“培养什么人，如何培养人，是教育事业发展中的根本问题。”这对大学教育的使命做了很好的阐释。我国高等教育发展的基本目标就是培养一大批德才兼备的社会主义建设者和接班人。大学生是中国特色社会主义事业建设的中坚力量，面对 21 世纪激烈的国际竞争，他们必须具备健全的人格、良好的心理素质和较强的社会适应能力，能够积极地应对各种机遇与挑战。在素质教育中，应使大学生的知识、能力、人格三者统一并和谐发展，因为知识是人生事业成功的基础，能力是人们由现实向理想飞跃的翅膀，人格则最终决定人生的成败。因此，培养健全的人格是高校素质教育的基本任务和目标。

(三) 培养大学生健全人格是我国社会主义现代化建设与构建和谐社会的需要

《中共中央国务院关于进一步加强和改进大学生思想政治教育的意见》指出：“大学生是十分宝贵的人才资源，是民族的希望，是祖国的未来。”“把他们培养成中国特色社会主义事业的建设者和接班人，对于全面实施科教兴国和人才强国战略，确保我国在激烈的国际竞争中始终立于不败之地，确保实现全面建设小康社会、加快推进社会主义现代化的宏伟目标，确保中国特色社会主义事业兴旺发达、后继有人，具有重大而深远的战略意义。”新时期的大学生是时代中的先进分子，是社会中的优秀青年，肩负着时代和历史赋予的重大使命。经过数年的大学生活，大学生都将投入推进中国特色社会主义事业的伟大征程中去，其人格发展到什么程度，其行动能否推动社会历史的前进，这都将关系到国家的强大、民族的复兴与社会的和谐。只有培养大学生健全的人格，他们才能努力成为有理想、有道德、有文化、有纪律的人，成长为对党和国家、对人民有所建树的人，从而更好地为我国的社会主义现代化建设与和谐社会建设贡献自己的聪明和才智。

第二节　我国人格培养概况

我国对于人格的研究可谓是源远流长，在古代，人格一直是“修身”的一个重要组成部分。学者们对于人格思想的研究也不在少数，或称道德人格或称理想人格。尽管概念的表述有所不同，但不同派别均有自己代表性的人格思想，并有不少警世良言流传至今，其中许多理论、观点仍值得现代思想政治教育工作者在培养大学生健全人格时吸收和借鉴。20 世纪 70 年代，我国的人格研究开始引入西方较为成熟的人格心理学，在西方人格研究成果的基础上开始了基于中国国情的中国人格问题研究，并逐步取得了一定的成果。

一、人格与人格培养思想

纵观我国历史，从先秦到近代，有关人格培养的思想可谓源远流长，内容丰富，例如《三字经》中所叙述："玉不琢，不成器；人不学，不知义。"表明人只有通过学习才能"知义"。《弟子规·治家格言·洞学十戒·名贤集·训蒙增广改本》中所倡导的"见人善，即思齐""见人恶，即内省""勿谄富，勿骄贫""凡取与，贵分晓""与宜多，取宜少"[①]，也反映了当时社会的人格培养思想。

近代，康有为、梁启超、孙中山、蔡元培、陶行知等思想家都从各自所生活时代的社会变迁、人格发展等方面对人格培养进行过研究和阐述。可见，我国有关人格培养的思想历史悠久，具有持续性。

新中国成立前，受到学术环境、学术条件的限制，虽然研究成果不多，但该方面的研究从没有间断过。通过对中国知网收录的相关论文的检索，最早的有关人格的研究是1934 年发表在《河南大学学报》上的一篇文章《教育行政长官之人格》，后来又有 1944 年出版的阮镜清的《性格类型学概论》和 1947 年出版的朱道俊的《人格心理学》等几部著作，以及一些人格测试问卷。

20世纪 80 年代，我国改革开放不断深化，社会发生深刻转型，传统型人格培养模式在新的社会背景与价值体系中应对无力，现代中国人的人格培养研究才真正引起学者足够的关注。我国一些学者从不同学科、不同视角对人格培养的相关问题进行了较为广泛和深入的探讨，编写和翻译了大量的人格理论专著、教材和人格量表，取得了较为丰硕的成果。笔者拟通过对相关文献进行梳理和分析，回顾和总结我国人格培养研究的主要内容，进而对人格培养过程中存在的问题进行反思，以期促进该领域研究的进一步发展。

二、从事人格培养研究的主要代表人物和理论

20 世纪 80 年代初，上海师范大学教授燕国材在《应重视非智力因素的培养》一文中提出了"非智力因素论"，指出在教育过程中，非智力因素的培养和智力因素的培养是同等重要的，教育既要注重"解惑"，更要强调"授道"，要注重学生综合素质的培养。这一理论的提出，在我国的教育学界和心理学界引起了极大的反响，在一定程度上推动了我国教育改革的进程。

心理学家许金声教授是我国较早对健康人格理论进行研究的学者之一。他崇尚创造性，提出了"人格三要素理论"，分析了大量有关智慧力量、道德力量及意志力量这三种人格力量平衡发展的"金三角"人格结构的实际案例，说明了具有健康、理想的人格的人应当是智慧、情感和意志力都能够得到全面发展的人。

① 弟子规·治家格言·洞学十戒·名贤集·训蒙增广改本[M]. 北京：华夏出版社，2002.

西南大学博士生导师黄希庭教授基于20世纪70年代末至21世纪初我国学者们对人格现状的研究，提出“人格研究中国化”的理论，强调“人格的研究必须要从中国的客观实际情况出发来研究中国国民的心理特征和心理行为，要以探索和揭示我国国民人格的特征、发展现状及其发展规律为己任，旨在提升我国人格理论的研究水平，我们应该采取系统分析以及综合研究方法来进行研究”。

许惠英教授在其著作《人格教育论》中指出“人格再社会化”的概念。社会影响个人、个人接受社会影响的过程叫作社会化。具体地说，社会化是指个人学习知识、技能和规范，取得社会技能的过程，亦即社会将一个自然人转化为一个能适应一定的社会文化、参与社会生活、履行一定角色行为的社会人的过程。个人社会化是一个相当长的过程，一般认为，早期社会化包括儿童期和青年期的社会化。随着社会的发展，现代社会日趋强调再社会化和终身社会化。在成年期，人的生理上已经完全成熟，并将面临许多重大事件，如恋爱、结婚、生子、就业等。成年人的社会化是初级社会化基础上的发展社会化或继续社会化。现代社会学认为，个人社会化的过程就是个体人格形成的过程。通过社会化，个体不仅获得了社会生活的资格，为在社会生活中发挥自己的才能创造了条件，同时也形成了独立的人格。

三、我国的人格及人格培养理论所涉及的主要内容

(一) 对中国传统人格思想的探索

我国许多与人格培养相关的思想蕴藏在古代的经典著作以及著名思想家们的论述中，对于我们继承与弘扬中华民族的传统美德有着重要的理论意义。此类研究从20世纪80年代一直延续至今。

(1) 对传统文化中的人格思想的研究。例如，学者朱义禄在其著作《儒家理想人格与中国文化》中分析了儒家思想中的“圣人”“君子”“成人”等理想人格类型对中国文化的影响，强调了儒家理想人格的理论基础是重义轻利的价值观。

冯立鳌在《孔子对中华民族“外圆内方”理想人格的塑造》一文中指出：“孔子认为，人之属性可分为外在表象与内在品质两个方面，强调应重点看待人的内在品质而漠视外在表象，由此提出了‘患立不患位’的价值取向。因此，他要求人们不但要确立自身内心的正直，培养‘匹夫不可夺志’的内在刚强，而且还要确立与时相宜、能进能退的生活方式以及‘无可无不可’的处世态度。由此，设定了外柔内刚、外圆内方的理想人格模式，倡导‘和而不同’的人生理念。”此论述对我国的人格培养理论的发展有着重大且深远的意义。

崔红丽在《孔子和老子相关人生思想比较》一文中指出：“儒家的代表人物孔子与道家代表人物老子都曾对人生进行过思考与探讨，但因他们的立足点与探索角度不同，因而表现出了不同的生活态度和人生追求。孔子强调要积极入世，培养君子型的理想人格，而老子则强调要注重个体本性的充分发展，希望培养大彻大悟的圣人人格，我们应吸取他们思

想中的精华，为现代人格的培养提供指导和借鉴。”

徐仪明在《孔子理想人格模式观及其现代意义》一文中指出：“孔子所提倡的理想人格模式主要应满足发愤图强，笃行实践；仁智并举，全面发展；勇于担责，甘于奉献自己；不甘平庸，追求高尚等四个方面的要求。”

我国古代的经典著作中蕴藏着丰富的人格思想，内容博大精深，给后世留下了非常宝贵的精神财富。因此，探索和研究我国传统人格思想，对研究当代大学生健全人格的培养有着重要的理论意义与现实意义。

(2) 对中国近代思想家的人格思想的研究。马兆明在《人格教育》一书中阐述了中国近代人格教育的思想内容，他认为：“近代中国涌现出了一批卓有远见的教育家、思想家，如蔡元培、张伯苓、陈独秀、胡适、李大钊、梁启超、王国维等。他们都主张教育改革，强调人的全面发展，提倡培养德育、智育、体育和美育多方面发展的‘完全之人物’，或培养‘健全的人格’等。”[①]

徐永赞、潘立勇在《蔡元培完全人格教育思想》一文中对蔡元培“完全人格”的思想做了深刻的阐述，指出：“完全人格教育思想强调德智体美是一个不可分割的整体，有机统一，缺一不可。”

(二) 对人格培养内涵的探索

由于学科视野和关注角度不同，我国研究者对人格和人格培养的内涵有着不尽相同的理解。

一些学者从心理学视角出发，认为人格培养是发展心理品质或心理素质，培养健全人格。例如，方俊明教授提出人格教育是“一种着眼于发展受教育者心理品质的教育”[②]。郑雪教授则认为，“在心理学上，人格是由个人的认知方式、情绪特征、意志品质和态度倾向等心理特征组成的相对稳定和独特的心理结构。人格教育则是一种以发展学生心理素质，培养健康和适应现代社会需要的人格为目的的教育”[③]。

另外一些学者从社会学、伦理道德视角出发，认为“人格主要是指人的资格、价值和品格，他更注重人的道德特点”[④]，人格培养是提高受教育者道德境界、道德品质的培养或“着眼于个体的社会自我的生成和塑造”[⑤]。

还有一些学者从人格的多种含义出发，认为人格的培养是培养良好的性格和道德品质等。例如，陈敬朴先生认为，“人格的培养不但包括了对个体良好性格与道德行为规范的养

① 马兆明，王彩云，潘恩群. 人格教育[M]. 东营：中国石油大学出版社，2007：31-33.

② 方俊明. 认知心理学与人格教育[M]. 西安：陕西师范大学出版社，1990：377.

③ 郑雪. 试论人格教育的意义、目标和原则[J]. 华南师范大学学报(社会科学版)，1996(4).

④ 刘文霞. 个性教育论[M]. 呼和浩特：内蒙古大学出版社，1997：20.

⑤ 肖川. 主体性道德人格教育[M]. 北京：北京师范大学出版社，2002：22.

成过程，而且还包括对人的能作为权利、义务的主体资格的训练过程”[①]。

(三) 对人格培养目标的研究

(1) 主张培养和谐人格。黄志斌与朱洁教授最初在《关于“和谐人格”的理论探讨》一文中首次提出了“和谐人格”的观点，将人格的和谐发展和社会的和谐发展相联系，主张坚持可持续发展的理念，最终实现人与社会的和谐。此概念与构建社会主义和谐社会的时代要求相适应，具有创新性。

(2) 主张培养健全人格。方俊明教授提出：“人格教育的宗旨是使受教育者拥有一个健全的、日趋完善的人格，把知、情、意统一协调起来，建立一种完整和健全的心理结构。人格教育要把德育、智育、体育、美育、劳动技术教育这几方面结合起来，使受教育者具有较高的动机水平和自我意识，形成一个高层次、高效能的自我调节与控制系统。”[②]郑雪教授指出：“人格教育的总目标是培养学生适应现代社会发展的健全人格。所谓健全人格就是健康的和完善的人格，并且是与现代社会发展相适应的人格。”[③]

(3) 主张培养道德人格。肖川博士提出，主体性道德人格是当代人应追求的理想人格。所谓主体性道德人格，即独立、理性、自由的道德人格。“主体道德人格作为个体生命最为独立、理性、自觉、自由的存在方式，使个体的道德行为根植于明敏的心灵、无畏的勇气、坚强的毅力和热忱的信念成为可能。”[④]

(4) 主张培养审美人格。何齐宗教授指出，“人格困境是当今人类面临的严峻现实，主体失落、物欲膨胀、精神空虚、情感淡漠、心态浮躁、心理失衡等是其主要表现。摆脱人格困境的出路在于建构审美人格。所谓审美人格就是人的精神面貌具有审美特征，达到了美的境界”[⑤]。

(5) 主张培养现代人格。丁念金在《论教育中的人格观的转变》中提出，“社会要现代化，人格就必须现代化。因此，培养现代人格是现代教育的重要目标。关于现代人格的特征，他认为人类人格形态变化的过程依次是依附人格、独立人格、自由人格，在现代社会中，应当培养独立人格”[⑥]。与此不同，黄书光认为，“当代儿童人格教育中，个体选择意识与群体合作精神的培养都非常重要，当代青少年只有坚持服从集体、尊重个人、倡导诚信的道德价值取向，并将顺从与主动、和谐与竞争、内省与开放等人格特质有机地结合起来，才能有效完成自身的现代人格建构”[⑦]。曾盛聪提出：“公民人格是中国现代化进程中

---

① 陈敬朴. 素质教育・人格教育・公民教育——关于基础教育的思考[J]. 上海教育科研，1995(8).

② 方俊明. 认知心理学与人格教育[M]. 西安：陕西师范大学出版社，1990：377.

③ 郑雪. 试论人格教育的意义、目标和原则[J]. 华南师范大学学报(社会科学版)，1996(4).

④ 肖川. 论主体性道德人格教育对人的物化的抗拒[J]. 西北师范大学学报(社会科学版)，2001(5).

⑤ 何齐宗. 审美人格教育论[M]. 北京：人民教育出版社，2004：5-102.

⑥ 丁念金. 论教育中的人格观的转变[J]. 河北师范大学学报(教育科学版)，2002(3).

⑦ 黄书光. 转型期中国儿童人格教育的文化审视[J]. 华东师范大学学报(教育科学版)，2003(1).

现代人格的具体承载，在中国文化语境中，公民人格必然是公民的普适性内涵与文化国情的耦合，表现为主体性人格与社会性人格、法律性人格与道德性人格、自由性人格与一元性人格的辩证统一。”①

(四) 对人格培养内容的研究

(1) 自我意识的培养。一些学者认为，自我意识是人格的核心，对个体具有自我调节作用，可以制约个人行为。“自我意识培养就是要使学生认识到自我需要、自我存在的价值，提高自我评价、自我调控能力。”②

(2) 人生观、价值观的培养。一些学者认为，“人生观和价值观是调节与控制个体行为的方向盘和参照系，在人格的形成和发展中起着重要的导向作用，是构成健全人格的重要组成部分”③。人们在现实生活中遇到的工作失误、思想出错、人际关系失调等都与人生观和价值观的偏失有着密切的关系。因此，树立正确的人生观、价值观，是培养健全人格的基础性工作。

(3) 道德培养。一些学者认为，“道德是保障社会顺利发展、维护社会稳定的润滑剂。当代社会对科技的功利性追求导致人格内部智能与道德分离。面对一些领域的道德失落，我们应该更加重视良好道德的培养”④。因此，“当代人格的培养一定要增强‘道德感’和‘义务感’，引导学生关心社会、关心他人”⑤。

(4) 现代意识的培养。有研究者认为，“现代的理想人格应该是在思想道德、心理素质、智能结构和行为方式上都适应社会主义现代化建设的发展需要的人格。塑造这种人格应从现代科学意识的培养、民主法治观念的强化、高度社会责任感的培养、合理需求意识的培养等方面入手”⑥。

四、大学生人格及人格培养理论

20世纪80年代初，吉林大学教授陈秉公在专著《大学生人格学》中探讨了关于大学生人格培养的问题，开辟了在思想政治教育学科中研究人格的先河。在此之后，国内的很多学者也随之提出了大学生理想、和谐、健康、健全等人格的塑造、教育、培育、培养等问题，并出版和发表了相关的著作和论文。由此可以看出，我国对大学生人格培养问题的研究起步较晚，直到 2000 年以后，高校频频出现大学生人格失衡等问题，有关大学生人

---

① 曾盛聪. 论中国现代化进程中的公民人格教育——基于中国文化语境的分析[J]. 探索，2006(3).

② 吴志华，柴进. 试析人格教育的几个问题[J]. 辽宁师范大学学报(社科版)，1998(3).

③ 邹吉军. 人格和人格教育[J]. 山东教育科研，1996(4).

④ 祁金善. 当代教育的重要命题——健全人格的培养[J]. 郑州大学学报(社科版)，2000(4).

⑤ 张宝贵. 现代人格培育与教育社会价值提高[J]. 教育理论与实践，1999(6).

⑥ 王茜. 略论现代理想人格的塑造[J]. 河南师范大学学报(哲社版)，1999(3).

格培养等问题才逐渐被重视起来，各学科中关于大学生人格培养方面的理论才开始蓬勃开展起来，有关大学生人格培养的论文数量也不断上升。学者们从教育学、伦理学、心理学、文学、法学等各领域，多视角、多学科对大学生的人格问题和人格培养问题进行探讨，涉及的主要内容包括大学生人格培养研究的内容、方法和视角等。

(一) 从研究的内容来看

(1) 围绕高校人格教育基本理论与学生人格状况所进行的研究。例如虞丽娟的《人格教育的理论与实践研究》、陈国和的《当代大学生人格缺陷及其成因分析》、郭光初的《高校学生人格障碍成因剖析和对策思考》等。

(2) 围绕高校对人格培养与人格教育的目的与意义所进行的研究。例如朱红艳的《对大学生进行人格教育的意义》，舒爱萍、张娟的《构建和谐社会关注人格教育》，王本法、陈艳华的《和谐人格：高等学校素质教育应然的目标追求》等。

(3) 围绕高校人格培养对策所进行的研究，包括人格培养的基本内容、采取的方法和实施途径。例如赵丹梅、罗雪红的《大学教育中的审美及人格教育》，邓清华的《当代大学生健康道德人格培养的意义与途径》，韩立娟、徐东芸的《独生子女学生人格教育探析》等。

(二) 从研究的方法来看

研究方法一般包括理论研究和实践研究两种。理论研究主要是基于现有的关于人格理论、人格培养理论及思想政治教育等相关理论，来研究当前大学生的人格培养现状、内容和途径。例如张玉芬的专著《大学生人格教育》。实践研究则是侧重通过编制各种调查问卷、人格测量表，对大学生的人格状况进行研究，以此来提出人格培养的相关对策。

(三) 从研究的视角来看

研究的视角主要分为三种：第一种是以不同人格类型为出发点，针对大学生的不同人格特质进行研究，如分别对稳定型、聪慧型、敏感型、乐群型等不同的人格特质进行研究。第二种是根据大学生人格的形成与发展所受社会环境及社会发展状况的影响进行研究，如在受到传统文化、市场经济及网络文化等不同环境影响的情况下，研究大学生的人格培养问题。第三种是对大学生群体按照不同标准进行分类研究，如可按照性别、家庭经济情况、家庭子女数量及民族等情况将大学生分为不同的类别，进而按照类别进行研究。

五、我国的人格及人格培养理论的不足

总体来看，我国的人格及人格培养的研究不管是理论上还是实践上都取得了一些成果，但是，由于人格培养本身具有系统性与复杂性，因此还需要进一步深入研究，加强研究的

针对性及有效性。

(一) 研究欠缺系统性、综合性

人格是一个涉及多领域、多学科的复杂问题。目前，虽然各门学科，特别是心理学、教育学、社会学及伦理学等对人格的研究较以往都更加深入，然而，其中的大多数还是局限在各自的学科背景下，只是针对人格的某一个方面或某几个方面来进行研究，缺乏对人格从个体到群体、从病态到正常、从微观到宏观、从心理特征到社会文化环境等方面的整体思考。

(二) 基本概念与问题模糊不清

"人格"的概念产生于西方，在近代经日本传入我国，传入我国之后，不仅被广泛地应用于日常生活中，而且很快成为各个学科的研究对象。20 世纪 80 年代以来，各学科对"人格"概念的使用、界定、研究逐渐增多，但是由于学科视角和关注点的不同，人们对"人格"概念的理解和使用是多义的、有分歧的。从多义的概念出发，人们对人格培养的内涵的理解也就表现出一定的差异。由于缺乏相对一致的概念系统，相关研究尽管数量较多，但往往各说各话，难以形成有效的学术积累，也难以对人格培养的实践给予深入的解释和全面的指导。

(三) 目标多元化

由于学术界对"人格"概念的理解存在差异，对青少年人格发展的关注点不同，当前，人们对人格培养目标的认识表现出较大的分歧。有人主张培养心理健全或健康的人格，有人主张应着重于道德人格的培养，有人主张培养生理、心理、伦理"三理"和谐的健全人格，有人强调现代人格的培育。人格培养的目标是人格培养的出发点和归宿，对人格培养目标理解的多元化导致人格培养取向的单一化或不同。因此，如何准确理解并恰当处理现代人格、健康人格、道德人格之间的关系是当代人格培养研究需要进一步探讨的问题。

(四) 本土化研究欠缺

从目前的研究来看，我国对人格培养的研究较少从生活背景、文化特性、民族心理等方面去探讨人格的构成、层次、发展和培养等问题，中国本土化的人格和人格培养理论还没有形成。人类所面临的压力和所处的社会环境既有一致性，又存在着差异，因此，"不同国家的人们，其人格既存在共同性，又存在差异性。例如中国人非常重视道德修养和人际关系，所以，道德品质和人际关系在中国人的人格结构中占有重要的位置"[①]。所以，我国

① 王登峰，崔红. 中西方人格结构的理论和实证比较[J]. 北京大学学报(哲学社会科学版)，2003(5).

对人格和人格培养问题的研究不能简单借鉴或者移植西方的理论，要立足本土，站在中国人的立场上，用中国人的视野来研究中国人的人格和人格培养问题。

第三节 国外人格培养概况

西方社会中，有关人格及人格培养思想的理论和实践都是非常丰富的，这与每一个历史时期的社会经济基础与上层建筑的性质和发展水平有着密切的关系。近代以来，尤其是19 世纪、20 世纪以后，由于科技革命的兴起，社会生产和生活方式发生了巨大的变革。西方社会的许多社会学家、心理学家、哲学家、教育学家从不同的角度探索有关人格的问题，由于不同学科的研究视角与所采用的研究方法不同，出现了多种多样的人格理论，人格培养的理论和实践走向了多元化。

近代西方人格培养的理论与实践以美国最为典型。20 世纪 80 年代中后期以来，人格培养的理论与实践研究逐渐兴起，全美范围内许多人格教育团体纷纷出现，并且，这一时期，人格教育也受到政府的重视与支持。20 世纪 90 年代，美国白宫至少召开了 6 次关于人格教育的会议。“1999—2004 年，美国有 23 个州通过或修正了相关法案，其中有 12 个州明确要求进行人格教育，11 个州鼓励进行人格教育。多数州规定了价值单，包含尊重、诚实、信赖、整洁、愉悦、守纪、守时、学校荣誉感等。”[①]美国学者提出，“近年来，关于人格教育的讨论已经引起了美国州和联邦两级政府的极大关注。政府议员、广大教师和家长都尽最大的努力让青少年相信只有既具备知识，又有良好的人格品质的人才能创造成功和幸福的人生”。德国出版的《德国教育面临挑战》一书指出，“德国教育改革的一个重要范畴是学校不只是传播知识，而且要关心学生品德、性格的培养”。英国学者西蒙诺维兹等所著的《人格的发展》从发展动力与环境影响的视角，对人格的形成机制与发展途径进行了深入的分析与研究。

在亚洲，“二战”后，日本从 1969 年开始的第三次教育改革的主体是实现“赶超型经验”向“成熟型教育”的转变，实现“学历教育”向“人格教育”的转变。这次教育改革的代表人物是日本著名教育家小原国芳，他极力倡导国民实施“完人教育”。“‘完人教育’是指塑造健全的人格，即塑造和谐的人格。缺乏人类文化修养的人是功能残缺的人。”[②]韩国在实现社会现代化转型的进程中曾成功进行过“人的革命”。新加坡在塑造具有本国特色的公民人格方面，积累的重要经验就是要高度重视青少年的人格培养，国家不仅编制了《好公民》《儒家伦理》等教材，而且采取了一系列相关措施，帮助青少年发展具有本国特色的国民人格。

尽管各个国家的国情不同，但是每个国家关于人格培养的理论和实践的研究对于我国

---

① 丁道勇. 品格教育：观点与评论[J]. 外国教育研究，2008(3).

② 瞿葆奎. 教育学文集——教育目的[M]. 北京：人民出版社，1989：302.

大学生人格培养的理论探讨和实践探索仍具有很好的启示和借鉴作用。

思考与讨论

1. 请结合案例及身边的事例，谈谈健全人格对大学生今后发展的意义。
2. 你认为学校、家庭、社会等为大学生人格的健全发展和培养应做哪些努力。

第二章

人格与健全人格

目前，“人格”一词不仅广泛应用于日常生活中，而且作为研究对象，被诸多的学科所共同关注。但是，对人格的概念进行深入分析，对人格培养进行全面、系统探讨的论著却比较少见。建构人格培养理论和开展大学生健全人格培养首先应明确人格、健全人格等的内涵，但到目前为止，对人格的定义众说纷纭，人们对人格的理解既存在文化的差异，又存在学科的差异。因此，本章在“人格”的词源、日常用法和相关学科对人格界定的基础上，对人格的概念、特征和结构，以及健全人格的概念及标准等进行探讨。

第一节　人格概述

“你，你这是对我人格的侮辱！”

“我这样做对不起我自己的人格！”

“嘘，那个人人格不健全啊！”

这些句子中，“人格”的含义一样吗？

什么是人格，早在几千年前，古今中外的哲学家就开始对这个问题进行探讨，直至今日，现实生活中人们对人格的运用已十分广泛，但对人格的定义却非常模糊，以至于很难形成清晰的认识。所以，迄今为止，对于人格依然没有统一的定义。本节首先来追溯人格概念的起源，进而对人格的概念进行阐释。

一、人格概念的起源

“人格”一词最早来自拉丁文 persona，而 persona 又是 mask (面具)的意思，这就说明，“人格”一词的最早使用与“面具”一词有着特殊的联系。传说，面具的出现与广泛运用与古罗马时一位演员的表演经历有关。在一次演出中，这位演员为了遮盖自己伤残的左眼，灵机一动，佩戴了自制的面具登台，之后，面具逐渐被罗马演员普遍采用。从本质上讲，面具只不过是一种用来遮盖真实面容的工具，但是人们却渐渐不自觉地将面具所代表的角色联想为剧中的角色。如此一来，佩戴面具的真人角色就会在不经意间被佩戴面具的剧中角色所取代。

在中国文化中，面具类似于中国京剧的脸谱，每一种图案、每一种色彩通常都对应一个特殊的性格角色。“脸谱非小技，凡一人之身份、年纪、性情美丑皆昭然于一面。至于摹写须眉，点染丹青均有谱可依。方正为慈，邪癖点破，少壮做方，老衰成圆，无一形不寓褒贬；红忠、白奸、绿莽、黑憨，无一色不辨忠奸。”[①]此段有关京剧脸谱的描述很形象地说明了这点。

也就是说，通过面具这样的道具，人物真实的角色和内心世界都被遮蔽，从而达到了掩饰个体真实的内心世界的目的。在一定程度上，人们会将“人格”理解为面具，即真实人物的外化形态或风格。当然，如果只把“人格”单纯地理解为“面具”，或者再拓宽一些，将其理解为真实个体的外化形态或风格，未免会过于简单和受限制，必然不能与不断发展的人类社会相适应。因此，对“人格”一词内涵的逻辑引申就成为后世思想家们研究的一项重要课题，之后，“人格”一词的含义不断复杂化、多元化。

二、西方“人格”一词的词源和词义分析

郭勇玉博士提出：“在人格心理学领域，personality 和 character 曾经在同一意义上使用过，也就是说，从不太严格的意义上来讲，这两个词汇可以用同一个汉语词语来解释。”[②]

(一) personality 的词源和词义分析

从词源来看，英文 personality 一词，翻译为中文即面具，最早来自拉丁语中的 persona 一词。而 persona 一词最初是指古罗马时期的戏剧演员在舞台上演出时所佩戴的面具，追溯其最初的含义，不论是面具还是假面都有着在舞台上表演的含义。

“人格”一词，即 persona 或 personality，既表示真人在戏剧舞台上的角色与人物特征，也表示现实生活中人的身份、地位、品质等。戏剧里的面具是现实生活中各式各样人的不同表现，所以，“人格”一词也就逐渐发展成有多种不同含义的词了。它表明同一个人会表现出不同的两面：一面是公开展现在大众面前的，而另一面则是隐藏在面具之后的个体的真实内心，是不为人知的。

马可·图留斯·西塞罗是罗马共和制时期的著名思想家，人格最早的引申含义就出现在他的著作中。他认为，人格的含义应分为四个层次来理解：第一层次是个体表现在他人眼中

① 王驰. 粉墨忠奸话京剧脸谱[J]. 传承，2009(13).

② 郭勇玉. 关于“人格”的界说及有关概念的辨析[J]. 常州工学院学报(社科版)，2005(2).

的形象；第二层次是个体在社会中扮演的角色或其社会身份；第三层次是某个个体所具备的优秀品质的总和；第四层次是个体的声望和尊严。

但是，值得注意的是，“在古拉丁语里，persona从来都不指个体的肉体特征和生理特征，如长相、身段、外貌。当古罗马的法律开始承认‘人身、财物、行动’时，persona也不是指某一特殊的个体特性或系统，而仅仅是指自由人”①。

到了中世纪，persona 一词比在古拉丁语中又有了更多的历史含义，既指面具、戏剧舞台上的角色，又指人的肉体特征和社会地位。公元13世纪，中世纪经院哲学的哲学家、神学家托马斯·阿奎那，他推崇人格、提倡人格，他认为：“人格是处于人们在现实自然界中观察到的所有其他现实之上的一种特性，再没有任何比这种有理性的个体的存在物具有更高的尊严的了。”这些看法和表述虽然都还欠缺科学的依据，然而，他们的研究却在一定程度上促进了对人格的研究由表象走向深入，从而更多地关注人的内在本性，这也推动了对“人格”内涵研究的不断深化。

文艺复兴时期，新兴资产阶级人本主义思想家们提倡个性解放，倡导突出人的人格尊严，他们利用现实中人的人格尊严来否定神的神格尊严，运用人权来反对神权。这时候，人才从神的奴役中逐渐被解放出来，摆脱神和自然的奴役与束缚，才将人格的研究真正转向了对自主人格和人的内在的探讨，开始研究人本身内在的东西。正如列宁所言：“也正是资本主义使个人摆脱了农奴制的一切束缚，使他变成商品所有者(作为商品所有者来说，他和其他任何商品所有者都是平等的)，独立地和市场发生关系，同时造成人格的提高。”②

中世纪以后，出现了一些与personality相关的派生词，例如，拉丁文中的personalite表示人的存在、生而为人、人格、人品、个性；英语中的personnel表示个人的、人员的，personnifier表示把……人格化，personification表示人格化、拟人化；法语中的personifizieren意为个人、人格等。直到现代英语中，才出现了personality，意为人格。在英语中，将personality解释为个性的存在，即existence as a individuality；或者解释为人存在的状态，即state of doing a person。

《不列颠百科全书》中将“人格”一词解释为：每一个人所特有的情感、思维以及行为模式，主要包括个人的态度、情绪和观念，可以在平常的人际交往过程中明确、无误地表现出来。人格就是个体有别于其他人的、在社会环境和人文环境背景中具有可辨别性的行为特点。

《新牛津英汉双解大词典》中关于 personality 的解释包括：①the combination of characteristics or qualities that form an individual' s distinctive character，意为构成个人的特征或独特品质的组合；②qualities that make someone interesting or pop，意为使人受关注、流行或受欢迎的品质、特征等。

① 科恩. 自我论[M]. 佟景韩，范国恩，许宏智，译. 北京：生活·读书·新知三联书店，1986：117.

② 列宁. 列宁全集(第1卷)[M]. 北京：人民出版社，1984：376.

《韦氏高阶英语词典》中将 personality 解释为：①the set of emotional qualities，ways of behaving，etc.，that makes a person different from other people, 意为一个人不同于他人的一套与众不同的情感品质、行为方式等；②attractive qualities(such as energy，friendliness and humor)that make a person interesting or pleasant to be with，意为使人有趣或愉快的、吸引人的特质(如能量、友善和幽默)。

从对 personality 词源和词义的考察出发，不难发现人格实际包含两层意思：一层是人格的表层，即外在的人格，是指个体在生活的舞台中所表现出来的各种行为，可认为是“面具人格”，也就是表现于众人面前的、留给人印象的、公开的特点；另一层是人格的深层，即内在的人格，指个体隐藏于内心且不为人知的、未对外部公开的特点，也就是“真实的自我”，是隐藏起来的、未向众人显露的真实自我，包括个体的自我存在状态、真实内心及内在精神品质等。

(二) character 的词源和词义分析

character一词源于古希腊语 karacter，意思是在硬币上刻下的标记或印章的封印，所以在古英语中，character 有不朽的符号、烙印的意思。在现代英语中，character 被翻译为性格、角色、特点等。

《牛津英语词源词典》中，character 的含义主要有：①distinctive mark, 意为独特的、特殊的标志；②graphic symbol，意为形象的图形符号；③sum of mental and moral qualities，意为心理与道德品质的总和；④personage、personality，意为人物、角色、人格。

《新牛津英汉双解大词典》中，character 的含义主要有：①the mehtal and moral qualities distinctive to an individual，意为个人独特的心理和道德品质；②the quality of being individual，typically in an interesting or unusual way，意为有趣的、非凡的、巧然的个人品质；③strength and originality in a person’ s nature，意为人的本性中的力量和独创性，即人的个性或者性格；④aperson’ s good reputation，意为一个人的好名声；⑤a person in a novel，play or film，意为小说、戏剧、电影中的人物；⑥a person seen in terms of a particular aspect of their nature，意为有特性的人物。

《牛津高阶英汉双解词典》中，character 的含义是 qualities、features，意为品质、特征，具体含义包括：①all the qualities and features that make a person，groups of people，and places different from others，指一个人、一群人不同于其他的所有品质和特征；②(approving)strong personal qualities such as ability to deal with difficult or dangerous situations，指很高的个人素质、很大的勇气。

《韦氏高阶英语词典》将 character 解释为 the way someone thinks，feels and behaves：someone’ s personality，是指人的思考、感觉和行为的方式，人的个性。具体含义包括：①a set of qualities that are shared by many people，指许多人共同拥有的一套品质；②the good qualities of a person that usually include moral or emotional strength，honesty and fairness，指道德或情感

力量、诚实和公正的人的良好品质。

通过上述分析可以看出，character 的原意是标记、烙印，后来被引申出了特征、品质等含义。当 character 用来表示人的特征、品质时，它既可以指社会中某一群体的共同的品质、特征，也可以指某一个人特有的品质和特征。当指某个人特有的品质与特征时，既可以指个体的心理与道德品质的总和，又可以专门指个体良好的道德品质，还可以指个体的思维、感受和行动方式等。

通过对 personality 和 character 的词源和词义的考察不难发现，personality 和 character 虽然都具有个体的品质和特征的含义，但 personality 更倾向于指个体的思维方式、行为方式等个人的特征或独特品质的结合，不具有明显的道德色彩，而 character 除了具有个体的心理特征和行为特征的含义外，还具有个体的道德品质的含义。

三、中国“人格”一词的词源和词义分析

古代汉语里虽然没有非常明确地提出过“人格”一词，但是却有着丰富的关于人格的思想。在我国，人格的“格”字来源于甲骨文的“各”字，“各”字由上下两部分组成，下半部分是“口”字，有家门口或洞穴口之意；上半部分像一只脚，脚趾向下，意为将要迈进洞穴或家门口，所以，“各”字最初的本义是到达的意思。东汉文学家许慎在他的著作《说文解字》中，在“各”的旁边增加了一个偏旁“木”，它的含义也随之发生了变化。格，形声字，从木，各声，意为“长木儿”，意思是树木的长枝条。后来，将其引申为品格或者格调，对于人来说，主要指人的行为。

据张岱年先生考证，中国古代汉语中并没有“人格”一词，在中国古代的经典典籍中也找不到“人格”一词，至少此词在1840年之前的中国典籍中从没有出现过，因为商务印书馆1983年12月修订版的《辞源》中也未收录“人格”一词，而此版《辞源》的收词止于1840年。

到了近代，“人格”一词经由西方传入日本，然后又由日本传入我国，在日文中，“人格”一词是对 personality 的意译。

虽然直到近代中国才引进了“人格”一词，但是“格”字在古代汉语中的应用是相当广泛的，且含义也是特别丰富的。除了最早在甲骨文中出现的“各”字本意为“到达”和许慎在《说文解字》中的形声字“格”意为“树木的长枝条”之外，此后的许多著作和工具书中对“格”字也有着非常丰富的理解。例如，《汉语大字典》中关于“格”的解释有20多种，除了它的本义之外，还有很多引申义，例如：一是由“格”的本义引申出的划分成的空栏和框子；二是由书法中的方格引申出的法式、标准；三是由品质、风度、法式、标准等引申出的尺度、度量；等等。按照语义学的解释，“格者，品质、风度、样式、规范、度量”“人格者，人的品质、风度、样式、规范以及对人的度量、衡量和评价”①。

① 李虎林. 当代人格教育论[M]. 北京：中国社会科学出版社，2015：35.

由此可以看出，汉语中“格”的含义之一“品质、风度、特征、式样”与英文 personality 的含义之一“个体特征”具有相同之处。

我国虽然对“人格”一词的使用相对较晚，但是有关人格的思想却是源远流长。例如《论语》中，子路向孔子请教什么是成人，子曰：“若臧武仲之知，公绰之不欲，卞庄子之勇，冉求之艺，文之以礼乐，亦可以为成人矣。”[①]意思是：如果能够同时拥有像臧武仲那样的智慧，孟公绰那样的不贪心，卞庄子那样的勇敢，冉求那样的多才多艺，再加以礼乐修饰，也就可以称为是一个成人了。这里的“成人”也就是“完人”，指人格完善的人。

而荀子认为“士”是理想人格的最初阶段，这是一种层次较低的理想人格，“其义则始乎为士，终乎为圣人”，“‘君子’是处于‘士’与‘圣人’境界之间的过渡类型”[②]。《荀子·不苟》一书中也记载了荀子关于“君子”人格的相关论述：“君子宽而不僈，廉而不刿，辩而不争，察而不激，直立而不胜，坚强而不暴，柔从而不流，恭敬谨慎而容。”荀子认为，“圣人”是理想人格的极致，也是所有人在德行方面应追求的最高境界。

梁启超在《新民说》中讲道：“忠孝二德，人格最要之件也。二者缺一，时曰非人。”[③]

蔡元培说，教育“欲副爱国之名称，其精神不在提倡革命，而在养成完全之人格，盖国民而无完全人格，欲国家之隆盛，非但不可得，且有衰亡之虑焉。造成完全人格，使国家隆盛而不衰亡，真所谓爱国矣”[④]。从这段表述可以看到，蔡元培认为，国家想要昌盛，就必须培养拥有健全人格的公民。那么，什么是健全的人格呢，蔡元培又讲道：“盖群性与个性之发展，相反而适以相成，是今日完全之人格，亦即新教育之标准也。”[⑤]他还指出：“所谓健全人格，分为四育，即体育、智育、德育和美育四项。……这四育是一样重要，不可放松一项的。”[⑥]由此可见，蔡元培心目中理想的人格应该是既具有个性，又具有社会性，德、智、体、美各方面全面、和谐发展的个体。

张岱年先生说：“一个人的人格亦即一个人的‘为人’。”可见，在中国，在对一个人进行评价的时候，往往更多地加入道德和价值的观念特征，在日常生活中，人们也常常用“人品高尚”“人品贵重”或者“人格卑劣”来形容一个人的道德水准。因此，人格被中国人赋予了自己特殊的理解，即为人品、品格等的代替词。

《辞海》(1999 年版)中，对“人格”的解释是：个人的价值、尊严以及道德品质的总和，是人在一定的社会中的作用与地位的统一。

《现代汉语词典》中对“人格”的含义有三种解释：一是人的气质、性格、能力等所有

---

① 花文凤. 论孔子对和谐人格的培养——兼议对当今人格培养的启示[J]. 内蒙古师范大学学报(教育科学版)，2007(10).

② 徐良.荀子的理想人格观研究[D]. 河北大学硕士学位论文，2009：16-19.

③ 梁启超. 新民说[M]. 北京：中国古籍出版社，1998：70.

④ 蔡元培. 蔡元培教育名篇[M]. 北京：教育科学出版社，2007：47.

⑤ 杨晓惠. 浅析蔡元培的完全人格教育思想[J]. 当代教育论坛，2010(8).

⑥ 蔡元培. 蔡元培教育名篇[M]. 北京：教育科学出版社. 2007：128.

特征的总和；二是个体的道德品质；三是人作为义务和权力主体的资格。

综上所述，在中国人的心目中，“人格”一词的内涵要更为宽泛一些，除了指性格等人的心理与行为特征，人的尊严、法律资格外，又凸显出道德品质、人品、品格的意蕴。也就是说，汉语中的“人格”一词，除了包含英文 personality 的含义之外，还包含 character 的含义。

四、各学科对“人格”内涵的解读

人格是一种以多学科视角存在的学术概念，且在各个学科中发挥着重要的作用，但由于不同学科所涉及的研究领域和研究对象不同，研究视角也存在差异，导致对人格内涵的理解也就不尽相同。所以至今为止，“人格”一词尚未形成一个可以被所有学科接受的、统一的定义。

(一) 心理学对人格的定义

在涉及人格研究的众多学科里，心理学的探索与研究是最常见、最普遍的，也是最完整、最深刻的。不同国家的心理学家从不同的角度提出了许多具有独特观点的人格的定义。在心理学方面的研究中，习惯将人格等同于个体的心理特征。

英国的《简明不列颠百科全书》就是从心理学学科的视角出发来界定人格的：“人格是每个人所特有的心理—生理状态(或特征)的有机结合，包括遗传的和后天获得的成分，人格使一个人区别于他人，并可通过他与环境和社会群体的关系表现出来。”①

《中国大百科全书·心理学卷》提出：“人格也称作个性，是个体所特有的行为倾向及特质模式的统一体，是个体内在的在行为上的倾向性，它表现为一个人在不断变化中的全体和综合，是具有动力一致性和连续性的持续自我，是个人在社会化过程中给人以特色的身心组织。”

我国著名的人格心理学家陈仲庚教授，也对人格进行了定义，他认为：“人格是个体内在的在行为上的倾向性，它表现一个人在不断变化中的全体和综合，是具有动力一致性和连续性的持久的自我，是人在社会化过程中形成的给予人特色的身心组织。”这个定义突出地表现了人格是有特色的个体，是持久统一的自我，是全面整体的人，是社会化的客体。

心理学教授黄希庭指出：“人格是指个体行为的内在倾向，它表明了个体在适应环境时的能力、气质、动机、情感、价值观、需要、性格以及体质等的整合。”

郑雪指出：“人格是一个人在遗传素质的基础上，通过与后天环境相互作用而形成的相对独特而稳定的心理行为模式。”

我国台湾心理学者张春兴在综合研究了我国与西方关于人格含义的论述的基础上，提出了颇具中国特色的关于人格的定义，他认为：“人格就是个体在其整个生命历程中适应人、

① 胡海波，等. 从“和合”文化传统到“和谐”社会理想[J]. 社会科学战线，2005(5).

事物、自己和整个环境时所表现出的独特个性，这种独特的个性受其个体在诸如遗传、环境、个人成就、学习等因素的相互影响下，由表现为如兴趣、态度、需求、价值观念、能力、生活习惯、态度等各种身心特征组成，由各种身心特征形成的人格组织一般具有统一性、独特性、复杂性和持久性等特点。”这个定义是西方的“分析式”定义与中国的“综合式”定义结合的具体体现，一方面，阐明了人格的起因，阐述了人格的结构；另一方面，指出了人格的“独特个性”这一特征。

(二) 社会学对人格的定义

社会学家常常会从社会学学科的视角出发来认识和理解人的人格，所以它更加强调人格的社会文化属性，而较少强调人格的自我价值和属性。

在社会学学科中，习惯将人格视为非个体，强调人格是社会群体在某种社会结构中的社会模式，首先的关注点不是普通个体，而是一般社会，个人的人格必须适应社会规范，才能更好地被社会承认、接受进而促进个体自身的发展。所以，在社会学学科中，人格总是以某种方式被视为文化、社会背景的表现，或取决于社会氛围或文化背景。

新精神分析学派代表之一弗洛姆(Erich Fromm)首先提出了关于社会人格的定义，并且这一定义被后来的社会学家和社会心理学家采用。

他认为人格可以分成两个部分，即社会人格和个人人格，“社会人格是一个群体中的大多数成员的人格结构的核心，是群体共同的生活方式与基本经验发展的结果；个人人格是这个文化群体中的各个成员个体的人格，他们彼此之间有差异”[①]。人的人格主要由社会人格决定，在此基础上表现出个体的特点。

有学者认为，人格是社会文化的主观表现，社会文化传统与民俗等因素在个体生活中主观化的表现就是人格。只有把一个人放在特定的社会群体或者社会背景中，才能客观地、动态地对人格进行解释。

美国社会学家伯吉斯认为，人格是决定人在社会中的角色和地位的所有特性的综合体。此处将人格视为个人效能的综合，这是从社会的有效性方面来定义人格。

社会学对人格的关注点已经从个体特有的心理行为特征转为某一社会文化团体的群体特征。

(三) 伦理学对人格的定义

在伦理学中，人格通常被认为是道德境界、道德标准和个体的尊严等。在我国古代社会中，最初的人格实际上就是指道德人格，而中国学者对人格的研究也是开始于早期哲学家对道德人格的研究，并将人格定义为人的素质、品德。

所谓道德人格，是指“人们在道德生活中所表现出来的人格特征，包括道德心理倾向、

① 中国大百科全书总编辑委员会. 中国大百科全书·社会学[M]. 北京：中国大百科全书出版社，2002：318.

个体品质、价值取向、行为方式等，是道德自我的抽象表现”[①]。

我国学者李江涛、朱秉衡从伦理学的角度将人格定义为：人格的本质是作为主体人在社会生活中所进行的人际关系规范创造活动的凝聚结果，也是作为客体人的自我认识、自我完善和自我确定的价值评价；主体人的创造活动与客体人的自我价值评价相统一，就是人格。[②]

由此可以看出，不管是个人诚信还是民族气节，中国人的价值行为都是从道德人格的角度来阐释的。

(四) 法学对人格的定义

在法学中，人格研究的主要内容是法律人格和人应该享有的权利，是对人格权利的研究。

追溯到古希腊和罗马文化时期，罗马法典就是从人的法律地位的视角界定了人格，即“所有享有法律待遇的人，认为只有出生自由的国民才有人格，才享有人的权利和尊严；只有具备人格的人才可以请求法律的特权和保护，奴隶被认为是没有人格的非人类”。

作为直接体现“使人成为一个人”的权利的人格权，“它指的是基于保护主体独立人格而固有的个体自身人格利益的权利，如个体生命的权利、隐私的权利、肖像的权利、名誉的权利及姓名的权利等。人格权是必要的法律人格趋于完美的状态下，理性的人类应必备的合法权利，如果个人不在法律和事实上拥有人格的权利，则必将会失去作为人的最基本的权利和最基本的价值”[③]。

我国《宪法》规定：“中华人民共和国公民的人格尊严不受侵犯。”这里的人格尊严就是指公民做人的尊严和权利。在日常生活中，人们常说的“维护人格尊严”“尊重人格”“人格不受他人侮辱”中的“人格”就是指法学意义上的“人格”。

(五) 哲学对人格的定义

哲学上对人格的定义主要来自西方哲学中对人格的研究和马克思主义哲学的人格学说。

在西方，哲学家们更多地关注人的有自由价值的自我。黑格尔认为：“人格的本质在于，作为我这个人，在所有的方面都是完全被定义和限制了的，毕竟我完全是纯粹自我的关系，因此我是在有限中明白自我是某一种自由、普遍且无限的东西。”[④]人本主义哲学家莫尼埃认为：“人格是一种存在于稳定和独立的精神中的实质。”[⑤]德国的哲学家恩斯特 • 卡西尔提出：“人格是真实和理性的个体的本质；人格的本质含义是自我意识、自我控制、自我认知的力量。”[⑥]

---

① 樊浩. 道德与自我[M]. 长春：吉林教育出版社，1994：194.

② 李江涛，朱秉衡. 人格伦[M]. 沈阳：辽宁人民出版社，1989：18.

③ 马骏驹，刘卉. 论法律人格内涵的变迁和人格权的发展——从民法中的人出发[J]. 法学评论，2002(1).

④ 黑格尔. 法哲学原理[M]. 范扬，张企泰，译. 北京：商务印书馆，1961：45.

⑤ 莫尼埃. 人格主义[J]. 现代外国哲学社会科学文摘，1961(8).

⑥ 卡西尔. 人论[M]. 甘阳，译. 上海：上海译文出版社，1985：71.

与西方哲学不同，马克思主义哲学的人格理论不是将人的自我、人格看成首要的存在，而是将社会实践看成首要的存在。人的自我、人格都是在不断的社会实践中获得的。“人作为一个‘类’而不是一个‘种’存在，其本质是在人作为人的社会实践中由人本身来创生的，人如何去开创自己的生活，人就拥有怎样的特征与本质。”[①]所以，具备人的特征和本质的人格是和人们的社会实践活动相一致的。

(六) 教育学对人格的定义

《中国大百科全书·教育卷》指出，不论是人格还是个性都有着广义与狭义之分。从广义上来讲，人格与个性意义相同，两个词都可以指个体的独特的、稳定的心理特征(如人的气质、性格、能力等)与意识倾向的总和，即个体心理上的真实感受。而狭义的人格常常指的是个体的某些与意识倾向性相互联系的心理面貌(如爱好、气质与性格等)的综合反映，如有些人内向，有些人外向，有些人的独立性较强或而有些人则依从性强等，甚至有时仅指个体的道德品质。[②]

范蔚教授认为，人格是指个体在行为中的内在倾向，主要表现为个体在适应环境时，在气质、智力、情感、兴趣、态度与体质等多方面的整合，具有自我的动力一致性与连续性，是人在社会化的过程中逐渐形成具有个人特色的身心组织。[③]

因此，教育学家在研究和认识人格时，比较注重研究人的行为特征。

(七) 多学科人格内涵的比较与启示

通过对各个学科关于人格的定义及研究的考察，可以看到不同的学科对人格含义的界定都有着符合各自学科的独特观点与视角。由于不同的学科所涉及的研究领域不尽相同，所以，对人格的研究动机、观察视角及研究重点也就不相同，对人格的定义、对人格特征的描述、对人格的区分和对人格的评价标准也不相同。

心理学家更注重个体自然的生活活动与生理活动，他们注重从人的生存、心理发展和精神角度研究人格，认为人格是指人的心理特征，将人格区分为正常人格与异常人格，并希望通过心理咨询、心理治疗等手段来纠正异常人格。

社会学家的关注焦点是与人的社会身份和角色相一致的人的特征，他们更关注人格在社会化进程中的形成与发展过程，因此，他们一般从人的社会化的角度研究人格，认为人格是个体在社会生活中的地位和作用的统一。

伦理学家通过个体的道德品质和道德实践活动来研究人格，经常把人格分为道德人格与不道德人格、高尚人格与卑劣人格，其最终目的是对卑劣人格进行改变，对高尚人格进行弘

---

① 余潇枫. 哲学人格[M]. 长春：吉林教育出版社，1998：46.

② 中国大百科全书总编辑委员会. 中国大百科全书·教育卷[M]. 北京：中国大百科全书出版社，2002：289.

③ 范蔚. 我国人格心理学的发展与人格教育的实践[J]. 教育理论与实践，2003(3).

扬。人格被认为是人的道德品质与道德修养，是个体道德品质的总和，人格是用来衡量人们道德行为的标准。

法律学家的观察视角更侧重于日常的政治和经济生活，强调人所拥有的权力和应履行的义务。因此，他们经常用个体的财产隶属关系与其所处的社会等级来描述人格，并将人格区分为自由人格与不自由人格，最终的目的是实现人格的自由，人格被认为是人之所以为人的资格以及人的尊严与品格的综合。

哲学家的关注焦点是人与外部世界的关系，他们致力于对人的本质进行抽象和概括，但是唯物主义和唯心主义对人格的看法是截然不同的。

教育学家主要对个体的行为特征进行研究，强调人格的可塑性，希望通过研究找到人格教育的有效方法和途径。

尽管各学科对人格的定义相去甚远，但都反映了各自领域对人格研究的成果，且有着相互交叉的内容。因此，不同学科对人格的定义也有着共同之处：第一，都是以社会中存在的个体作为研究对象；第二，都是从某些方面阐明人与其他动物在内在特征方面存在差异性；第三，都看到了个体在特定社会条件下的作用与地位是相统一的；第四，都从不同侧面强调了不同个体之间存在的种种差异；第五，都是从人的某个方面的存在状态来进行具体定义的。各学科对人格的研究将共同促进人格理论的发展，不断丰富着人格作为统一的存在状态的完整性。

各个学科从不同角度和出发点界定了人格的内涵，揭示了人格的要素与结构，表达了对人格的不同追求，带给人莫大的影响和启示。

第二节　人格含义的综合阐释

从不同学科对人格的论述可知，“人格”一词在被基于不同学科视野展开讨论时，其具体内涵既有共性，同时又不可避免地显示出了不同的思想路径和价值取向。人们往往根据自身实际经验或开展理论研究的需要，对“人格”一词在各自所需的语境中做出了不同的定义和阐释。本书基于思想政治教育理论和实践，结合笔者自身理论研究成果和实际工作的需要，综合各学科视野，对“人格”做出综合性的规定或者总体性的界说。

一、人格的含义

通过对各个学科中人格含义的综合考察与比较，本书以马克思主义人学理论作为指导，以心理学研究为依托，借鉴社会学、伦理学、法学、教育学等学科的相关原则与价值判断，立足思想政治教育的角度来理解人格的含义。本书认为，人格是个人在社会化进程中逐渐形成的独特而稳定的个性特征的总和，是个体在生理、心理以及社会行为等各方面的整体概念，是在一定的社会制度下，政治、经济以及文化等关系交互作用于人，而且通过人的言谈举止表现出来的价值取向、道德品质和行为方式。人格是人的社会属性的具体体现，它与个体的先天禀赋密切关联，与个体的生活环境、接受的教育、习惯的养成等因素密切相关，也与民族文化有一定的关系。

需要指出的是，本书所讨论的人格，不可忽视的一个方面是道德因素，首先，在中国人的心目中，人格是道德品质的同义词。近年来，关于中国人人格的本土化研究证实，在中国人的人格结构中，道德品质和人际关系是两个重要的维度，所以将道德观、价值观纳入人格范畴，对促进人格理论研究本土化具有重要意义。其次，道德品质也是人格的重要组成部分，是人格培养的重要方面。所以，人格与道德之间存在着密切的联系，讨论人格培养不可不讨论道德的培养，尤其是道德心理、道德人格的培养。

二、人格与其相关范畴的辨析

日常生活中，人们常常将人格与性格、气质、个性相提并论，甚至有时会将它们混淆。然而，人格与气质、性格、个性的内涵与外延都是不一样的。

(一) 人格与气质

“气质”这个词来自拉丁语，最初的含义是掺杂、混合，后来心理学家将其界定为：人们在心理活动方面所表现出的具有稳定性的特征。

古希腊医学家希波克拉底(Hippocrates，公元前 460－前 370)在古希腊医生恩培多克勒(公元前 495－前 435)“四根说”的基础上，提出了气质的体液说。他认为，人体含有四种不同的液体，即血液、黏液、黄胆汁和黑胆汁，它们分别产生于心脏、脑、肝脏和胃。机体的状况取决于四种液体的比例。在体液的混合比例中，血液占优势的人属于多血质，黏液占优势的人属于黏液质，黄胆汁占优势的人属于胆汁质，黑胆汁占优势的人属于抑郁质。每一种体液都是由寒、热、湿、干四种性能中的两种混合而成的。血液具有热、湿的性能，因此多血质的人温而润，好似春天一般；黏液具有寒、湿的性能，因此，黏液质的人冷酷无情，好似冬天一般；黄胆汁具有热、干的性能，因此胆汁质的人热而燥，如夏季一般；黑胆汁的人具有寒、干的性能，因此抑郁质的人如秋天一般。四种体液比例恰当时，身体便健康，否则就会出现疾病。

(1) 血液占优势的多血质。多血质的人属于敏捷而好动的类型。这种类型的人容易接受新鲜事物；情绪、情感容易产生也容易变化和消失，易外露；易于适应环境的变化，在新的环境里不感到约束，性格外倾、开朗、热情，喜闻乐见，善于交际；精神愉悦，朝气蓬勃，常能机智地摆脱窘境；在工作和学习上富有精力且效率高，表现出较强的工作能力；兴趣广泛，情感易变，如果工作不顺利，热情可能消失，不安于循规蹈矩的工作，有时轻诺寡信、见异思迁。多血质的人适合从事与外界打交道、多变、富有刺激和挑战的工作，如管理人员、外交人员、驾驶员、律师、运动员、记者等，不太适合做过于精细的、单调的工作。多血质的代表人物有《红楼梦》中的王熙凤、《三国演义》中的曹操。

王熙凤，中国古典小说《红楼梦》中的人物，贾琏的妻子，王夫人的内侄女，金陵十二钗之一。

王熙凤交际能力强，性格外向，反应敏捷，思维快速；容易接受新鲜事物；情绪、情感容易产生，也容易变化和消失，且容易外露。主要表现在以下方面。

① 善于交际，八面玲珑。初见黛玉时的表现是：携着黛玉的手，上下细细打量了一回，便仍送至贾母身边坐下，因笑道："天下真有这样标致的人物，我今儿才算见了，况且这通身的气派，竟不像老祖宗的外孙女儿，竟是个嫡亲的孙女儿。"既夸了黛玉又周全了在场其他姐妹的心。

② 工作能力强。她作为贾府的女管家，要管好"三百余口人，一天也有一二十件事，竟如乱麻一般"的贾府，谈何容易！府内穷奢极侈的生活，挥金如土的耗费，豪奴悍仆的差遣约束等；外面皇亲国戚的贺吊应酬，亲朋故旧的婚丧嫁娶、喜庆寿诞，侯门府第的送往迎来、繁文缛节等，这一大摊子庞杂琐碎、千头万绪的事体，都要由她处理、过问、决断。她忙到"不可一日无此君"的地步。脂砚斋曾这样批道："纸上虽一回两回中或有不能写到阿凤之事；然亦有阿凤在彼处手忙心忙矣。"忙则忙矣，然而凤姐管起来，无论大事小情，里里外外，都是井然有序，妥帖周详。凤姐的理家才干，在"协理宁国府"过程中表现得最为充分。

③ 思维敏捷。比如大观园起诗社，探春这里刚出口，说我们想请你做个"监社御史"，王熙凤马上就猜到她们是缺个"进钱的铜商"，她们是想要赞助。于是她说："我明儿立刻上任，放下五十两银子给你们慢慢作会社东道。"探春才刚刚说，她就猜到了，大家都笑起来，所以李纨说："你真真是水晶心肝玻璃人。"意思是王熙凤思维敏捷。

(2) 黏液占优势的黏液质。黏液质的人感受性低，行动缓慢，严格恪守既定的生活秩序和工作制度，不为所谓的动因而分心，情绪较稳定。他们稳重、安静、善于忍耐，情绪不易外露，不易流露情感，能自制，也不常显露自己的才能；其不足是有时做事情不够灵活，不善于转移自己的注意力；因循守旧，表现为固定性有余，而灵活性不足，适合稳定的、按部就班的、静态的工作，如会计、出纳员、保育员、播音员等。黏液质的代表人物有《水浒传》中的林冲、《西游记》中的沙和尚、《红楼梦》中的薛宝钗。

薛宝钗，中国古典名著《红楼梦》中的女主角之一，与林黛玉并列为金陵十二钗之首，贾宝玉的从母姊(姨姊)、妻子。

薛宝钗稳重含蓄，情绪不易外露，遇到不愉快的事也不动声色，办事细致，沉默寡言，善于冷静观察和平衡各种关系；城府较深，行为、情绪表现出内向性。主要表现在以下几个方面。

① 善于平衡各种关系。宝钗深得贾府上下喜欢，她和各方面的人保持着亲切自然、合宜得体的关系。脂砚斋评："待人接物不亲不疏，不远不近，可厌之人，亦未见冷淡之态，形诸声色；可喜之人，亦未见醴密之情，形诸声色。"而在这种貌似不偏不倚的处世态度中，她特别注意揣摩和迎合贾府统治者的心意，以博取他们的好感，而对于被人瞧不起的赵姨娘等人，也未表现出冷淡和鄙视的神色，因而得到了贾府上上下下各种人的称赞。贾母夸她"稳重和平"，从不称赞别人的赵姨娘也说她"展洋大方"。就连小丫头们，也多和她亲近。

② 工于心计。薛宝钗很会做人和做事，抱着"事不关己不开口，一问摇头三不知"明哲保身的处世哲学。她不像黛玉那样直接流露真情，而是暗藏心机，表面上"少言寡语""大度贤良"，行为举止处处显出大家风范，但实际上她却暗暗信奉"好风凭借力，送我上青云"，平日表面安分守己，温柔敦厚，但却暗暗观察贾府上下各色人物的心理与关系，在荣国府这般矛盾重重的环境中，左右逢源，如鱼得水。宝钗城府极深，借黛玉问她看了什么戏的机会，故意说："我看的是李逵骂宋江，后来又赔不是。"宝玉说："姐姐通今博古，色色都知道，怎么连这一出戏的名字也不知道，就说了这么一串子。这叫《负荆请罪》。"宝钗趁机讽刺说："原来这叫作《负荆请罪》！你们通今博古，才知道'负荆请罪'，我不知什么是'负荆请罪'。"在这段话中，宝钗也用戏名来暗语影射不久前宝玉向黛玉赔罪的事。从这些话可看出宝钗工于心计，她采取的办法是"引蛇出洞"，然后才伺机进攻。

③ 稳重含蓄。宝钗也是正统淑女的典范，她不像黛玉那样直接表露感情，始终保持温顺不伤和气。她穿着"不见奢华，惟觉淡雅"，她"品格端方，容貌美丽"，"罕言寡语，人谓装愚；随分从时，自云守拙"。

(3) 黄胆汁占优势的胆汁质。胆汁质的人属于兴奋而热烈的类型。这种类型的人情感发生迅速，耐受性高。他们的性格外向、热情直爽，在言语、面部表情和体态上都给人以热情直爽、善于交际的印象。有理想，有抱负，反应迅速、行为果断，表里如一，不愿受人指挥而喜欢指挥别人。这种人一旦认准目标，就希望尽快实现，遇到困难也不折不挠，有魄力，敢负责，但往往比较鲁莽，易冲动、脾气急躁、易动感情，持续性较差；适合从事与人打交道、工作内容和环境不断变化并且热闹的工作，如导游、推销员、节目主持人、演讲者、外事接待人员、演员、市场调查员等；不适合从事需长期安坐、耐心细致的工作。胆汁质的代表人物有《水浒传》中的李逵、《三国演义》中的张飞、《红楼梦》中的史湘云。

史湘云，中国古典名著《红楼梦》中的人物，金陵十二钗之一，金陵省贾、史、王、薛四大家族史家的千金，贾母的内侄孙女。

史湘云性格外向，情绪容易兴奋，抑制能力差，反应快但不灵活，情感外露，坦率热情。主要表现在以下方面。

① 豪爽、乐观开朗、爱说爱笑。迎春评论她："淘气也罢了，我就嫌她爱说话，也没见

她睡在那里还是咭咭呱呱。笑一阵，说一阵，也不知道哪里来的那些话。”趁兴时大块吃肉，忘形时挥拳拇战，偶尔男儿装扮，白日里佻达洒脱，顾盼间神采飞扬，须眉也须自拙。从不自苦，所以活得健康而乐观。正如她对黛玉所说：“你是个明白人，何必作此形象自苦。我也和你一样，我就不似你这样心窄。何况你又多病，还不自己保养。”

② 心直口快，易冲动。急性子，说话不经大脑。史湘云借住蘅芜苑时，薛宝钗曾戏谑“呆香菱之心苦，憨湘云之话多”，说史湘云话多吵得她头疼。有一回，史湘云叮嘱新来贾府的薛宝琴道：“你除了在老太太跟前，就在园里来，这两处只管顽笑吃喝。到了太太屋里，若太太在屋里，只管和太太说笑，多坐一回无妨，若太太不在屋里，你别进去，那屋里人多心坏，都是要害咱们的。”薛宝钗再次评价史湘云：“说你没心，却又有心，虽然有心，到底嘴太直了。”只有湘云敢说别人不敢说的话，不顾忌黛玉的小性子，说演戏的小旦“倒像林妹妹的模样儿”，又常常夸宝钗，嘲笑宝玉在黛玉面前低声下气。虽然是口无遮拦，但凭着实话实说，心底光风霁月，也没人能真的跟她生气。

③ 思维敏捷。她有着超逸的才情和敏捷的诗思。芦雪庭联句、凹晶馆联句以及每次诗社赛诗，湘云的诗来得最快，也来得最多，并且表现出了她那潇洒迭宕的风格。咏白海棠，她来迟了，在别人几乎已将意思说尽的情况下，她竟一连作了两首，且新颖别致，另有意趣，赢得了众人的赞叹和激赏；芦雪庭联诗时，由于她吃了鹿肉，饮了酒，诗兴大作，既多且好，竟出现了宝琴、宝钗、黛玉共“战”史湘云的局面。

(4) 黑胆汁占优势的抑郁质。抑郁质的人体验情绪的方式较少，对情感的体验深刻、持久，不易外露，具有较高的情绪易感性。他们沉静而羞涩，敏感，心理反应慢，动作迟缓，孤僻、不太合群，精神上难以承受或大或小的神经紧张；喜欢独处，交往拘束，具有较明显的内向性；适合从事安静、细致的工作，如校对、排版、化验员等。抑郁质的代表人物有《红楼梦》中的林黛玉。

林黛玉，中国古典名著《红楼梦》的女主角之一，金陵十二钗正册双首之一，西方灵河岸绛珠仙草转世，荣府幺女贾敏与扬州巡盐御史林如海之独生女，母亲贾敏是贾代善和贾母四个女儿里最小的。林黛玉是贾母的外孙女，贾宝玉的姑表妹、恋人、知己。

林黛玉有较高的感受性，敏感、谨慎、胆怯、细心，柔弱，情感易发生且体验较深刻却很少外露，行动迟缓但办事稳妥；不爱与人交往，有孤独感，聪明且观察力敏锐，善于观察到他人不易观察到的事物；不善交往，较为孤僻，不太合群，表情腼腆，多愁善感；胆小怕事，优柔寡断，受到挫折后常心神不安。主要表现在以下几个方面。

① 敏感多疑、谨慎。当她初到荣国府时，她“不肯多行一步路，不肯多说一句话，步步留心，时时在意，唯恐被人耻笑了她去”，怀着这种敏感与自尊走进贾府，强烈的自尊心与寄人篱下的生活遭遇，使她即使出生于一个富贵温柔之家，也不得不以一种谨慎忧虑的态度小心翼翼地在贾府生活。为了免受伤害，她只得警惕地注视着周围这个复杂的环境。她去

敲怡红院的门，晴雯正没好气，挡了她的驾，这一无端的误会，却立时叫她思前想后，越想越气，越伤感，也不顾苍苔露冷，花径风寒，独立花荫之下，悲悲切切，呜咽起来，直哭得“花魂默默无情绪，鸟梦痴痴何处惊”。

② 较为孤僻、不合群。“黛玉本性懒于人共，原不肯与人多语。”有一回与宝玉的对话中提道：“人有聚就有散，聚时欢喜，到散时岂不冷清？既清冷则伤感，所以不如倒是不聚的好。比如那花开时令人爱慕，谢时则增惆怅，所以倒是不开的好。”

③ 多愁善感、悲凉、忧郁，受到挫折后常心神不安。多愁善感的性格特征在她的《葬花吟》中得到了最充分的体现。她以桃花自比，哭诉自己像凋落的桃花一样，被风随意吹散，不能掌握自己的命运，更不能得到别人的理解和同情，她觉得自己是在“一年三百六十日，风刀霜剑严相逼”的生活环境中煎熬，她希望“愿侬此日生双翼，随花飞到天尽头”，却又怀疑“何处有香丘”。她常常无事闲坐，不是愁眉便是长叹，且好端端地不知为了什么便垂起泪来。

希波克拉底虽将气质分为了四种类型，但是他并没有明确提出“气质”一词，后来，古罗马的医生盖伦(Galen)首次提出了temperamentum来表示气质，这时人们才普遍开始使用“气质”一词来表示个体的心理差异。在日常生活中，大多数个体都不是某一种气质的典型代表，而是两种或几种气质的综合。

在中国古代，也曾有人提出类似的通过气质分类来表达个体的心理差异的说法。比如，孔子(公元前551—前479)就将人分为“狂”“狷”“中行”等类型。他认为：“不得中行而与之，必也狂狷乎？狂者进取，狷者有所不为也。”春秋战国时期的医学书《内经》中，也曾经根据阴阳五行的学说，将一些个体的心理差异和生理解剖学特征相联系，将人分为金形、木形、水形、火形、土形五种不同的类型，每种类型的人都具有与其他类型不同的体型、心理等特点；同样按照阴阳的优势与弱势，将人分为太阴、少阴、阴阳、太阳、少阳等五种类型，每种类型的人都有着不同的身体形态和气质。

现代心理学家奥尔波特(G. W. Allport)提出，气质、智力和体质是由遗传决定的，他们是人格形成的原始材料。气质是个人情绪本质的特有现象，包括对情绪刺激的易感性、一贯反应的强度和速度、主导心境的性质，以及心境波动的特殊表现形式和强度，这些现象都被看作依赖于本质构造的，所以它们主要是器官的遗传特质。

气质不等同于人格，它是由个体的身体特征或心理素质反映出的人格中具有先天性的倾向与特征。气质无优势或劣势之分，不能确定个人所具有的社会价值，不具备社会道德评价意义，反映了人格的生物本质，是人格形成的原始材料之一。个体人格的形成不仅与其生理、心理、气质等先天禀赋有关，环境以及人自身的自我发展与社会化的过程等也对它起着至关重要的作用。

（二）人格与性格

性格是指个体对现实的稳定的态度，以及从与这种态度相适应的行为方式中表现出来的比较稳定的心理特征。与气质不同的是，性格是在后天环境中逐渐形成的，有好坏之分，受人生观、世界观、价值观的影响，表现为人的道德品质，具有直接的社会性和道德评价意义。

人的性格十分复杂，从不同角度可以对性格进行不同的划分。

(1) 按照知、情、意在性格中的表现程度，可将性格划分为态度、意志、情绪、理智四大特征。

态度特征是指个体对现实和自己的态度的特征，主要体现为：对社会、集体以及他人的态度，如助人为乐与自私自利、正直、诚实或阴险狡猾、虚伪等；对工作和学习的态度，如认真或敷衍、勤劳或懒惰；对自己的态度，如自信或自卑、谦虚或骄傲。

意志特征是指个体在意志行动中所表现出来的性格特征，主要体现为：是否具有明确的行为目标方面的性格特征，例如，是目的明确还是盲目蛮干，是颇有主见还是易受他人影响等；对行为自觉控制水平方面的性格特征，例如，行为主动积极或消极被动，具有自制力或自制力弱等；在紧急或困难条件下表现出来的性格特征，例如，果断或优柔寡断、沉着冷静或张皇失措、勇敢或胆小怯懦等；在日常的工作中表现出来的性格特征，例如，持之以恒或见异思迁、坚韧不拔或半途而废等。值得注意的是，在评价和培养个体性格的意志特征时，必须要考虑其道德品质、所从事活动的社会意义等具体内容。

情绪特征是指个体受情绪感染与支配的程度，以及情绪受意志控制的程度，主要表现为：情绪的强度，如情绪产生的快慢与强弱；情绪的持续性，如忽冷忽热或始终能保持高昂的情绪和饱满的热情；主导的心境，如多愁善感或豁达开朗。

理智特征是指个体在认知活动中所表现出来的心理特征，具体体现为：感知方面，如易受环境刺激的影响或不易被环境刺激干扰等；想象方面，如想象力丰富或无想象力；记忆方面，如信心记忆型或无信心记忆型；思维方面，如独立思考型或盲目模仿型、灵活型或刻板型、创造型或保守型等。

(2) 按照个体的心理倾向，可将性格划分为外倾型和内倾型。

外倾型的人活泼开朗，善于交际，感情易于外露，处事不拘小节，独立性强，但有时粗心、轻率。

内倾型的人一般感情含蓄，处事谨慎，自制力强，交往面窄，适应环境比较困难。

(3) 按照个体独立性程度，可将性格划分为独立型和顺从型。

独立型的人不易受外来事物的干扰，具有坚定的信念，能独立判断事物，能主动发现问题、解决问题，在紧急和困难的情况下不慌张，易于发挥自己的力量，但有时会把自己的意志强加于人，固执己见，不易合群。

顺从型的人谦虚、随和，易与人合作，但独立性差，易受暗示，容易接受别人的建议，在紧急情况下易惊慌失措。

由此可以看出，人格不等同于性格，性格既受先天因素影响，又与后天生活环境的影响密不可分。而人格虽受社会环境影响，但更具有主观性，不受社会支配。人格决定了性格，性格直接影响个体和周围环境的融合程度。

(三) 人格与个性

个性是指个体独特的、稳定的和本质的心理倾向和心理特征的总和。奥尔波特认为，个性是决定人的独特性的行为和思想的个人内部的身心系统的动力组织。日常生活中，人们常常通过言语、情感和行为表现自己的个性。

个性与人格不同，个性是指人格的个别性，而人格的构成较为复杂，包括人的生理、心理、意识、道德等各方面的特点。两者不相同，但是相互交织，共同影响着人的行为。

三、人格的结构

人格理论的核心概念是理论家根据所观察到的基于人类行为而构建的关于人格构成成分的理论假设，也是行为的直接影响因素。[①]由于人格研究的复杂性以及研究者的个人背景和学科角度不同，人格结构的确定也有着差异。精神分析学派创始人、奥地利精神科医生弗洛伊德认为，人格结构由本我、自我、超我三部分组成。瑞士精神病学家荣格把人格分成三个层次，即意识、个人潜意识和集体潜意识。

我国心理学界认为，人格是一个复杂的结构系统，主要分为人格的倾向性和人格的心理特征两个方面。人格的倾向性是指人格的动力，主要包含动机、需要、世界观、价值观、理想、信念等成分，它是人格中最活跃的因素，是人格积极性的源泉。人格的倾向性决定了人对现实的态度和对认识对象的趋向与选择。人格的心理特征是指个体之间的差异，是人的多种心理特点的独特的结合，主要包含个体的能力、性格、情绪等，它构成了一个人心理面貌的独特性。

哲学与心理学观点则认为，人是以生物、人际性和心理动态三种方式来表现自己。[②]站在思想政治教育的角度来划分人格的结构，本书认为，人格应包含生理、智能、心理、道德、社会、自我意识六个要素。这六个要素是人格结构完整性不可或缺的重要因素，在人格的形成和发展过程中扮演着不同的角色，发挥着独特的功能和作用。

(一) 生理要素

生理要素主要指人的躯体，包括个体遗传素质(体态、容貌等)和健康状况，它是人格形成的基础要素。健全的人格，首先要具备生理意义上的完整，没有正常的、健全的生理本能

---

① Pervin L A. Handbook of Personality：Theory and Research[M]. New York：Guilford Press，1990：66.

② Pervin L A. 人格心理学[M]. 洪光远，郑慧玲，译. 台北：台湾桂冠图书公司，1995：3.

的人，也就不可能具有健全的人格和社会性，而且生理要素使人具有基本的创造力和生命力，使人格具有整体性、丰满性。

每个个体都会从自己的上辈继承一定的生物基因，这是先天的、不可变更的，但是个体的体态、容貌、健康等情形，虽然带有先天的痕迹，也与后天的社会生活有着密不可分的关系。

生理要素是人格自我规定的重要内容之一。人格的完整性是以生理机能作为基础的，离开了生理机制的参与，人格的发展无异于无本之木，是不可能实现的。

(二) 智能要素

智能要素包括智力与能力，是以知识、技能为中介，在情感和意志的作用下，在丰富多彩的实践活动中逐渐形成的，是每个人在任何一项成功的实践活动中都必不可少的能动力量。

智力主要包括注意力、观察力、记忆力、思维力和想象力，主要表现为分析、综合、抽象、概括、比较、归纳、判断、推理方面的水平，也表现为运筹帷幄和当机立断的洞察、决策方面的水平。

能力则是智力在实践领域里与知识、技能、情感、意志有机融合的身心活动能动作用的表现形式及其有机组合。能力包括自学能力、探索能力、表达能力、操作能力、社交能力、创造能力、意志调节能力等。能力的强弱与个体的综合素质密切相关。

总体而言，能力因人而异，高智商并不一定代表高能力，低智商也并不意味着低能力。有些人具备出众的智力，但能力一般；而有些人的智力一般，能力却很强。

(三) 心理要素

心理要素主要包括心理活动过程(认知、情感、意志)、个性倾向(需要、动机、兴趣、理想、信念、价值等)和个性心理特征(性格、能力)。从心理学角度来看，个体人格的特征或者状态主要是通过个体的心理状况表现出来的，每个个体在其发育成长的过程中，受遗传、自我构建、社会文化的影响，逐步形成一种稳定的、缓慢变化的、有异于他人的心理状态，这也是这个世界形式各样、丰富多彩的原因所在。

人的概念思考和语言表达能力即人能够将学到、看到、感受到的行为模式予以抽象化、沟通并传达的能力。这种能力不仅表示人能够回想过去、展望未来、感受当前，还意味着人能反省自己、检验自己。换句话说，人的心理与动物心理的本质区别在于人的心理具有自觉能动性。从这一意义上来讲，人格的心理要素是人之所以成为人的一个本质特征，没有高级心理活动，个体的人格也就失去了存在的必要条件。

(四) 道德要素

道德要素是人格构成的一个重要因素，是人的行为准则和道德规范，具体表现为人的道德品行和道德品质，主要包括个体的情感意志、道德观念及理想信念等方面。在社会生活中，人格主体必须用某种价值观念、道德准则来指导自己的言行，并根据社会环境的变化不断调整、约束自己。一个人的道德水平和自我修养影响着个体的健全发展。

(五) 社会要素

社会生活与交往是人格形成与发展不可或缺的必要条件，而对自我和非我的认识是交往的心理前提。新生儿分不清自我和非我，自然不能够进行社会交往，但随着社会生活的增多，个体逐渐产生了自我意识，也就开始参与简单的社会交往。美国心理学家米德(G. H. Mead)把人的自我意识和社会交往的发展过程分为三个阶段：预备阶段、嬉戏阶段和团体游戏阶段。其实这也是人格的社会性形成的三个阶段，通过模仿、无组织玩耍到参加团体活动，开始逐渐使自己成为社会团体的人，成为社会的人。由此可以看出，个体只有参与社会交往，自然的我才会转变成社会的我，自然的人格才能转变成社会的人格，这样的人格才具有社会的现实存在意义。

个体人格的形成和发展受社会文化背景的制约和影响。社会的形态、结构、经济、政治、文化、科技、教育、习俗、信息等通过家庭、学校、社会、网络等多种渠道持续地、无意识地渗透到个体的心理活动中，形成个体“社会基因”的积淀，这种积淀达到一定程度，就可以使个体形成某种较为稳定的价值取向。换句话说，人格一方面具有生物学意义上的遗传因素，另一方面也具有“社会遗传”因素，每个时代的个体的人格发展是不可能超越其所处的历史时期和社会环境的现实影响的，必然折射出某一特定的社会和时代的特性。

人格的形成与发展，除了在社会环境中通过人与人之间无意识的交往而加强之外，还必须通过人与人之间有意识的交往而加强。

社会文化与人格之间的转化也是人的社会化的过程。个体的社会化程度越高，其人格特征越明显，从而对自我和社会的认同感也就越强，社会调试的可能性也就越大。

(六) 自我意识要素

自我意识要素是人格的调控系统，把握着人格的方向，由自我认知、自我体验与自我控制三种心理成分构成。这三种心理成分相互联系、相互制约，统一于个体的自我意识之中。从认识形式来看，自我意识表现为自我感觉、自我观察、自我分析和自我批评等，统称自我认识。从情绪形式来看，自我意识表现为自我感受、自爱、自尊、自恃、自卑、责任感、义务感和优越感等，统称自我体验。从意志形式来看，自我意识表现为自立、自主、自制、自强、自卫、自律等，统称自我控制。自我意识是一种多维度、多层次的复杂心理现象，具有理性的特点，体现了人格主体具有的思维水平和程度，同时还具有自我评判与自我调控相统一的特点，能依据主体所认同的方式进行自我评价、自我要求、自我约束和自我调整。

(七) 人格结构要素间的关系

从以上论述可以看出，人格结构的各个要素是相互制约、相互联系和相互配合的关系，它们共同构成一个有机的整体。

生理要素是指人的身体素质，是人格结构的基础。如果没有生理要素，人格就会成为无本之木、无水之鱼。生理要素与智能要素、心理要素、道德要素、自我意识要素和社会要素之间在人格中处于纵向联系状态。生理要素与智能要素、心理要素、道德要素、自我意识要素四个要素之间并没有正向相关性，即并不是有好的身体素质就一定会有好的人格，差的身体素质就一定不会有好的人格，但健康的体魄一定有利于人格的健全发展。

智能要素、心理要素、道德要素、自我意识要素和社会要素构成了人格的内在结构。自我意识是人格结构的核心，自我意识的发展状况决定着人的思想、行为、情感，对人格的形成和变化起着主导作用。心理要素体现了主体的心理活动，对社会、道德等其他活动起着支持作用，没有正常的心理活动，人便不能参加正常的社会活动，也不能产生丰富而正确的心理感受。智能要素体现了主体的智商高低和能力大小，对人格的形成和变化起着支撑和推动作用。道德要素和社会要素反映主体的思想道德品质和行为规范，以及主体的自我约束能力、自我调整能力和自我适应能力，是人格结构的体现。

在一定的主客观条件下，人格的智能要素、心理要素、道德要素、自我意识要素和社会要素保持着一种协调、平衡关系。如果各个要素之间协调性高，人格的总体稳定性和适应性就强。如果人格中各要素之间的协调性出现问题，就会引起人格的不稳定，对外界环境的适应性就差。但是，在不平衡的情况下，在各种内外因素的影响下，新的智能要素、心理要素、道德要素、自我意识要素和社会要素会构建新的人格结构。从发展的角度来看，新构建的人格往往是在旧的人格的基础上向前发展的，它不仅能够反映个体的进步，也能够反映社会的发展。

四、人格的基本特征

(一) 人格的层次性与整体性

总体来说，人格是一个包含了多种层次和因素的系统，具有层次性。其中，生理因素构成人格的基础层面；思想、心理、自我意识、情感方式、思维方式、动机、意志、价值观念、道德品质等因素构成人格的深层；人格的内部精神因素与社会环境相互作用而表现出来的行为模式构成了人格的表层。

与此同时，人格具有整体性。人格的各个组成要素不是孤立存在的，也不是机械堆叠、静态的，而是错综复杂、相互联系、相互作用形成的一个完整的统一整体，呈现出人的整体精神面貌。

人格的整体性主要表现在三个方面。

首先，人格的整体性表现在人格的内在统一性方面。一个正常的人总是能正确地认识和评价自己，能及时调整内心的矛盾和冲突，这样才能使其动机、观念、行为之间经常保持和谐一致。一个人如果失去了人格的统一性，他的行为就会受到几种相互抵触的观念和动机的支配，从而出现适应困难，甚至产生人格分裂，就是人们常说的多重人格。

其次，人格的任何一个因素发生改变，都会引起其他因素的变化。比如，一个人从自信到自卑的转变，会引起认知、行为、情感等各方面的转变，其他人感受到的不仅是他的自信心的改变，而是整个人的变化。

最后，对人格的认识必须从整体出发，结合其表现出的各种人格特征。例如沉默寡言这一特征，在不同人身上可能会有不同的意义。有的人可能是由于害羞，不愿抛头露面；有的人可能是不想暴露自己的真实想法等。

(二) 人格的生物性与社会性

人是自然属性和社会属性的综合体。人格具有生物性，虽然人的自然的生物特征不能决定人格的趋向，但它却是构成人格的基础，个体的遗传、体态、容貌、健康状况等影响着人的心理与行为的变化和人格发展的方式与方向，决定着行为倾向形成的难易。

同时，人格具有社会性。不同的社会制度、社会实践活动、文化背景、家庭出身、经济状况、教养方式、学校教育、集体规范等，都会对人格的形成和发展产生深远的影响。一个人如果脱离了社会生活，那他就失去了作为人的社会意义，只有躯体，没有完整、统一的人格。

(三) 人格的独特性与共同性

“人心不同，各如其面”，正如世界上没有两片完全相同的树叶一样，两个完全相同的人也是找不到的。每个人的人格都是各自不同的遗传因素和环境、教育等后天因素相互作用的结果，是基于多种复杂的关系和变化的作用而形成的。因此，人与人的心理和行为特征就有着各具特色的差异性，表现出个人独特的品性和精神面貌。

就一个人与另一个人的整体而言，每个人的人格是不同的，但就某些人格因素而言，人们之间又或多或少地存在着相同或者相似性。某一个群体、某一个阶层或者某一个民族都有着共同的典型人格特质。他们对问题的看法，对事、对人、对自己的态度和价值取向都有着某些共性，这种共性是在一定的群体环境、社会环境及自然环境中逐渐形成的。这种情况的产生与共同的生产方式、社会制度、民族文化传统及养育方式有关。

(四) 人格的稳定性与可塑性

人格不是天生的，有其产生和成熟的历程。一个人出生后，通过教育和社会实践逐渐形成一定的动机、理想、信念、人生观、价值观。在这些具有倾向性的心理特征指引下，个人的心理面貌在不同的生活情境中都可以显示出较强的稳定性，这就是人格稳定性的一种体现。“正是由于人格的稳定性，才能表明一个人是具有人格的个体；也正是由于人格具有稳定性，才能把一个人和另外的人在精神面貌上区别开来。”[①]但稳定性只是相对而言的，人格的稳定性并不排斥人格的可塑性。人格的可塑性是指在同样的社会历史条件下，由于个人主体在社会中的经历、地位、所受教育及主观努力的不同，便会形成不同素质的人格。正是由于这一点，才使人格培养和人格塑造成为可能。

五、人格的培养

人格的培养是指培养者通过有目的、有计划、有组织地开展一系列教育、训练、实践等活动，引导被培养者的知、情、意、行统一协调起来，促进其自主发展生理、心理、道德、精神品质等，从而形成日趋完善的、健全的人格。人格的培养着眼于个体社会的生成与塑造，其实质是着眼于心灵的改造和品格的塑造，是思想政治教育的基础。

第三节　健全人格概述

有一个爱尔兰家庭想移民美洲，于是全家人省吃俭用，辛苦劳动了三年，终于凑够去美洲的低等船票。在船上，他们被安排在下等舱中住宿，全家人都不敢到甲板上的豪华餐厅就餐。于是整个旅途中，他们都只能吃自己带的面包和饼干，然后满怀嫉妒地看着甲板上的人挑着各种美味的食物。旅途快要结束时，面包和饼干都被吃完了。因为还有两天的路程，父亲厚着脸皮去找服务员：“先生，求您赏些剩饭吧，我的孩子们快饿死了。”服务员惊奇地问：“为什么不去餐厅吃饭呢？”父亲说：“我们没有多余的钱。”服务员说：“可是它们全是免费提供的啊！”“你说什么？”父亲惊叫道：“原来我们的旅途本可以很快乐！”

思考：为什么这家爱尔兰人没能享受到本应属于他们的快乐旅途？这件事对你有什么启示？

一、健全人格的内涵

健全人格的研究涉及教育、社会、心理、伦理、道德和法律等诸多学科领域。教育学家认为，健全人格主要包括德、智、体、美、劳五要素，它们之间相互协调，相互促进，缺一不可，只有实现这些要素均衡发展的人才是社会主义建设需要的合格人才。

社会学家认为，健全人格是指人在从自然人向社会人转化的过程中，人格发展的理想状

---

① 郭凤志．人性：社会塑造与主体选择的统一[J]．东北师大学报，2001(6).

态体现在个体能够正确认知和适应周围环境、社会关系的变化。

伦理学家和法律学者则认为，具有健全人格的人享有充分的权利并履行应尽的义务，人的权利应该得到法律的保护且是神圣不可侵犯的，同时也有尊重别人价值和尊严的义务。

心理学家对健全人格的诠释主要看重人这一生物实体在社会化进程中，自身的身体结构和心理活动能够完全适应社会关系的变化。

由此可见，健全人格作为人格发展的目标，它一方面回答了我们要做什么样的人，实现什么样的人生发展的问题，另一方面还要体现时代要求，反映一个社会中的人所认同和推崇的思想观念、价值观念和道德观念等。可见，健全人格是以现实为依据的人格模式，它是以当代社会的政治、经济、文化环境以及处于这一社会中的人的现状为根据的。因此，健全人格应该是在现实人格的基础上提出的让每个个体通过努力都能够实现的人格。所以，培养健全人格的模式要根据社会发展的要求及个体自身发展的需要来确立，不能过于求高、求大，脱离社会和个人发展的实际。因此，健全人格可以理解为一种近乎理想的人格状态，是指人在社会生活的多方面所表现出的作为人的较理想的状态，它是个体人格与社会人格的有机统一，既表现个体在社会生活中的价值取向，也反映社会对个体的价值认定，也是一个国家、一个民族在某一社会发展阶段所推崇和提倡、蕴含民族文化精神和社会理想并被人们普遍认同的人格模式。健全人格集中反映了当时社会文化的价值取向，它是人们对人格追求的最高境界。

二、健全人格的确立

作为人类适应和改造外部环境的特有的认知方式和行为模式，健全人格是由许多要素决定的。要确立健全人格，首先要找到确立健全人格标准的科学依据，必须依据客观的社会发展现状及个人的身心发展状况来进行。只有这样，才能确立符合时代要求的健全人格的标准。

(一) 健全人格的确立标准

(1) 健康发展的心理机制。人格是由需要、动机、理想、信念、人生观、价值观、能力、气质、性格、心理状态等一系列因素构成的统一整体。健康的心理机制基于这一系列因素的协调发展，是健全人格的重要基础。个体的理想、信念、价值观是个体基于人的伦理追求在现实中的自觉意识和行为的表现，决定着人的价值取向，指导着健全人格发展的方向；个人的能力、气质、性格等决定着个体的行为风格，体现着个体的行为方式，各个要素之间的协调发展是人格健全发展的心理基础。

(2) 良好的自我意识。具有健全人格的人在智力正常的基础上，具有良好的自我意识，能积极、乐观地面对生活；具有良好的思维能力及创新能力，能够主动进行自我判断、自我调节、自我控制、自我决策等。

(3) 较强的交际能力和良好的人际关系。人格健全的人在生活中愿意主动结交他人，渴望与他人建立亲密、友善的关系，在人际交往中能做到尊重人、关心人、帮助人、理解人、信任人，并能与人保持良好的人际关系。

(4) 较强的社会适应能力。人格健全的人具备良好的社会适应能力，能够主动学习并践行道德法规和法纪法规，有强烈的社会责任感和积极参与感，能很好地融入社会。

(5) 能与自然和谐相处。人格健全的人注重与自然的协调发展，尊重自然、关爱自然、热爱生活、珍惜生命，具有生态意识、环境保护意识，关注人类的可持续发展。

(二) 健全人格标准确立的依据

(1) 理论依据。健全人格的确立标准应该以科学的理论为基础。马克思关于人的全面发展理论是任何关于个人发展的研究都不能忽视的重要理论基础。马克思在其著作中对人的全面发展理论进行了详尽和丰富的论述。人的全面发展是马克思对于人的发展的特征性规定，“马克思关于人的全面发展的思想实质，从内容上讲，是为了确立人在世界中应有的价值和主体地位，是为了寻求人类社会发展和个人发展的和谐一致，是为了达到自由的生存；而从理论上看，则是人道主义和历史唯物主义的有机统一”①。马克思关于人的全面发展理论对于我们探讨人格的发展、健全人格的标准，以及塑造健全人格的方法和途径等方面都有着重要的指导意义，是确定健全人格标准的重要理论依据。

(2) 身心依据。人格的发展是个体身心发展的过程，人的生理、心理、行为的发展也是相互影响、相互制约的。从生理上讲，人的感受、记忆、想象、思维等认知活动都受到人脑的控制，如果大脑受到损害，则人的心理活动就会受到阻碍或发生失调。同样，人的其他部位发生病变时，整个心理活动也会受到影响。从心理学上讲，人的心理状态会对人的生理和行为产生影响。因此，确立健全人格的标准必须以健康的、和谐的身心发展作为基本前提。从这个意义上讲，个体的身心发展状况是确立健全人格标准的重要依据。

(3) 社会依据。人是社会的人，因此，对健全人格的认识必须将它置于一个时代和一定的社会关系中，以一个时代和一定的社会关系对健全人格的要求和影响为依据。从世界范围来看，现代社会的发展使得人们的生活节奏加快、人与人之间的交往不断减少、大众传媒日益多元化，这些问题和刺激给人们带来各种各样的冲突，并由此产生了焦虑、挫折、抑郁等心理问题，所以，在现代社会中，个体的人格要健全发展，就要适应不断变化的社会环境。由此看来，只有与环境、社会发展状况相适应的人格，才是一定社会历史时期的健全人格。从这个意义上讲，社会是确立健全人格标准的重要依据。

(4) 文化依据。从出生起，人就被置于一个特定的文化模式中，时时刻刻受到社会文化的熏陶，并不断将其内化为符合社会需要的价值观念和行为方式。因此，社会的文化传统、价值观念、风俗习惯等都会对个体人格的形成和发展产生重要的影响。健全人格是个体在正确解释和吸收人类长期积累起来的优秀文化遗产、健康的精神文化交往和健

① 韩庆祥. 关于马克思“人的全面发展”涵义的商榷[J]. 哲学研究，1990(6).

康的文化氛围环境中建立起来的。所以，健全的人格根植于优秀的文化氛围。在当今经济文化全球化的时代背景下，要塑造健全的人格，就必须充分实现中西文化的融合，汲取人类文明中的一切优秀成果，形成正确的自我观念、科学的思维方式和顺应环境的行为方式。

第四节　大学生健全人格概述

高校教育中，人格培养已经越来越多地受到社会的关注。当代大学生面临环境、经济、就业、人际关系等各方面的压力，很多大学生的生理和心理长期处于亚健康状态，自己和学校却不了解，错过了最佳干预时期。下面通过一个小测试，来帮助大学生认识自己的人格状况。

【小测试】

健全人格有时也可从某些动作中表露出来，请你做一做下面的小测试:

(1) 当你站立时，为了舒服，总爱把胳膊放在某个支撑物上吗?

(2) 你有咬手指或指甲的习惯吗?

(3) 当你与人交谈和倾听别人谈话时，你总是用手指不停地击打桌面吗?

(4) 当你站立时，你喜欢双臂抱肩吗?

(5) 开会时，你总是不断改变姿势，以求坐得更舒服吗?

(6) 当你谈话时(可多选): 你经常眉飞色舞，说话抑扬顿挫，有时甚至手舞足蹈;
你感到有些紧张;
你把手自然下垂，偶尔有点手势。

(7) 聚会时，无论你想不想吸烟，总爱点上一支吗?

(8) 参加宴会时，你总爱把眼睛盯在一盘菜或者附近几样菜上吗?

(9) 看到别人把大拇指藏在手心，拳头紧握时，你害怕吗?

每回答一个“是”得 1 分。

0～3 分: 人格健康。不论在什么情况下，都能沉着、坚定、稳重。你的举止表明你是一个沉着老练，遇事不慌，自信、自强，分寸得当，自制力强的人，这种自我控制能力是健康人格的重要特点。

4～7 分: 人格状况欠佳。表面上看，你很平静，但常失去平衡。高兴时，信口开河，夸夸其谈; 不高兴时，冷眼相看、袖手旁观，情绪变化大。对你来说，至关重要的是学会自我控制，从而达到人格的稳定和健全。

8～10 分: 人格状况问题严重。你很不沉着，如果不学会自我控制，坚定信心，你在哪里都无法安定，总不舒服，也许你自己还不以为然，可在别人看来却很刺眼。应尽量达到内心的平衡、和谐和安定，同时注意与周围环境相适应。

一、大学生健全人格的内涵

大学生这一特殊群体，在生理、智能、心理、道德、自我意识等方面都具有自身的显著特征。因此，大学生健全人格的含义和特征，既具有一般意义上健全人格的含义和特征的共性，同时也具有这个群体自身的特性。

由此可以推知，大学生健全人格是指大学生这一特殊群体的健全人格，具体是指：大学生人格的各构成要素完整、健全；各构成要素具有很强的平衡性，形成良好的系统关系，这些要素之间良性互动，互相呼应；各构成要素之间具有很强的整合力，充分发挥各自的作用与功能，在强大的内在合力作用下使人更加适应环境。

二、大学生健全人格的特征

大学生健全人格的特征是大学生特征、健全人格特征以及人格一般特征的高度凝结。大学生健全人格的特征可概括为如下几个方面。

(1) 具有坚定的理想信念。人类共同的理想信念是健全人格的内在动力源泉。大学生作为建设中国特色社会主义事业的接班人，应当具备建设社会主义强国这一伟大理想，积极投身到社会主义实践中去，努力实现中华民族伟大复兴的中国梦，并在实践中实现人格的健康发展。理想与信念息息相关，是强大的精神力量。大学生具备坚定的信念，不仅是经济社会稳步发展的需要，也是创造和谐的社会环境、保证个人幸福生活的基本前提。只有具备人类共同的理想与信念的大学生，才能在中国特色社会主义建设这一伟大事业中，最大限度地发挥聪明才智，不断提高自身素质。

(2) 具有正确的自我意识和和谐的个性心理。自我意识在人格结构中居于重要地位，是大学生得以成才的关键因素，制约着人格的发展方向与进程。具有健全人格的大学生能够有意识地控制自己的生活，掌握自己的命运，正视自己，正视过去，面对现实，着眼未来，渴望迎接生活的挑战，在实践中充分发挥自己的潜能并努力实现自身的价值。大学生往往长于此而短于彼，巧于此而拙于彼，人格健全的大学生能够悦纳自己，对自身有着相对清晰的认识，能够扬长避短、虚心求教。不知己长而自卑，不明己短而自傲，都是极不利于个人成长成才的。

(3) 具有良好的道德品质。道德品质是健全人格的必备要素，人格与道德之间相互影响、相互制约、相互包容，良好的道德品质是维护社会秩序、保障社会稳定发展的基础。大学生应当具备较高的道德选择与整合能力，在面对纷繁复杂、真假难辨的事物与信息时，要学会从中筛选、过滤，将正确的观念体系加以内化，在进行比较、整合的基础上，积累解决各种困难、冲突的经验。能否于道德认知中坚持自我批判、于道德情感中实现自我升华、于道德意志中坚持自规自律、于道德行为中完成自我改造，是判断大学生人格健全的重要标志。

(4) 具有社会责任感。社会责任感是指行为主体基于对国家、社会的深厚感情，为保障社会稳定而主动承担起责任与义务的自发选择，至少包括三层含义：遵纪守法、恪守道德底线；心系国计民生、必要时伸以援手；正确处理个人、集体与国家的关系，奉献社会、报效国家，达成个人价值与社会价值的统一。没有健全的人格教育，思想政治教育便只能停留在人的思想表面。因此，培养具有强烈社会责任感的大学生，既是思想政治教育的重要内容，也是健全人格塑造的应有之义。

(5) 具有良好的人际关系。人际关系是人类社会中最普遍、最直接的关系。构建和谐的人际关系价值体系，是大学生深化自我认知、健康快乐成长的动力源泉，是保障人格发展与完善的必要条件。在集体中热情、诚恳、宽容、自信地与他人交往，同心协力、合作共事，结识许多亲密朋友，能够有效地促进行为主体的身心健康成长。

(6) 具有乐观、稳定的生活态度。积极进取、乐观向上的人生态度是人类于社会生活中获得本质力量的展现。乐观者精力充沛、富有活力，对生活与未来心怀憧憬；遇事常联想光明面，能够有效克服压力；能动性强、积极进取；社会适应能力极强，能紧跟时代发展步伐。这些都是健康人格的重要表现。

(7) 具有创新意识。创新是民族进步之灵魂、国家兴旺之不竭动力。美国人本主义心理学家马斯洛认为，创造性首先强调的是人格，而不是其成就，这些成就是人格放射出来的副现象。因此，对大学生来说，成就是第二位的，自我实现的创造性强调的是性格上的品质，如大胆、勇敢、自由、自立性、明晰、自我认可，即一切能够造成这种普遍化的自我实现创造性的东西，或者说是强调创造性的态度、创造性的人。较高的创造力被认为是人格健全者的最重要特征之一。

(8) 具有一定的审美情趣。健康的审美情趣能够提高行为主体的自身修养，使行为主体自觉抵制不良思想的侵蚀，对于塑造健全人格的结构具有重要作用；具备健全人格的个体往往有丰沛、充实的精神世界，高度的幸福感，以及统一的思想与行为。

(9) 具有较强的情绪调控能力。具有健全人格的大学生情绪反应适度，具有较强的情绪调节和控制能力，经常保持愉快、满意、开朗的心境并富有幽默感，遇事宽容处之，能够合理宣泄不良情绪。中国台湾作家罗兰于《罗兰小语》中写道：情绪的波动对有些人可以发挥积极的作用，那是由于他们会在适当的时候发泄，也会在适当的时候控制，不使它们泛滥而淹没了别人，也不任它们淤塞而使自己崩溃。拥有稳定的情绪，并能够在关键时刻进行适当调节，是健全人格的重要标志。

思考与讨论

1. 从思想政治教育的角度来看，人格的含义是什么？

2. 人格与气质、性格、个性有什么不同？
3. 人格的基本要素是什么？它们之间有什么关系？
4. 大学生健全人格应具备什么特征？
5. 你的气质与性格如何，你将如何努力使自己的气质和性格向更好的方向发展？

第三章

人格培养的理论渊源与思想借鉴

人格的健全发展是古今中外人们不懈的追求。但是，人格不是自发形成的，它依赖后天的培养。如何塑造健全人格，历来是教育家、哲学家、社会学家、心理学家和思想家不懈研究的目标，他们为此进行了大量的关于人格培养的研究和实践。由于历史文化背景、社会制度、发展状况等的差异，中西方人格培养的内容、方法存在很大的差异。本章介绍了中西方人格培养的理论渊源，分析了中西方人格培养思想以及人格培养的发展过程，揭示了跨文化背景下中西方人格培养的特点，阐述了不同历史时期中西方人格培养的代表性理论成果，这给我们提供了许多有益的、积极的启示。

第一节　西方人格和人格培养的理论渊源与思想借鉴

在西方社会，与人格培养相关的理论非常丰富，并且每个时期的主导思想都与其所处的社会环境相关，主要是受当时的社会经济条件与社会意识形态的影响。本节主要从历史发展的角度来考察西方人格与人格培养的理论渊源，分析西方人格培养理论对我国当代大学生健全人格培养的借鉴意义。

一、古希腊、古罗马哲学家对人格与人格培养理论的探索

欧洲文明的发源地是古希腊，当时的文化是以探求自然界的奥秘为核心，因此，对人格问题的研究是融合在当时的自然哲学理论中的，人们对自然界的探索和对自身的探索交叉进行，还没有形成系统的人格理论。

(一) 毕达哥拉斯

在古希腊，先哲毕达哥拉斯是研究和倡导道德的第一人，可以视为古希腊和古罗马哲学史上人格思想的开创者。

毕达哥拉斯认为数字是万物的最终构成元素，因为数字比其他任何事物都更能给表面的混乱带来秩序与和谐。数字是一种注定能够产生秩序的工具，或者是一种注定能够理解并存在着的，但目前未被知晓的排列或秩序的工具。因为世界中的万物都必定存在一种完美的秩序，彼此间维持一种和谐的关系。他发明了cosmos(宇宙，即把世界看作一个有秩序的、和谐的整体)一词，用于表述这一学说。

毕达哥拉斯首先发明并使用了“秩序的宇宙”一词，这具有重要的意义，因为它象征着无穷尽的世界是以一种有秩序的、和谐的方式组织而成的。第欧根尼在评价这个词的重要意义时讲:“毕达哥拉斯是第一个用‘秩序的宇宙’这个词来概括整个世界的，以体现整个世界可供观赏的结构。”宇宙间的各种不同事物是根据数学比例或(其对应物)音乐的和谐而组织起来的。人们所见、所接触的万物代表或体现着数字，因此也能通过数字而得以理解或说明。

从人的灵魂和肉体的微观世界来看，毕达哥拉斯看到人体的完美，它的美、强壮和健康等，取决于物质元素的和谐。这一理论原则被应用到善或灵魂的德行等问题上。毕达哥拉斯认为，灵魂的恶是由错误的欲望所引起的，而错误的欲望有三种形式：欲望本身就是低级鄙俗的东西(缺乏形式)；欲望过度强烈或持久(缺乏比例)；欲望的时间和原因是错误的(缺乏适当性)。美化灵魂就是一个恢复存在于人这个小宇宙的和谐的过程。混乱无序的强烈感情和肉体欲望需要得到控制，并通过培养节制、自制、正义和智慧等美德加以调和。

人的灵魂与周围的自然界是相互关联的。毕达哥拉斯通过讲授灵魂转世说表达了这一原理。毕达哥拉斯的目的是从轮回的循环中解脱出来而进入一个永久的、神圣的福佑状态。通向这种状态的途径，即得到拯救的方法就是净化感性欲望，彻底放弃尘世生活。因此，毕达哥拉斯学派把净化灵魂作为其道德生活的重要活动。然而，最高形式的净化是对绝对真理的追求，这是使自己从肉体的监狱中解脱出来而重新获得灵魂和谐的最安全的途径。毕达哥拉斯说:“除了神之外，我们应当珍爱真理，它本身使人最像神。”在对抽象真理的追求中，毕达哥拉斯学派把科学研究与宗教成功地结合起来。

毕达哥拉斯学派与传统宗教的分歧在于两者所采取的净化灵魂的方式不同。在奥菲斯教中，灵魂是通过宗教仪式而得到净化的，但是毕达哥拉斯认为对数学和音乐的学习是最好的达到灵魂和谐和净化的手段。因此，在毕达哥拉斯设计的教育体系中，数学(包括算术和几何、天文学、物理学)为那些具有足够心智能力的人所学习，这不仅仅是为了学科本身的发展，而且也是品格的训练和一种靠近那个把世界安排得和谐有序的神圣理智的途径。同时，正如药物是医治身体疾病的良方一样，音乐被看作医治灵魂疾病的良方：药物为了肉体，音乐为了灵魂。这种对净化的重新解释，把净化作为自我实现和理智发展的过程，在宗教史上是一个巨大的进步，人们也是从这里看到了秩序的科学方面和宗教方面的相互关联。

可见，毕达哥拉斯的人格思想是围绕灵魂和谐的观念而展开的。一个好的灵魂在其冲动和价值标准之间能维持固有的秩序，而人格培养的目的就是灌输一种对和谐的爱，人们可以通过欣赏和接触音乐的美而成为和谐的人。毕达哥拉斯通过音乐来塑造弟子的品格，对他来讲，音乐不仅仅是娱乐，在人的培养过程中音乐也被用来传授道德，因为它可以抑制品格中欲望的和富于侵略性的部分。

毕达哥拉斯相信人的实际追求是通过对感官的反复灌输而形成的，这一事实对人类而言至关重要，即通过使人看美好的形式、形态和听美妙的韵律、曲调而实现人对美的追求，帮助人们改正坏的品格和达到对激情欲望的控制，以恢复精神器官原初状态的和谐。因此，他是第一个通过某种韵律或曲调的形式而进行音乐教育的人。在这些曲调中，他还设计了检查和治疗各种身体、精神疾病的方法。其中，最令人惊奇的是他亲自创作所谓的音乐曲调，并为其弟子弹奏，运用受神的启示而设计的曲调，他很容易地改变并控制了他的弟子精神上的激情欲望，如沉溺在痛苦和愤怒中的激情、遗憾和嫉妒、对创伤的恐惧、各种形式的欲望和侵犯性、食欲不振，以及松弛、懒惰等。合适的音乐就像精心调制的药物，可以消除一些困扰。

通过向人展现和谐的存在，可以重建人自身这个小宇宙中正确的秩序。根据这个观点，毕达哥拉斯不仅把音乐作为塑造人格的重要手段，还把音乐作为治疗精神疾病的重要途径。据记载，他曾采用对一个醉汉吹奏不同曲调的乐曲的方式制止了醉汉的疯狂行为，使醉汉的头脑恢复了清醒。

毕达哥拉斯的成功并非出于偶然，而是因为他彻底掌握了音乐的语言，并认识到音乐可以影响灵魂，可以增加或解除人的激情使之成为和谐的人。在西方，有无数关于音乐的情感作用的例子。这一重视音乐功能的起源很可能和毕达哥拉斯学派的流行有关，当然，毕达哥拉斯学派的流行与柏拉图的贡献是分不开的。

拓展阅读 3-1

毕达哥拉斯

(二) 苏格拉底

毕达哥拉斯之后，随着社会的发展，人们的讨论逐渐由自然转向了人伦，苏格拉底是最早从伦理学角度研究人格的哲学家。

苏格拉底是将希腊古典哲学推向高峰的开路人。早期的自然哲学家们穷极一生都在探寻自然、宇宙的终极存在，苏格拉底则主张哲学应把自我生活和社会生活作为研究的主要对象，从而把哲学“从天上带到人间”，开启了从伦理学角度研究人格的道路。苏格拉底强调人们应该首先认识自己，并且认识社会生活中的普遍法则，探求终极善的概念，把握善的概念中蕴含的真知识，这才是人存在的最高目的和至善的美德。

苏格拉底将德尔菲神庙墙上铭刻的“认识你自己”这句箴言当作新的哲学宣言。在他看来，虽然神创造了人，但灵魂体才能体现人的最高品质，主宰人们的精神和行为。德尔菲神庙的女祭司曾下神谕说，苏格拉底是最有智慧的人，但是苏格拉底对此却表示极为困惑，因为在他看来他对这个世界“一无所知”。苏格拉底试图寻找能够称之为聪明的人，他遍访了当时以聪明著称的诗人、政治家和各行各业的能工巧匠，对勇敢、正义等美德问题进行追问，发现不同职业的人有不同的认识，即使同一个人在不同的处境下也会有截然不同的答案。在这些追问中，一旦剔除一切外在的东西，得到的结果不再是统一的答案，而是一无所知。什么是正义？什么是勇敢？当需要给这些人们自认为熟知的概念一个确定的解释时，人们变得不知所措。苏格拉底因此得出结论：那些所谓以聪明著称的人，只是自以为聪明，或者在他人看来很聪明，不是真正的聪明。他本人同样对这些追问一无所知，但是他能够正确地认识自己，认识到自己的无知。只有神才是真正聪明的，人所谓的聪明毫无价值，因为这些聪明都只是外在人看到的所谓聪明，神谕不是为了告知谁是最聪明的人，而是让人们认识自己的无知。

苏格拉底曾教导青年：“理性不应当首先沉思宇宙和自然的运转，而应当沉思我们的道德观念，从而让自己过幸福的生活，知道真正的自我。”这也就是他一直强调的“认识你自己”[①]。这其实是苏格拉底最重视的、作为人的本性的一种美德——自制，也就是明智、有自知之明。苏格拉底经常和一些年轻人讨论如何理解“自制”这种美德，他认为这种能够表现人的理智本性的美德与勇敢、正义等不同，这种美德是贯穿社会全局的具有普适性的德行。苏格拉底反对卡尔米德给“自制”下的三个定义，即“自制是沉着有序行事，是谦逊，是个人做自己的事情”[②]。苏格拉底认为，自制就是认识你自己的智慧。苏格拉底主张的“把哲学从天上带到人间”，也就是说哲学应把人作为主要研究对象。苏格拉底认为，关于“善”的知识才是人的哲学所必须研究的终极知识，它不仅仅是一种判断善恶的道德知识，更是一种关于存在的本性的知识。苏格拉底在对正义、勇敢、自制、智慧、友爱等美德的论述中提出了这些美德都是关于善的知识，即“美德即知识”。

“美德即知识”是苏格拉底哲学体系中最重要的伦理哲学观。首先，苏格拉底认为知识是德行的必要条件，也就是说，任何行为只有受德行知识指导才可能是善的；反之，如果行为不受德行知识指导便不可能为善。他说：“一切别的事物都系于灵魂，而灵魂本身的东西，如果他们要成为善，就都系于智慧。”[③]例如，灵魂中包括勇敢，勇敢有时是善，有时则不是，而其根由就在于勇敢是否受理性指导。受理性指导的勇敢是有益的，不受理性指导的勇敢，不仅无益，且有大害，其他如健康、美丽、财富都是如此。因此，苏格拉底认为，无知的人即使想行善，也没有能力，或反而把事情做错。其次，苏格拉底又认为知识是德行的充分条件，也就是说，只要具备有关的道德知识，人们就必然会做善的事情，他说：“公正以及所有别的美德都是明智(的一部分)。……凡是能够辨别、认识那些事情的，

① 霍普·梅. 苏格拉底[M]. 瞿旭彤，译. 北京：中华书局，2002：54.

② 姚介厚. 西方哲学史：第2卷[M]. 北京：人民出版社，2011：493.

③ 北京大学哲学系外国哲学史教研室编. 古希腊罗马哲学[M]. 北京：生活•读书•新知三联书店，1957：166.

都绝不会选择别的事情来做而不选择它们；……因此，明智的人总做光荣的和好的事。”①人不可能故意作恶，即不可能知其为恶而为之，知其为善而不为。如果有这种情况的话，那就说明该人是最大的无知，因为真正有知的人必然择善去恶。

为了理解苏格拉底不同寻常的命题，就必须考察“知识”的性质。就苏格拉底所论述的知识内容来看，当然是关于善、道德义务的知识。他认为，知道道德义务是什么，人们就会有相应的道德行为。凡是知道什么是合乎待人规矩的人，总做合乎待人规矩的事情。同样，知道什么是勇敢的人，也总是相应地会做出勇敢的行为，而不可能成为懦夫。苏格拉底的结论似乎与经验、事实有矛盾，因为一个知道何为“公正”的人并不一定行为公正。问题在于，苏格拉底所谓“知识”的概念，偏重知识的功能，即知识能够产生利益，美德、知识与利益有着因果关系。美德不能用金钱买来，美德可以产生好的东西。由于苏格拉底的“知识”把义务与利益调和了起来，所以，知识就成为美德的充分必要条件。

善本身是目的。在苏格拉底看来，善是普遍的，超越了特殊和表象，它作为世界和个人的目的，是自身规定自身的，自身实现自身的。善是人们一切行为的目的，其他一切事情都是为了善而进行的；善也是人生的最高目的，正是为了善，人们才做其他事情；善是生活、思想必须依据的唯一原则，是最高的道德价值。善也包含在事物中，是事物本身的目的。善虽然是普遍的，但不是从外部强加于人的，而是包含在精神的本身之中的；善也是现实的，它与个人的理性精神结合在一起。个人能够知道什么是善，怎样为善，这样，道德才有价值。苏格拉底的善的价值的主观性为人的理性选择留下了空间。人对善的选择意味着认识道德决断的主体，人通过自己的意志而决定行善。

人对善的认识是人的理性对事物的普遍本质的把握。人只有认识了善，才有可能行善，实现善。人为了达到善，必须寻求能明察事物本性和原因的知识，必须认识自己的理性，即“认识你自己”。

知识即美德，只有对事物具有真正的知识，才能做到向善、为善。为恶并非偶然的，没有对善的询问，就没有善的知识，没有理性的知识指导人的行为，人就会陷入是非不分的境地，就处在“洞穴”中。

无知即恶。理性的知识才能保证善的实现，善的知识与善的行为在原则上是一致的。善虽然是普遍的、绝对的，但善是内在于精神的，不是从外部给予的，因此，善是不可教的，人不可能从外部获得善，善作为对人的有价值的、永恒的存在，是包含在人的理性之中的，是从人的精神本身发展出来的。

人的理性从精神内部发扬善，这正是教化的真义。一方面，它是精神的自我教化，一个人的精神尽管有其独特性，但人之为人就在于普遍理性的存在，善的价值要在理性中引出，就必须认识自我，必须通过理性对善的询问而自我教化，这是善实现的基础，即善只有在精神的自我教化中实现，人对善的自由追求、对善的认识就是精神的自我教化。另一

① 周辅成. 西方伦理学名著选辑(上卷)[M]. 北京：商务印书馆，1986：51.

方面，精神的追求与善的实现通过教化而催生教化，提醒、催动和引导精神的自我教化，把精神的自身发展引向善。善虽然不可教化，但对善的追求和向往却是可教化的，对善的认识是可教化的，这种教化是促成理性反观自身，以理性思考世界、思考生活。

苏格拉底把善作为世界的最高目的，作为道德生活的最高准则，个人生活的向善就要获得对世界的善的知识，同时在道德生活中为善，使灵魂向善，而这两者是合一的。教化就是以善为最高目的的，即获得对善的最高知识，又以理性的生活锤炼自己的灵魂，使善成为习惯，成为个人的品格。

拓展阅读 3-2

苏格拉底

(三) 柏拉图

柏拉图是第一个对人的品格进行描述性分类的西方学者。“灵魂”是贯穿柏拉图理想人格思想的一个重要概念。柏拉图认为人们的灵魂原本是属神的，不朽、正义、完善是自己运动的原因，但却因失去其羽翼而坠入尘世，依着凡俗的肉体以至于成为可朽的、不完善的。因而实现理想人格的关键就是要尽可能地超凡脱俗，从根本上改变灵魂的状态，恢复它的本性。此外，柏拉图认为灵魂有能力承受一切的恶和所有的善，唯有走灵魂上升的路，追求智慧和正义，才能最终达到人格的圆满。也就是说，理想人格是指一种灵魂状况、生活方式，只有通过灵魂的净化与升华，人才能从黑暗走向光明、从虚幻走向真实、从愚昧走向智慧、从罪恶走向正义、从不幸走向至福，而这个超凡入圣的过程也就是从“意见世界”走向“知识世界”，亦即“真理世界”的过程。[①]

关于理想人格的特征，柏拉图做过这样的描述：“他在活人中间，如荷马所说的，就像是死人中间的提瑞西阿斯，在冥府中唯有此人有智慧，其他人则像虚幻的影子一样飘来飘去；就美德而言，这样的人犹如影子中的一个坚硬的实体。”提瑞西阿斯是一位能够洞穿黑暗的盲眼先知。柏拉图是在暗示人们，只有彻底超越茫茫黑暗的“洞穴”，才能具有真正的智慧和美德，实现理想人格，否则就如盲人一般，在梦幻的意见世界中飘荡。在《斐多》的末尾，柏拉图做过这样一个比喻，他说：“我们并没有意识到我们居住在大地的空洞里，还以为自己居住在大地的上方，就像有人住在沧海底部中央，却以为住在大海的上面，透过水看太阳和其他星体，以为大海就是天，由于迟钝甚至软弱，这人从未抵达过大海的最上面，也从未从海里跃出，把头伸向那儿的那个地方，看一看恰好比他们身边的东西更洁净且更美的东西，甚至从没听过那儿的别人说起过更美的东西……如果这人的天性足以伸展出来静观一番，他就会认识到那个真实的天，真切的光以及何其真实的大地。”也就是说，

① 吕祥. 希腊哲学中的知识问题及其困境[M]. 长沙：湖南教育出版社，1992：35.

柏拉图认为人们的灵魂天生就是沉沦状态的，好似处于海底的位置不自知，自以为所理解的世界就是世界的原貌，殊不知这不过是一种光幻觉，将人们囚禁在“空洞”里，这里只有生灭动荡的意见，而大多数人却终生沉迷于此不能自拔。理想人格就是要克服灵魂的迟钝和软弱，使其从“苦海”里跃出，从而看到这个世界的真相。由此可见，理想人格的特征本质上是不同于芸芸众生的，具有理想人格的人不会沉溺于五花八门的意见世界，也不会因千差万别的现象而眼花缭乱、茫然失措，而是始终将目光紧紧锁定在现象背后的本质世界上，对此，柏拉图有更多的论述，他说：“哲学家的思想始终依据真实事物的本性，由于他所立足的领域的光明，他从不会被人轻易察觉，因为大众的灵魂之眼没有能力承受对神圣事物的洞见。”也就是说，大众的灵魂状况与哲学家有着根本区别，哲学家由于恢复了灵魂的羽翼，从而能以一种真实的视野维度重新审视世界。柏拉图还指出：“他们自幼不识市场的路，不知法庭、议会及其他公共集会场所之所在，也从来没听到过宣读政令或者读过律法条文；政党之争权位、会社之广招摇、宴饮与犬马声色之乐，这些事对他们来说，甚至在梦中也绝无相染；公民的低贱或高贵，或者他们的劣性是否出自父系或母系先祖之遗传，凡此类事，如谚所云‘较之海水多寡尤不关怀’，他们甚至不知道自己对所有这些浑然不知；如果他们高寄远引，那么绝非为沽名钓誉，而是实际上只有他们的身体居住于国土，而他们的思想已将世俗的一切视为毫无价值的；他们的思想如同插上了翅膀，蔑视群伦，心游万仞，恰如品达诗云‘上凌玄穹，下越黄泉’，仰窥天象，俯测大地，遍究一切事物的本性，求其真其全，从不会降尊思考身边的俗事俗物。”从这段话中可以看出，理想人格是有多么超凡脱俗、淡泊名利，藐视凡人所热衷的事情，宠辱皆忘、富贵远抛，一心渴求整全的知识，探寻世界整体的本质，以超然的姿态活于尘世间。其中，“仰窥天象，俯测大地”更是颇有“观乎天文，以察时变。观乎人文，以化成天下”(《周易·贲卦·彖传》)的俯仰天地之气魄。

理想人格不仅是超越凡人意见的智慧之人，更是具有真实美德的正义之人。在《王制》中，柏拉图将灵魂的成分划分为三种：理智、激情、欲望。欲望是一种渴求某种东西的力量，而理智恰恰是阻止这种渴求的力量，激情则是理智的助手，同它一起驾驭灵魂中比重最大的欲望。在这三种力量的相互影响、彼此协调下，灵魂又表现出三种美德，即智慧、勇敢、节制，而这三种美德的高度统一即是正义，换言之，正义并非和它们并列或在它们之外的，而是凌驾于这三者之上的一个普遍适用的美德。①因此，正义就是灵魂中这三种成分各司其职、和谐共存的境界，换言之，达到了灵魂秩序的和谐也就成为一名正义的人，实现了理想人格。由此可见，古希腊人所推崇的四大美德在柏拉图这里是高度统一的，智慧、勇敢和节制这三大美德不过是正义之人在不同情境下的具体表现，而他的老师苏格拉底正是这样一位集四大美德于一身的圣哲，即柏拉图心目中的理想人格典范。在苏格拉底看来，一个人首先要关注的不应是身体和财产，而应是自己灵魂的至善至福，因为财富

① 汪子嵩，等. 希腊哲学史(第二卷)[M]. 北京：人民出版社，1988：777.

并不能带来美德，而真正的美德(善)却可以带来财富和其他一切福祉，对个人和国家都是如此。

四大美德中，首当其冲的便是智慧，并且“不是热爱智慧的部分，而是其整全”。在《申辩》中，柏拉图提到苏格拉底毕生都谦卑地以无知自居，但是传达神谕的女祭司却说没有比苏格拉底更智慧的人了。实际上，这两人的说法并不矛盾，苏格拉底的确在很多方面没有具体的知识，但他却拥有“关于灵魂的爱欲论的知识，爱欲是灵魂的属精灵的能力，包含了人与神的知识，苏格拉底宣称懂得灵魂的知识，因而就是宣称拥有整全的知识”①。也就是说，唯有这种无知之知才是真正的智慧，它不仅是一种能够洞穿万人万事的能力，更是一种“实践智慧”，是能够带来一切福祉的真正美德。苏格拉底在临终之前，仍然以改善人们的灵魂为毕生志向，至死不渝，他说：“我将乐于在那里如同在尘世间那样度日，依然探究审查人们的灵魂，去发现在他们当中谁是真正有智慧的，而谁只是自以为有智慧的人。”

其次是勇敢。真正的勇敢是有能力在任何危急时刻，甚至生死存亡的重大关头下都依然能够以超然淡定的姿态去面对，不被各种外界因素所干扰，即使在极端恶劣的条件下也不会方寸大乱，反而能时刻保持镇定、警觉，正如柏拉图在《会饮》中所描述的苏格拉底一样，阿尔喀比亚德说道：“在那次战斗结束后，我获得了勋章，但你们要知道，肯来救我一命的只有苏格拉底，就他一个人；我负了伤，但他仍不肯把我扔下，而是背上我，连同盔甲一起带出险境。”而在战败溃退的时候，阿尔喀比亚德更是对苏格拉底留心观察，他说：“他比拉凯斯要镇静得多；阿里斯托芬，我要借用你的一句诗来形容苏格拉底撤退时的样子，‘昂首阔步，斜目四顾’，好像是行走在雅典的大街上；无论遇到的是敌人还是朋友，他都是那副‘斜目四顾’的样子，让人远远看见他就知道他不好惹；谁要是撞上他，就会吃不了兜着走；就这样，他和伙伴们最后都安然脱险；毕竟，人们在战场上遇到这样神气十足的人都不敢轻易冒犯，而碰上那些抱头鼠窜的家伙则会穷追猛打。”由此可见，临危不惧、从容镇定、对生死的超然等都是理想人格的勇敢表现。

再次是节制。“节制”一词在古希腊语中有三层意思：一是指理智健全，同理智不平衡、愚妄、见解狭隘等意思相反；二是指谦逊、仁慈、恭谦的态度；三是指对欲望的自我约束能力，也只有在这一层意义上译为“节制”，更准确的翻译应是“自制”。②值得一提的是，柏拉图认为节制绝非消除一切欲望，例如对真理、真知的渴求，对爱欲、爱情的渴望这类合法的欲望应坚决予以保留，但对于所有阻碍灵魂上升的私欲尤其是感官享乐则应予以抵制，并以灵魂中的理智原则战胜私欲成为真正的“自己的主人”。这和庄子所说的“嗜欲深者天机浅”(《庄子·大宗师》)是同一个道理。在《会饮》中我们可以看到，当众人喝得酩酊时，唯独苏格拉底能清醒地侃侃而谈，但他日常生活极为节制，绝少饮酒。事实上，“他以自制、俭约，刻苦追求学问和诲人不倦为生活准则，鄙视智者们贩卖知识作为生财之

① 罗森. 论柏拉图的《会饮》[M]. 上海：华东师范大学出版社，2011：246.

② 汪子嵩，等. 希腊哲学史(第二卷)[M]. 北京：人民出版社，1988：375.

道。当时雅典贪婪敛财，骄奢淫逸之风甚盛，苏格拉底堪称一位清廉自奉、品格高尚的道德楷模”[①]。除此之外，“苏格拉底不仅是一个最能严格控制激情嗜欲的人，而且也是最能经得起冷热和各种艰苦劳动，非常惯于勤俭生活的人；尽管他财资微薄但他却能应付裕如。他的实际行动比他的言论更好地表现出他是一个能自制的人，因为他不仅克服了身体的私欲，而且也战胜了与金钱有关的一切事情”。由此可见，节制在柏拉图这里更多的是指一种勤俭淳朴、清廉自守、淡泊名利、安贫乐道的生活方式。

最后是正义。正义既是前三种美德的辩证统一，也是一切优秀品质的集合，因而它是一种神圣的“全德”。毫无疑问，苏格拉底和柏拉图这对师徒挚友追求卓越与崇高，品格圣洁而无邪，堪称稀世罕见、绝无仅有的人，不夸张地说，这颗“双星”就是正义的化身。亚里士多德在《致欧德谟》的一首悼诗中形容他的老师纯洁无瑕，并宣称：“这样的人呵，如今已无处寻觅。”[②]罗森盛赞苏格拉底是“独一无二的，或者可以说，他根本就不是个男人”[③]。邓尼曼评价苏格拉底：“我们深知他是什么样的人，但不知他是如何变成这样的。”他在称赞的同时亦留下了问题，即如何才能达到苏格拉底式的理想人格？实际上，苏格拉底本人已经给出了这个问题的答案，他告诉我们只要知道了什么是正义就一定能成为正义的人。尽管这个观点看似不可思议，然而事实可能的确如此，这个观点也被柏拉图所继承。因而实现理想人格的关键就是我们如何才能真正知道何谓正义？柏拉图告诉我们这是通过对“善”的认识达到的，他说：“一个人如果不知道正义和光荣如何能是善的，他也就不可能充分理解正义的光荣。善是我们一切行为的目的，一切事物皆以此目的而行事。”柏拉图认为善本身，即“善的相”是心智、知识和真理的泉源，也是认识的终极目标，亦即“灵魂转向”的终点，一旦看到了它便能孕生真实的美德，过上最幸福、美好的生活。正如他所指出的那样，“在认识的领域里，善的相最后才被人看到，且艰难费力，然而一旦看到了它，我们一定会得出如下结论：它的确是一切正确、美好事物的原因；在可见领域中，它产生了光，是光的主人；在可知领域中，它自己是主宰，是真理和心智的泉源；无论是在私人生活还是公共生活中都能合乎情理行事的人，必定已经看到了它”。

拓展阅读 3-3

柏拉图

① 汪子嵩，等. 希腊哲学史(第二卷)[M]. 北京：人民出版社，1988：313.

② 汪子嵩，等. 希腊哲学史(第二卷)[M]. 北京：人民出版社，1988：618.

③ 罗森. 论柏拉图的《会饮》[M]. 上海：华东师范大学出版社，2011：363. 虽不是男人却是真正的“男子汉”，旨在强调他的“双性辩证法”。

(四) 亚里士多德

亚里士多德强调理性对人及人格的重要性，有关理想人格的理论多见于他的《尼各马可伦理学》，他在该书中提出了完人理想人格的说法。

亚里士多德所提出的理想人格理论是与时代背景分不开的。亚里士多德所在的时代，奴隶制的城邦已渐渐趋向于瓦解。集体城邦的理想社会已经在人们的心目中逐渐淡漠，自私自利的不良行为到处可见，嫌贫爱富的社会风气已笼罩了整个城邦，希腊的城邦制面临着威胁和挑战，已不复往日的朝气和霸气。希腊精神也一改其蓬勃向上的理想主义，趋向于更为积极务实的现实主义。秉承古希腊理性传统的亚里士多德因此提出了以理性主义为基础的理想人格理论，希望塑造出理想的好公民，以此来挽救城邦的颓势。他说："人的功能绝不仅是生命，因为甚至植物也有生命。我们所求解的，乃是人所特有的功能。人的特殊功能，是根据理性的原则所具有的理性生活。"他所设想的具有理想人格的人应该追求一种理性的生活，人的行为"过与不适"都是违反理性的，人应该做符合美德的善行。他认为："人们应该从事高尚的事业，为高尚的事业而生活，并且深信所为之的事业对他人、对国家有利。"而这种高尚的生活，高尚的人生目的，就是在为之所奋斗的事业中。为了事业的发展，为了国家的利益，一个有德行的人，一定会采取善的行为去维护自己的事业和国家。因此，亚里士多德为当时的社会所设计的理想人格是一个具有理性、高尚的有德之人。为了达到人生的至善，实现理想的人格，在外要建立最优良的城邦政体，在内要用理性约束自己的情感、欲望，遵循人性中最好的部分即灵魂内在的理性的指示，使情感和欲望有理性，并与理性达到和谐的统一，从而获得心灵的升华，实现人作为人的道德精神和完美人格，并最终实现善的人生目的。

因此，亚里士多德完人理想人格对现代西方人生哲学的影响是非常巨大的。完人理想人格的品质特征主要表现为两个方面：智慧和勇敢。

亚里士多德的完人理想人格是从内在智慧和外在勇敢两种品质出发，他认为完人同样必须拥有全德，那就是拥有智慧、勇敢、正义、节制等所有美德。首先，具有完人理想人格的人必须具备智慧的内在品质。智慧是完人理想人格的首要条件。在古希腊哲学史上，苏格拉底提出了"美德即知识"的名言，认为没有知识就没有德行。柏拉图首先归纳出四种主要德行：智慧、勇敢、节制和正义。其中，德行之首为智慧，以之作为其他一切德行的共同基础。亚里士多德更是认为完人理想人格必须接受理智的指导，依照理智行事是修德和做人的真实途径。可见，智慧是完人理想人格的重要品质。其次，具有完人理想人格的人还必须具备勇敢的外在品质。亚里士多德把勇敢分为五种形式：公民式的勇敢、关于个别经验的勇敢、危险来临的勇敢、乐观自信的人的勇敢和对危险的无知的勇敢。他认为最高层次的勇敢应该是公民式的勇敢，在亚里士多德看来，完人必须具备勇敢品质，坚持自己的信念，永不退缩，永不放弃。

亚里士多德的人格思想在前人成果的基础上做了进一步细化。他认为，"人类的善，就应该是心灵合乎德行的活动”。人的心灵分为理性和非理性两部分，德行也有两种，与理性部分相应的叫作理智的德行，由教育和训练而产生且与非理性部分相应的叫作道德的德行，由习惯而来。德行应当遵循“中道”的原则。所谓“中道”，就是指在处理人的情感和行为时要适度。“只有在适当的时间和机会，对于适当的人和对象，持适当的态度去处理，才是中道，亦即最好的中道，这是德行的特点。”例如，快乐和痛苦的中道就是节制，恐惧和自恃不怕的中道就是勇敢。亚里士多德认为中道是道德的唯一原则，也是人格的标准。人们只有遵循这个原则，“才能顺应理性而生活，从而成为一个高尚人格的人”。他说：“大家既然已公认节制和中庸常常是最好的品德，那么人生所赋有善德就完全应当以中间境界为最佳。”

亚里士多德的人格思想在西方伦理思想发展中有极其重要的地位。它既集古希腊伦理思想之大成，又深刻影响了后人对人格问题的看法。亚里士多德强调，人的伦理德行不是天生的，也非固有的，更不是通过个人的修养能实现的，而是在社会实践中通过训练和现实的社会风俗习惯渐渐熏陶出来的。他说：“人如果离世绝俗，就无法实现其善行，勇敢、节制、正义明哲诸善德实际上就包含在社会的公务和城邦的活动中。”他强调，一切德行通过习惯而生成，通过习惯而毁坏，自然只给予人们接受德行的能力，而习惯使人们达到伦理的做人水平。这种观点也充分说明了人的德行源于现实的社会历史进程。

古希腊、古罗马哲学家多从人与自然的关系、人性和人生的价值观等方面探讨人格与人格培养，这种思想成为后来西方人格以及人格培养理论和实践的起点。

拓展阅读 3-4

亚里士多德

二、中世纪时期人格向神格的异化

在古希腊、古罗马文明之后，欧洲开始了漫长的中世纪之旅。中世纪的欧洲，宗教神学具有绝对统治地位，在社会文化和经济的各个领域，宗教神学都有着至高无上的地位，这奠定了当时人格理论的宗教神学化的社会基础和人格向神格异化的历史命运。

(一) 奥古斯汀

教父奥古斯汀宣扬原罪说，原罪说认为人生来有罪，在上帝创造世界的时候，亚当和夏娃受蛇的诱惑偷吃了禁果而被驱逐到人间，成为人类的始祖。由于他们犯了罪，上帝为了惩罚他们，便使这种罪孽代代相传，所以人类生下来就是有罪的，即原罪，因此，为了忏悔罪过，人必须遵从上帝的旨意，并以一生的诚信去遵循上帝的意志和教会的宗教戒律去赎罪，于是，人格的修养方法就变成了虔诚的祈祷和身体力行的悔过。

拓展阅读 3-5

奥古斯汀

(二) 托马斯·阿奎那

经院哲学家托马斯·阿奎那认为："人只有在上帝和神的身上才能找到自己存在的原因和目的，才能找到自己活动的规则和规范，发现自己所应有的价值和意义"。他还认为上帝或神的"大人格"支撑着具体的个体的人格，作为上帝的"子民"的人类，只是"属神"。[①]所以，他将顺从、屈服、怯懦看作人的最高德行，是上帝赋予人类的美德。

拓展阅读 3-6

托马斯·阿奎那

中世纪神学家的人格理论思想与宗教、神学合二为一，主要围绕个人对上帝和对神灵的关系加以解释、进行说教，对个体的自然本性、个人人格的自主性原则进行了彻底的否定。

三、近代独立理性人格的张扬

14—16 世纪末，欧洲社会掀起了伟大的文艺复兴运动，新兴的资产阶级以古希腊罗马时期的思想精华为依据，提倡学习和研究古典文化，旨在背叛和反抗封建神学的统治。马克思指出："这是一次人类从来没有经历过的最伟大、进步的变革，是一个需要巨人而且产生了巨人——在思维能力、热情和性格方面，在多才多艺和学识渊博方面的巨人的时代。"[②]这一时期，涌现出了一大批杰出的思想家、教育家，他们相继提出了有关人格及人格培养的理论和思想。

(一) 约翰·洛克

英国哲学家、思想家、教育家洛克在其著作《教育漫话》中指出："我们日常所见的人中，他们之所以好或者坏，有用或无用，十分之九都是他们的教育所决定的，人类之所以千差万别，便是由于教育的原因。"他认为，社会就是要培养具备德行、智慧、礼仪、学问

① 余潇枫，张彦. 人格之境—类伦理学引论[M]. 杭州：浙江大学出版社，2006：48.

② 马克思恩格斯选集(第 4 卷)[M]. 北京：人民出版社，1995：246.

四种品质的绅士，其中良好的德行是所有品质中最为重要的。《教育漫话》是洛克的教育代表作，由作者流亡荷兰期间(1683—1689 年)写给友人 E. 克拉克讨论其子女的教育问题的几封信整理而成，于 1693 年出版。全书的主题是论述绅士教育，即论述刚夺得政权的英国资产阶级与新贵族的子弟教育。洛克认为，绅士既要有贵族的风度，能活跃于上流社会和政治舞台，又要有事业家的进取精神，是发展资产阶级经济的实干人才；绅士应接受体育、德育和智育等方面的教育。洛克认为英国当时的一般学校成分复杂，学生教养恶劣，不利于绅士的培养。他主张严格、慎重地挑选德行、能力好，并且娴于礼仪，精通人情世故的导师，从幼年起就对未来的绅士进行家庭教育。《教育漫话》在西方教育史上第一次将教育分为体育、德育、智育三部分，并做了详细论述。它强调环境与教育的巨大作用，强调在体魄与德行方面进行刻苦锻炼。这些思想对西方近代教育思想，特别是对 18 世纪的法国教育家影响很深。他的教育思想还包括“白板说”，认为人的心灵如同白板，观念和知识都来自后天，并且得出结论，天赋的智力人人平等，“人类之所以千差万别，便是由于教育之故”。主张取消封建等级教育，使人人都可以接受教育。

拓展阅读 3-7

约翰·洛克

(二) 让-雅克·卢梭

法国思想家卢梭用人本主义思想代替宗教神学思想，对非理性人格和社会的不平等提出批判，提倡平等、独立、自由的人格，宣传人权天赋、主权在民的民主思想，卢梭认为人的本质、尊严和价值所在即为自由意志，他认为：“放弃自己的自由，就是放弃做人的资格，就是放弃人类的权力，甚至就是放弃自己的责任。……这样的一种弃权是不合人性的。”[①]卢梭从任性论的角度审视了人的自由本质，把人格理解为内在于人自身的自由意志。这一思想启迪着人们主体自我的觉醒，为人类科学、理性地认识自身奠定了基础。

拓展阅读 3-8

让-雅克·卢梭

(三) 克洛德·阿德里安·爱尔维修

爱尔维修是“教育万能论”的倡导者，也是法国的启蒙思想家之一，他仇恨封建专制，追寻理想人格的实现。他认为人权不是上天赋予的，每个人的精神、才智、道德等的差别

① 卢梭. 社会契约论[M]. 何兆武，译. 北京：商务印书馆，1963：13.

是由人所处的环境和后天的机遇，以及所受教育的不同所造成的，甚至认为教育可以创造“天才”，爱尔维修所讲的教育是“一切生活条件的总和”，即自然环境和社会环境的总和。他一方面认为，人是教育的产物，改造人必须改造环境；另一方面又认为，人们的偏见统治着世界，改造环境又必须改造人的偏见，即通过教育改造社会。这样，就把人民群众看成消极的，而把少数教育者看成生而知之的“天才人物”。他未认识到人在参与改造社会的革命实践的过程中，同时也改造着自己的主观世界。因而，他在观察社会历史问题时，陷入了“意志支配世界”的唯心史观。

爱尔维修重视学校教育。他号召教师要勤勉地工作，要注意应用教育技巧，要重视培养学生的美德。他也重视早期教育，认为儿童获得运动和生命的时刻，就是获得最初教育的时刻。人的再教育工作较之教育工作要困难得多。他重视道德教育和科学知识的教育，认为知识能使人们获得幸福和自由，无知会使人怠惰和堕落，并号召学校要传授科学知识。他重视学习中的自觉与努力，认为“真理不是恩赐之物，而是对劳动的报酬”等。

爱尔维修的教育思想，特别是关于人是环境和教育产物的思想，影响了后来的空想社会主义者。他的民主、平等和世俗教育的主张，对18世纪法国资产阶级革命时期所制定的一些教育法案有较大的影响。爱尔维修主要的教育著作有《论精神》和《论人的理智能力和教育》等。

文艺复兴运动时期，启蒙思想家宣扬“天赋人权”，批判封建神权思想，发展人本主义人格理论，强调“以人为中心”，关注人的自由、解放和发展，其人格理论是理性主义和现实主义的结合，其人格思想为我们留下了宝贵的精神财富。

拓展阅读 3-9

克洛德·阿德里安·爱尔维修

四、现代西方多元人格理论的兴起

随着19—20世纪科技革命的兴起，科学技术的发展突飞猛进，社会生产和生活方式发生了巨大的变化，人们对自然界及自身的认识手段不断扩展。西方学者开始从更多不同的角度思考人格问题，用各种不同的方法研究人格问题，各种各样的人格学说与人格培养理论应运而生、成果丰硕，并呈现多元化的发展态势。

(一) 精神分析学派的人格理论

1. 西格蒙德·弗洛伊德

奥地利精神病医生西格蒙德·弗洛伊德创立了精神分析学派，他首创了心理动力学说，并在此基础上开展了关于有关人格结构、动力、发展等方面的一系列研究。

弗洛伊德早期的人格结构属于以无意识为主的无意识、意识二部结构。最初，弗洛伊德认为人格结构是由无意识和意识两个层次构成的，即无意识层和意识层。他说：“精神分析的第一个令人不快的命题是：心理过程主要是无意识的，至于意识的过程则仅仅是整个心灵分离的部分和动作。”弗洛伊德强调人的心理过程主要是无意识，而意识的过程则是由无意识的过程衍生的，但因为它的意识层又包括前意识层，所以实际上他把人格分为无意识、前意识和意识三个层次。

无意识又称潜意识，是弗洛伊德论述最多的部分，也是他早期人格结构理论的核心。按照弗洛伊德的观点，无意识是精神活动的主要方面，是人本身没有意识到的、内心的、隐蔽的、深沉的部分。无意识是一种特殊的精神状态、心理过程，包括人的各种原始本能冲动和与本能相关的各种欲望，是由本能冲动构成的，其中尤以被压抑的欲望——性欲为主。这些冲动和欲望，由于不能被风俗习惯、伦理道德、法律所兼容而得不到自由的表现，被压抑或排斥到意识域下。但被压抑的欲望并没有消失，而是仍然在无意识中活动着，以求满足。无意识是心理的深层基础和人类活动的内驱力，它支配着人的行动。

前意识是指处于无意识和意识之间的心理现象，是人们能够召唤的记忆。前意识没有浮现在意识表面，它履行“检察官”的职责，即不让无意识的本能和欲望随便侵入意识之中。但是当“检察官”丧失警惕时，先前被压抑的本能或欲望就会伪装成精神病、过失、梦、俏皮话等形式迂回地渗入意识。

意识，一般指自觉的心理活动，即人对客观现实的自觉的反映，也就是有意识的反映。意识是随时可以直接被感知的心理部分，负责调节进入意识的各种映象，压抑心中那些先天的、兽性的本能和欲望。在弗洛伊德看来，意识只是人的精神结构中很小、很微弱的一部分，它源于无意识。他认为：“意识效果只是无意识的一个遥远(按即次要的)的精神产物，而后者不单是以此种方式呈现在意识界，而且它的出现与运作常常为意识所不知。”

对于无意识、前意识和意识的关系，弗洛伊德是这样描述的：“无意识的系统可比作一个大前房，在这个前房内，各种精神兴奋就像许多个体，拥挤在一起。和前房相毗连的，有一个较小的房间，像一个接待室，意识就停留于此。但是这两个房间的连接处有一个人站着，负守门之责，对各种精神兴奋加以考察、检验，对于那些它不赞同的兴奋，就不许它们进入接待室。”“但是，就是被允许入门的那些兴奋也不一定能成为意识，只是在能够引起意识的注意时，才可成为意识。因此，这个接待室可称为前意识的系统。”弗洛伊德认为，意识是人的心理状态的最高形式，它控制无意识，使无意识留在最底层。

在无意识理论的基础上，弗洛伊德又在《自我与伊底》中提出了新的三部人格结构理论，即认为人格是一个整体，这个整体包括 3 部分，即本我、自我和超我。这 3 个部分互相影响，在不同的时间内，对个体行为产生不同的支配作用。本我、自我、超我的比较如表 3-1 所示。

表 3-1 本我、自我、超我的比较

对比项目	本我	自我	超我
性质	生物	心理	社会
来源	遗传	经验	文化
取向	过去	现在	过去
层次	无意识	意识和无意识	意识和无意识
原则	快乐	现实	道德
理性	非理性	理性	不合逻辑
实质	主观	客观	主观

本我：也称伊底，是人格结构中最基本、最原始的部分。本我由遗传本能、欲望所组成，如饥、渴、性，是一种未知的控制力，肉体是它的能量源泉。本我的唯一机能就是直接释放心理能量或降低紧张，并由此得到快乐的满足。它在要求满足方面没有是非观念，不考虑道德约束。本我的这种机能履行了生命的第一原则，即快乐原则。弗洛伊德说："我们整个心理活动似乎都是在下决心去乞讨快乐而避免痛苦，而且自动地受唯乐原则的调节。"

自我：意识的结构部分。在本我与现实的接触中，本我的一部分经历了特别的发展而产生了一个专门的组织，即自我。自我处于本我和外部世界之间，是理性的、意识的、现实化的本我。弗洛伊德说："每个人都有一些心理过程的连贯组织，我们称之为他的自我。意识就隶属于这个自我。"自我是按"现实原则"活动的，它的心理能量大部分消耗在对本我的控制和压抑上，基本上是人格的"执行者"。

超我：由自我理想和良心组成，代表社会道德标准，是人格中专管道德的"司法部门"。超我是从自我中分化出来的、道德化了的自我，处于人格的最高层。超我是个体在生活中接受社会文化道德规范的教育而逐渐形成的。超我遵循"至善原则"，监督、管制本我活动，并指导自我，它具有下列 3 种功能：

(1) 抑制本我的不容于社会要求的各种行动，特别是性欲和攻击行为，因为这两种行为最受社会谴责。

(2) 诱导自我，用合乎社会规范的目标代替较低的现实目标。

(3) 使个人向理想努力，达到完善的人格。

弗洛伊德认为，超我同本我一样，是非现实的，自我周旋于本我和超我之间，它一方面要满足本我的要求，另一方面又要调节、整合精神活动。对于本我、自我、超我的相互依存、相互冲突的关系，弗洛伊德以"一仆三主"来生动地予以比喻："有一句格言告诫我们，一仆不能同时服侍两个主人，然而可怜的自我却处境更坏，它服侍着三个严厉的主人，而且要使它们的要求和需要相互协调。这些要求总是背道而驰并似乎常常互不相容，难怪自我经常不能完成任务。它的 3 位专制的主人是外部世界、超我和本我。"

弗洛伊德认为，在正常情况下，本我、自我与超我处于相对平衡状态，若这种平衡遭到破坏，则会使人在心理上患病。三部人格结构理论是在无意识理论的基础上构造了一个完整的人格模式，展现个体的人从本能、欲望进而成为具有社会属性和文明标志的成长历程。弗洛伊德把它看作由无意识心理学推及社会学乃至哲学的过渡环节。

弗洛伊德的人格理论自创建以来，在全世界有着广泛的影响，世人对它的评价有褒有贬，始终没有一个定论。

首先，弗洛伊德人格结构理论的积极作用。第一，弗洛伊德是心理学史上第一个对人格进行全面而深刻研究的心理学家，他的三部人格结构理论是第一个完整的人格理论。他不仅注意到了人格的多层次性，而且率先提出了人格中的欲望、动机等非理性的无意识因素的存在和影响，这大大丰富了心理学的研究内容。他的研究深入人的内心世界，直面人性的真实，这比以往的心理学对人的内心世界的认识更深刻。三部人格结构理论的提出标志着西方人格心理学的开始。从此以后，人格心理学便蓬勃地发展起来，出现了许多较完整的、影响较大的人格结构理论。弗洛伊德的人格结构理论推动了西方人格心理学的研究，为人类心理学研究的发展奠定了基础。第二，弗洛伊德提出的人格结构理论中包含辩证法的思想。他深受黑格尔等德国古典哲学的影响，并师从叔本华，他的人格理论处处体现着矛盾、对立统一的观点。例如，有意识就有无意识，有生的本能就有死的本能，有本我就有超我；在人格结构内部，本我、超我两者始终处于矛盾、斗争、冲突的过程中，这个冲突又由自我去调节，从而处于一个统一的整体中。人格就是在本我、自我和超我的冲突、斗争与平衡中形成并发展的。第三，弗洛伊德发现了本能在人格发展中的动力作用，对人们重视生物因素，从生物学的角度理解人格发展有一定的启发作用。他对本能的研究也冲击了先前传统的、陈旧的观念，促进了科学的发展。

其次，弗洛伊德人格结构理论的消极作用。第一，弗洛伊德贬低了意识和理性的作用，片面夸大无意识的本能和欲望的作用，这是不正确的。弗洛伊德偏激地认为人的心理活动主要是无意识的，无意识的本能和欲望是人格最重要的动力，而意识和理性仅仅被看作本能和欲望的伴随因素，这不符合人的实际。第二，弗洛伊德完全从生物学的观点去解释人格，他认为人格的实质是生物的本质而非社会的本质，人的所有内部的冲突都是本能冲突之间的无意识斗争，其理论中的道德意识也是为本能思想做铺垫的。弗洛伊德对人格结构中的本我、自我和超我之间的关系描述就是这种冲突模式。这种观点是反社会的。

总之，对于弗洛伊德的学说，仁者见仁，智者见智，崇拜他的，把他看作与马克思、爱因斯坦相媲美的伟人；诋毁他的，把他看作“一头冲进人类文明花园的野猪”。但无论如何，弗洛伊德通过对人类内心世界的深刻洞察、对人性本质的客观探索而形成的人格理论及其整个学说，对现代西方社会意识和社会生活产生了广泛的影响。弗洛伊德的人格结构观点对于我们今天的人格研究仍有一定的意义。

拓展阅读 3-10

西格蒙德·弗洛伊德

2. 卡尔·荣格

瑞士心理学家荣格于 1907 年开始与西格蒙德·弗洛伊德合作，发展及推广精神分析学说长达 6 年之久，之后与弗洛伊德理念不和，分道扬镳，创立了荣格人格分析心理学理论。

荣格把心灵看作人格的总体，在他看来，人格结构是由意识(自我)、个体无意识(情结)和集体无意识(原型)3 个层面所构成，如图 3-1 所示。

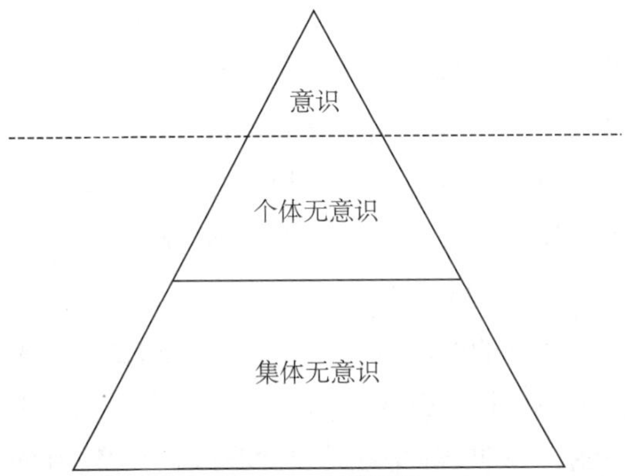

图 3-1　人格结构

(1) 意识：人格结构的最顶层，是心灵中能够被人觉知的部分，如知觉、记忆、思维和情绪等，其功能是使个人能够适应周围环境。自我是意识的中心，是自觉意识和个体化的目的所在。荣格认为意识是心灵中很少的一部分，具有选择性和淘汰性。正是出于自我才保证一个人人格的统一性、连续性和完整性。

(2) 个体无意识：人格结构的第二层，包括一切被遗忘的记忆、知觉和被压抑的经验，以及属于个体性质的梦等，相当于弗洛伊德的前意识，可以进入意识自我领域。荣格认为个体无意识的内容主要是情结，即一组组压抑的心理内容聚集在一起的情绪性观念群，如恋父情结、性爱情结等，它决定着个体的人格取向和发展动力。荣格认为情结的作用是可以转化的，它既可以成为人的调节机制中的障碍，也可以成为灵感和创造力的源泉。情结来自先在的超个体的共同的心理基础。

(3) 集体无意识：人格结构最底层的无意识部分，包括世世代代的活动方式和经验库存在于人脑结构中的遗传痕迹。不同于个体无意识，它不是个体后天习得的，而是先天遗传的；它不是被意识遗忘的部分，而是个体始终意识不到的东西。集体无意识的主要内容是各种原型，即本原的模型，其中最有名的有四种：人格面具、阿尼玛、阿尼姆斯、阴影。

人格面具指人格最外层的那种掩盖真我的假象，人类为了更好地生存和更好地适应社会的发展，于是会对外塑造一种良好的、有利于社交的形象，是理想化的自己，是人类生存和发展的必须产物，与其真正人格并不一致。

阿尼玛(或阴性基质)指男人身上具有的女性基本特质，当阿尼玛高度聚集时，它可使男子变得容易激动、忧郁等。

阿尼姆斯(或阳性基质)指女人身上具有的男性基本特质，当阿尼姆斯高度聚集时，则会让女性具有攻击性、追求权力等。

阴影(或阴暗自我)指人格的最内层，具有兽性的、低级的种族遗传，类似于弗洛伊德所说的本我。

荣格认为，个人的人格总是不断地向前发展，个人、民族的历史经验对人格的形成是有影响的，但更重要的是人总是为未来的目标奋斗，从而达到人格各方面的和谐和完善，荣格把它称为自我实现。

首先，荣格把人的态度分为内倾和外倾两种类型。内倾型人的心理能量指向内部，较为内向，易产生内心体验和幻想，这种人远离外部世界，对事物的本质和活动的结果感兴趣，喜欢独来独往，沉浸在自己的世界。外倾型人的心理能量则指向外部，易倾向客观事物，这种人喜欢社交，对外部世界的各种具体事物感兴趣，擅长社交，人缘也较好。

其次，荣格认为有四种机能类型，即思维、情感、感觉和直觉。思维是对事物是什么做出判断和推理；情感是对事物的好恶倾向；感觉是用感官觉察事物是否存在；直觉是对事物的变化发展的预感，无须解释和推论。荣格认为，人们在思维和情感时要运用理性判断，所以它们属于理性功能；而在感觉和直觉时没有运用理性判断，所以它们属于非理性功能。

荣格把两种态度和四种机能类型组合起来，构成了 8 种心理类型：外倾思维型、内倾思维型、外倾情感型、内倾情感型、外倾感觉型、内倾感觉型、外倾直觉型、内倾直觉型。

荣格划分的这 8 种心理类型是极端情况，实际上个体的性格往往是某种性格类型占优势，另外一种或两种性格类型居于辅助地位。

荣格认为，心理发展的最终目标是个性化，其中要经过一系列的发展阶段。他早年把人生划分成四个阶段：童年期、青年期、中年期、老年期。

(1) 童年期(从出生到青春期)：人的最初是无序阶段，儿童只有零散、混乱的意识；然后是君主阶段，儿童产生了自我，出现了抽象思维的萌芽，但缺乏内省思维；最后是二元论阶段，儿童出现内省思维，自我被分为主体和客体，儿童逐渐意识到自己是一个独立的个体。

(2) 青年期(从青春期到中年)：随着自我意识的发展，年轻人需要摆脱对父母的依赖，但是心理发展还不成熟。荣格认为这一阶段是“心灵的诞生”阶段。要顺利度过这一阶段，必须克服童年期意识的狭窄，努力培养意志力，使自己的心理和外部现实保持一致，以便在世界上生存和发展。

(3) 中年期(女性从 35 岁，男性从 40 岁开始直到老年)：这是荣格最为关注的阶段。中年人往往已经在社会上扎下根基，家庭生活已经稳定，取得了辉煌的胜利，但是，却面临着体力的衰退、青春的消逝、理想的暗淡，从而出现心理危机。荣格认为，要顺利度过这一阶段，关键要把心理能量从外部转向内部，体验自己的内心，从而懂得个体生命和生活的意义。

(4) 老年期：老年人易沉浸在无意识中，喜欢回忆过去，惧怕死亡，并考虑来世的问题。荣格认为，老年人必须通过发现死亡的意义才能建立新的生活目标。他强调心灵的个性化实际上要到死后才能实现，意味着个人的生命汇入集体的生命中，个人的意识汇入集体无意识中。

荣格和弗洛伊德的观点主要有三点分歧：①对力比多概念的解释，弗洛伊德认为力比多是性能量，早年力比多冲动受到伤害会引起终生的后果。荣格认为，力比多是一种广泛的生命能量，在生命的不同阶段有不同的表现形式。②荣格反对弗洛伊德关于人格为童年早期经验所决定的看法。荣格认为，人格在后半生能由未来的希望引导而被塑造和改变。③两人对人性本身的看法存在原则上的分歧。荣格更强调精神的先定倾向，反对弗洛伊德的自然主义立场，认为人的精神有崇高的抱负，不限于弗洛伊德在人的本性中所发现的那些黑暗势力。

拓展阅读 3-11

卡尔・荣格

(二) 新精神分析学派的人格理论

1940 年后，西方一部分学者开始质疑弗洛伊德精神分析学说，他们把文化、社会条件和人际关系等因素在人格形成过程的影响提到了首要位置予以讨论，被称为新精神分析学派。

1. 阿尔弗雷德・阿德勒

第一个对弗洛伊德精神分析学说提出质疑的学者是奥地利精神病学家阿尔弗雷德・阿德勒，他也是现代个人心理学的创始人。

阿德勒因不赞同弗洛伊德的泛性论而与之决裂，另立新说，继而发展了自己的人格理论。他认为人格动力不应该局限于生物学方面，而应将重点放在社会的需要和社会文化的影响上，与弗洛伊德聚焦本我不同，阿德勒聚焦对自我的研究，同时强调社会影响大于生理影响，以及后天努力可以超越遗传的影响。在阿德勒看来，健康人格的实现经历了 3 个发展阶段。

(1) 为摆脱自卑而奋斗。

阿德勒认为，每个人都有不同程度的自卑感，它是由人们天生的器官缺陷所造成的。此处的器官缺陷不仅指残疾，而且指人类的机体因特别容易被疾病损害而显得十分柔弱，除此之外，器官缺陷还包括人们有时主观上自认为存在的某种缺陷等。

由于人类天生柔弱，自然很容易产生自卑感。所以，在阿德勒看来："自卑本身并不是变态的。它们是人类地位之所以增进的原因……事实上，依我看来，我们人类的全部文化都是以自卑感为基础的。”[①]这就是说，尽管器官缺陷给人类带来许多阻碍，但它们却并非不可摆脱的命运，相反，它们能成为一种使人奋进的原动力。因为自卑造成紧张和焦虑，为消除这种负性情绪，人们就要采取某种行动，通过改变自身处境以降低焦虑。因此，只要一个人能找到克服器官缺陷的正确方法，如扬长避短或取长补短，他就能有效地改变自己的处境，从而降低焦虑和自卑，心理学上称这一过程为补偿。但是，如果一个人采用了不恰当的方式或努力过度，结果不仅未能摆脱原有困境反而增添了新的问题和紧张，这就是过度补偿。过度补偿通常发生在过度自卑以至于形成了自卑情结的人身上，自卑不是问题，但自卑情结就属于病态了，它会阻碍人的成长与发展。

总之，自卑是人格发展的最初动力，一个人健康与否不在于他是否自卑，而在于他的自卑是否过度、他为摆脱自卑而做的努力方向是否正确，以及努力是否过度。

(2) 为追求优越而奋斗。

阿德勒确信，人都是力求向上的，所以，不会止于摆脱自卑，人还会努力为追求优越而奋斗，“对优越感的追求是所有人类的通性……人类的每个创作之后，都隐藏有对优越感的追求，它是所有文化贡献的源泉。人类的整个活动都沿着这条伟大的行动线——由下到上，由负到正，由失败到成功……向前推进。”[②]对优越感的追求比之为摆脱自卑而做的努力更加能体现人的社会性和理性，但是，它也有一个度的问题，如果一个人过分注重自己的优越而忽视他人和社会的需要，就会产生优越情结，这样的人会有支配别人、轻视别人、有报复心、到处惹是生非等行为。

阿德勒认为，正是在对优越感的追求上，人出现分化。如果一个人选择了错误的实现优越的目标，那么，他就有可能发展为病态的人；若一个人选择了正确的目标，他就能成长为一个健康的人。这个正确的目标就是为实现完美社会而奋斗。

(3) 为实现完美社会而奋斗。

为追求优越而选择了有益于社会的目标，就是把小我融进大我之中，就会逐步发展并完善合作、奉献与社会兴趣这三个核心品质，从而实现健康人格。

阿德勒在心理治疗的工作中发现，心理疾病患者最常见的共同点就是：合作能力非常低。他认为，没有学会合作之道的儿童，以后会变成神经症患者、酗酒者、罪犯或者自杀者。除此之外，他们还缺乏奉献精神与社会兴趣。

阿德勒的观点虽然有点偏激，但却也不是完全没有道理。他认为，人类之所以得以延续并发展，全仰仗彼此合作、奉献以及对他人的兴趣。与环境相比，人天性柔弱，为了生存，人必须依赖群体，正是在群体生活的过程中，人类逐渐发展起能使种系得以生存和延续的一些规则。因此，阿德勒对这些规则给予了极高的评价：“我们在现代文化中所享受的各种利益，都是许多人奉献出自己力量的结果。假使个人不合作，对别人不感兴趣，

① 阿德勒. 自卑与超越[M]. 黄光国，译.北京：作家出版社，1987：50.

② 阿德勒. 自卑与超越[M]. 黄光国，译.北京：作家出版社，1987：57.

而且也不想对团体有所贡献，他们的整个生活必然是一片荒芜，他们身后也留不下一丝痕迹。只有奉献过的人，他们的成就才会保留下来。他们的精神才会持续下去，他们的精神才会万古长存。”[①]在实现健康人格的方法上，阿德勒较多地强调环境的作用，他主张通过教育培养孩子具备健康人格的基本品质，为此，他在维也纳与欧洲的许多学校做了不少卓有成效的尝试。

就个人而言，阿德勒的倾向是，由于人具有自主选择的能力和健康人格的潜能，因此人在解决人生三大问题的过程中，在人际交往中，以及在爱情与婚姻中努力学习与他人合作，对他人感兴趣并为他人做奉献。

综上所述，个体心理学家阿德勒以器官缺陷为研究的出发点，发展起他的健康人格观，他认为由于人天性柔弱，因而人人都有自卑感，这成为人格发展的最初动力，从为摆脱自卑而奋斗到为实现优越而奋斗，再到为实现完美社会而奋斗，这便是健康人格的发展轨迹。

拓展阅读 3-12

阿尔弗雷德·阿德勒

2. 爱利克·埃里克森

美国著名的发展心理学家爱利克·埃里克森是新精神分析学派的另一个代表人物，他在弗洛伊德的人格理论基础上，从遗传和社会文化两种因素相互作用的视角探索人格的形成与发展，并以此为依据提出了人格发展的阶段理论。

埃里克森提出人格的社会心理发展理论，把人格的发展划分为 8 个阶段，指出每一阶段的特殊社会心理任务，并认为每一阶段都有一个特殊矛盾，矛盾的顺利解决是人格健康发展的前提。在埃里克森所划分的 8 个发展阶段中，其中前 5 个阶段与弗洛伊德划分的阶段相一致，他认为这是人格发展的必要条件和决定因素，不过他论述的重点放在了个体的社会经验上，而不是心理性欲的发展。弗洛伊德谈到成年期就终止了，埃里克森把它扩展到了老年期，形成了一个毕生发展理论。

(1) 口唇期(出生～1 岁)：基本信任感与基本不信任感。

这一阶段是获得基本信任感而克服基本不信任感的阶段。这时的儿童最为无助，因而对成人依赖最大，如果此时父母能够给孩子以爱抚和有规律的照料，使孩子的需要得到满足，孩子将形成对人的基本信任。如果父母对孩子缺乏爱和照料，则孩子就会形成对人的基本不信任。一定的基本不信任是有利于生存和健康的，因为如果一个人信任生活中的一切人和事，就会危及生存与发展。所以，每个健康的个体都具有一定程度的基本不信任，关键在于其比例要恰当。如果儿童在此时期发展出的基本信任超过了基本不信任，则这个儿童不仅解决了此阶段的发展课题，而且会形成富有希望等积极的人格特点。一个人心存

① 阿德勒. 自卑与超越[M]. 黄光国，译.北京：作家出版社，1987：201.

希望，就不会害怕失败与挫折，并且具有强烈的未来定向，也就是注重未来。而缺乏足够的基本信任感的儿童难以形成富有希望这种人格特点，他们时刻都担心自己眼前的需要能否得到满足，他们被现实紧紧地束缚，因而无暇展望未来。

(2) 肛门期(1～3 岁)：自主感与自我怀疑、羞耻感。

这一阶段是获得自主感而避免自我怀疑与羞耻感的阶段。个体在口唇期处于依赖性较强的状态下，什么都由成人照顾。到了肛门期，儿童开始有了独立自主的要求，如想要自己穿衣、吃饭、走路、拿玩具等，他们开始去探索周围的世界。这时候，如果父母及其他照顾他们的成人，允许他们独立地去干一些力所能及的事情，并且表扬他们完成的工作，就能培养他们的意志力，使他们获得一种自主感，能够自己控制自己。相反，如果成人过分爱护他们，处处包办代替，什么也不需要他们动手；或过分严厉，这也不准那也不许，稍有差错就粗暴地斥责，甚至采用体罚(例如，孩子由于不小心打碎了杯子、尿湿了裤子，成人就对其打骂)，使孩子遭到许多失败的体验，就会使孩子产生自我怀疑与羞耻感。

(3) 性器期(3～6 岁)：自主性与自罪感。

3～6 岁儿童的活动更加灵活、精细，语言更为简练，思维更富于想象力。他们精力旺盛，对世界充满不知疲倦的求知欲和好奇心。前两个发展阶段中，儿童已知道自己是人，而这一阶段，他们开始思考他们能成为什么样的人。他们还努力探索生活中的游戏规则，他们探索什么是被允许的，什么是不被允许的。这一阶段，如果父母对儿童的探索行为和独特想象力给予鼓励，那么儿童就将获得较多的主动性。当一个孩子的自主性占主要地位时，就会形成目的性这一积极的人格特点，也就是有能正视并追求有价值的目标的勇气。这一阶段，如果父母经常否定、约束甚至讥笑孩子的探索行为和想象，则会使孩子缺乏自主性并产生自罪感，这样的孩子在生活中将表现得保守和谨小慎微。

(4) 潜伏期(6～12 岁)：勤奋感与自卑感。

这一阶段的孩子大多数正在上小学，他们在学校学习适应社会生活所必需的技能。此阶段，他们要学习的最重要的课程是：能在努力刻苦学习并完成学习任务后体验到学习与工作的乐趣。如果此阶段的孩子经常受到成人的关注与鼓励，那么，他就能从学习活动中体验到乐趣，并从此产生勤奋感。如果儿童在此阶段获得的勤奋感占主要地位时，他将具有能力，即自如运用技能和智力以完成工作任务的人格特点。具有能力的孩子能满怀信心地走向社会，并能从工作中发掘意义和乐趣。如果儿童在此阶段得不到成人的关心或常遭到成人的嘲笑，那么他将产生自卑感，这将进一步导致他们丧失对自己能成为有社会价值的人的信心。此阶段的另一危险是儿童过分看重学习成就(工作地位)，以至于长大成人后误以为工作等于生活，而对人类生活中的其他重要方面，如情感等视而不见。这样的人长大后有可能成为工作狂，并可能成为自己的技术的以及上司的毫无思想的奴隶。

(5) 两性期(12～20 岁)：同一性与角色混乱。

人们在这一阶段的核心问题是自我意识的确定和自我角色的形成。“同一性”这一概念是埃里克森自我发展理论中的一个重要组成部分，它具有非常广泛的含义。它可以理解为社会与个人的统一、个体的主我与客我的统一、个体的历史性任务的认识与其主观愿望的统一；也可理解为对自己的过去、现在和将来，即在任何情况下都能够全面认识到意识与行动的主体是自己，或者说能抓住自己，即真正的自我，也可称为核心的自我。青少年对周围世界有了新的观察与新的思考方法，他们经常考虑自己到底是怎样一个人，从别人对他的态度中，从自己扮演的各种社会角色中，逐渐认清了自己。此时，他们逐渐疏远了自己的父母，从对父母的依赖关系中解脱出来，而与同伴们建立了亲密的友谊，从而进一步认识自己，对自己的过去、现在、将来产生一种内在的连续之感，也认识自己与他人在外表上与性格上的相同与不同之处。认识自己的现在与未来在社会生活中的关系，这就是同一性，即心理社会同一感。埃里克森认为，这种同一感可以帮助青少年了解自己以及了解自己与各种人、事、物的关系，以便顺利地进入成年期，否则就会产生同一性的混乱。例如，怀疑自我认识与他人对自己的认识之间的一致性；做事情马虎，看不到努力工作与获得成就之间的关系。同一性混乱还表现在对领导与被领导之间的共同点与差异看不清，要么持对立情绪，要么盲目顺从等。在两性问题上也会发生同一性的混乱，认识不到两性之间的共同点与差异等。

(6) 青年期(20～25 岁)：亲密感与孤独感。

这一阶段是建立家庭生活的阶段，是获得亲密感，避免孤独感的阶段。亲密感是指人与人之间的亲密关系，包括友谊与爱情。亲密的社会意义是个人能与他人同甘共苦、相互关怀。亲密感在危急情况下往往会发展为一种互相承担义务的感情，它是在共同完成任务的过程中建立起来的。如果一个人不能与他人分享快乐与痛苦，不能与他人进行思想情感的交流，不相互关心与帮助，就会陷入孤独、寂寞的苦恼情绪之中。

(7) 成年期(25～65 岁)：创造力感与自我专注。

这一阶段是成家立业的阶段，是获得创造力感，避免自我专注的阶段。这一阶段有两种发展的可能性，一种可能性是向积极方面发展，个人除关怀家庭成员外，还会扩展到关心社会上的其他人，关心下一代以至子孙后代的幸福。他们在工作上勇于创造，追求事业的成功，而不仅是满足个人需要；另一种可能性是向消极方面发展，即所谓自我专注，就是只顾自己以及自己家庭的幸福，而不顾他人的困难和痛苦，即使有创造，其目的也完全是争取自己的利益。

(8) 老年期(65 岁以后)：完美感与失望感。

这一阶段是获得完美感，避免失望感的阶段。如果前面 7 个阶段积极的成分多于消极的成分，就会在老年期汇集成完美感，回顾一生会觉得这一辈子过得很有价值，生活得很有意义。相反，如果消极成分多于积极成分，就会产生失望感，感到自己的一生失去了许多机会，走错了方向，想要重新开始又感到为时已晚，痛不胜痛，于是产生了一种绝望的感觉，精神萎靡不振，马马虎虎混日子。

埃里克森在分析每个阶段时，都提出一些积极的建议。例如，他认为，一个人不应该对任何人都信任，不信任感也有一点用处，有了不信任感后，对于外界的危险会有一种准备，对于外界不愉快的事情会有一种预期，否则一遇到社会挫折就感到不可思议或束手无策，不利于自我的成长。但埃里克森认为，在人际关系中，信任与不信任感要有一定的比例，信任感应该多于不信任感，才有利于心理发展。他还认为，自主感也不能无限制地发展，也必须有一定的怀疑感与羞耻感，如果过分相信自己，以后就不容易适应社会准则，容易变得独断专行。埃里克森认为，自主感应强于怀疑感与羞耻感。儿童的勤奋感中也应该有一点失败的经验，以便今后能经受住失败的挫折，但又不能过分地、经常地遭受失败，经常失败就会产生自卑感。

拓展阅读 3-13

爱利克·埃里克森

（三）人格特质学派的人格理论

人格特质理论认为特质是构成人格的基本单元，各个特质的结构是不同的。特质是人拥有的、影响行为的品质或特性，是神经心理结构或先天性持久而稳定的行为倾向，包括所有人所共有的共性和个人独特的差别性。[①]

奥尔波特基于对弗洛伊德主义过于强调人的无意识的怀疑和不满，以及心理学中的实验化倾向而提出人格特质理论。他认为特质是人格的基础，是心理组织的基本建构单位，是每个人以其生理为基础而形成的一些稳定的性格特征。

奥尔波特的人格理论体系是面向健康人的。他反对弗洛伊德主义所持的精神病患者和健康人之间只有量的区别，没有质的不同的观点，认为精神病患者与健康人之间根本没有机能上的类似性。精神病患者与健康人的区别在于前者的动机存在于过去而后者的动机存在于未来。他强烈主张健康成人的人格原则不能由动物园、儿童、过去或精神病患者的研究引申而来。在奥尔波特看来，成熟者的人格是完全独立的，他提出了与人本主义自我实现的要求十分相似的健康人格的6个特点，主要内容如下。

(1) 自我扩展的能力。健康成人参加活动的范围极广。

(2) 密切的人际交往能力。健康成人与他人的关系是亲密的，富有同情心，无占有感和嫉妒心，能宽容自己与别人在价值观上的差异。

(3) 有安全感，能够自我认可。健康成人能忍受生活中不可避免的冲突和挫折，经得起一切不幸遭遇。他们还具有一个积极的自我形象。

(4) 体现知觉的现实性。健康成人看事物是根据事物的真实情况，而不是根据自己希望的那样来看待事物。

(5) 体现自我客观化。健康成人对自己的所有和所缺都十分清楚和准确，理解真实自

① 张明佐，顾忠. 试论弗洛姆人格理论和中学生独立人格塑造[J]. 中学政治教学参考，2001(7).

我与理想自我之间的差异。

(6) 体现定向一致的人生观。健康成人表现出定向一致，为一定的目的而生活，有一种主要的愿望。这种定向一般来说是属于宗教的，但不一定就是宗教。

近年来，心理测量中广泛应用奥尔波特人格特质理论，但是在通过人格特质来预测个体的未来方面，其解释力还需要进一步探索。

拓展阅读 3-14

奥尔波特

(四) 行为主义学派的人格理论

行为主义兴起于 20 世纪初的美国，本质上是一种环境决定论。它从客观刺激引起条件反射的角度来探索人格的形成与发展，提出行为是有机体在受到环境变化刺激时表现出来的各种身体反应的组合，目的是适应环境变化。环境或情境决定人的行为。

早期行为主义代表人物美国心理学家约翰•华生，他以条件反射学说为基础，创立了行为主义，他反对构造学派的观点。

华生常常把人比作机器，在分析人格时也不例外。在他眼里，人是由各个零部件组成的，人在出生时彼此是平等的，但在出生以后，有的人成了达官显贵，而有的人成了乞丐、强盗，其中起决定作用的是“个体在其出生以后发生的事情”。为了详细描述人格，我们应该让个人经受所有可能的测验，“从而才能知道他是何种类型的人、何种类型的机器”。而了解人格的目的，他认为是证明一个人适合做什么，并预言一个人将来的能力，以便为社会需要这样的资料时提供服务。

华生在 1919 年出版的《行为主义观点的心理学》中曾给人格下了一个较为明确的定义。1925 年，华生在《行为主义》一书中又对人格做了一个较通俗的界定：“人格是通过对能够获得可靠信息的长时行为的实际观察而发现的活动之总和。换言之，人格是人们习惯系统的最终产物。我们研究人格的过程是制作和标绘活动流的一个横截面。”

华生认为，生来平等的人之所以会出现彼此不同的人格特征是因为在后天环境和教育的影响下每个人形成了各自不同的习惯系统。对于习惯系统，华生做了比较详细的说明，他认为这应该是我们对人格进行研究的着眼点。研究人格就要设法将一个人的动作流切断，使之成为横截面，一个人的动作流在某一年龄时的横切面就是他在该年龄时所具有的人格。

图 3-2 所示的习惯系统表示一个 24 岁的年轻人人格的横截面动作流。这些习惯系统是从小形成的，因个人生活环境和教育的不同而不同，并且图中表示的人格系统只是实际人格系统的一小部分。华生认为，此图的中心思想是“人格由占支配地位的习惯系统所构成”，人与人之间的差异是由占主导地位的习惯系统的不同所造成的。在华生看来，这种占优势的习惯系统很容易被观察得到，因此，人们通常是根据这种占优势的习惯系统来判断他的

人格，人格的分类也以此为依据。

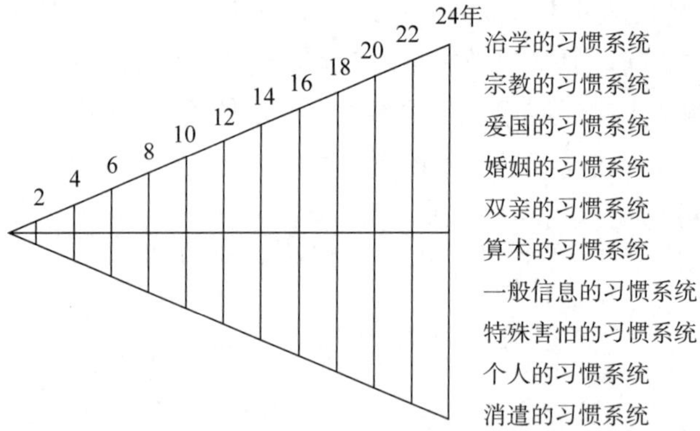

图 3-2　习惯系统

对于人格的发展与改变问题，华生认为在人的一生中，幼年和少年时期是各种习惯系统的形成、成熟时期，人格变化得最快。一般来说，一个人长到十三四岁以后，其习惯系统已基本上确立。30 岁以后，人格变化将非常缓慢，除非发生强烈的刺激。而所谓人格改变，简单地说就是废弃大量的已经组织好的旧的习惯系统，形成新的习惯系统的过程。彻底改变人格的唯一途径就是通过改变个体的环境来重塑个体，形成新的习惯系统。环境改变得越彻底，人格也就改变得越多。但华生也谈到很少有人能独立做到这一点，因此他建议开设人格医院，以帮助人们彻底改变人格。

拓展阅读 3-15

约翰 • 华生

(五) 人本主义学派的人格理论

20 世纪 60 年代在美国兴起的人本主义人格理论由美国心理学家亚伯拉罕 • 马斯洛创立，以强调人的本性及其主观经验的重要性为主要特点。马斯洛的人格理论包括三个重要部分：需要层次论、自我实现论和高峰体验论。下面主要介绍需要层次论的主要内容和自我实现者的人格特征。

1. 需要层次论的主要内容

马斯洛认为人都有不同层次的需要，这些需要在不同的时期表现出来的迫切程度是不同的。人的最迫切的需要才是激励人行动的主要原因和动力。人的需要是从外部得到的满足逐渐向内在得到的满足转化的。马斯洛在人生的两个阶段提出了两个不同的观点：第一，人有着 5 个不同层次的需要：生理需要、安全需要、归属与爱的需要、尊重的需要、自我实现的需要；第二，人有着 7 个不同层次的需要：生理需要、安全需要、归属与爱的需要、尊重的需要、认知需要、审美需要、自我实现的需要。下面具体介绍7个不同层次的需要。

(1) 生理需要。生理需要是人们最原始、最基本的需要，如吃、穿、住等。生理需要若得不到满足，则有生命危险。这就是说，心理需要是最强烈的、不可避免的最底层需要，也是推动人们行动的强大动力。当一个人为生理需要所控制时，其他一切需要均退居次要地位。

(2) 安全需要。安全需要要求劳动安全、职业安全、生活稳定、希望免于灾难、希望未来有保障等。安全需要比生理需要高一级，当生理需要得到满足以后就要保障安全需要。每一个在现实中生活的人，都会产生安全感的欲望、自由的欲望、防御的欲望。

(3) 归属与爱的需要。归属与爱的需要是指个人渴望得到家庭、团体、朋友、同事的关怀、爱护和理解，是对友情、信任、温暖、爱情的需要。社交的需要比生理需要和安全需要更细微、更难捉摸。它与个人性格、经历、生活区域、民族、生活习惯、宗教信仰等都有关系，这种需要是难以察悟、无法度量的。

(4) 尊重的需要。尊重的需要可分为自尊、他尊和权力欲三类，包括自我尊重、自我评价及尊重别人。尊重的需要很少能够得到完全的满足，但基本上的满足就可产生推动力。

(5) 认知需要。认知需要是指个人对自身和周围世界的探索、理解及解决疑难问题的需要。马斯洛将其看成克服阻碍的工具，当认知需要受挫时，其他需要能否得到满足也会受到威胁。

(6) 审美需要。爱美之心人皆有之，每个人都有对周围美好事物的追求。

(7) 自我实现的需要。自我实现的需要是最高等级的需要，是一种创造的需要。有自我实现需要的人，往往会竭尽所能，使自己趋于完美，实现自己的理想和目标，获得成就感。马斯洛认为，在人自我实现的创造过程中，会产生出一种所谓的高峰体验的情感，这是一种完美的、超越时空的、超越自我的满足状态，有一种不可思议的或海潮汹涌般的情感，或与自然合一的欢乐感。[①]这个时候的人处于最高、最完美、最和谐的状态，具有一种欣喜若狂、如痴如醉的感觉。

马斯洛认为7个层次的需要要按照次序实现，由低向高逐个层次递进。只有先满足低层次的需要才能去满足高层次的需要，在一定程度上，这种观点过于机械化。但是我们也要肯定马斯洛理论的完整性，以及他在管理、教育等方面做出的贡献和启示。

2. 自我实现者的人格特征

马斯洛根据他心目中成功人士的人格得出的自我实现者的人格特征，具体内容如下。

(1) 全面和准确地知觉现实。自我实现者对世界的知觉是客观的、全面的和准确的，因为他们在感知世界时，不会掺杂自己的主观愿望和成见或带有自我防御，而是按照客观世界的本来面貌去反映。与此相反，心理不健康者则是以自己的主观方式去知觉世界的，

① FORGAS J P，HECK V G L．The Psychology of Situa-tions．In：Gian-Vittorrian Caprara，Guus L．Van Heck (eds)．Modern Personality Psychology[M]．NewYork：Wheatssheaf，1992.

他们试图使世界与自己的主观愿望、焦虑和担心相吻合。

(2) 接纳自然、自己与他人。自我实现者能够接受自然、自身及他人的不足与缺陷，而不会为这些缺陷而忧心忡忡。当然，对于可以改造或可以调整的不足与缺陷，他们会以积极的态度来对待，而对那些不可改变的不足与缺陷，他们能顺其自然，不会自己跟自己、跟他人、跟自然过不去。

(3) 对人自发、坦率和真实。在人际交往中，自我实现者具有流露自己真实感情的倾向，他们不会假装或做作，他们的行为坦诚、自然。一般而言，他们都有足够的自信心和安全感，这就使得他们足以真实地表现自己。

(4) 以问题为中心，而不是以自我为中心。自我实现者热爱自己所从事的工作，献身于某种事业或使命，并能全力以赴。与常人相比，他们工作起来更刻苦、更专注。对他们来说，工作并非真正的劳苦，因为快乐恰恰寓于工作之中。

(5) 具有超然于世和独处的需要。自我实现者以自己的价值和感情指导生活，不依靠别人来求得安全和满足，他们依靠的只是自己。他们一般都喜欢安静、独处，这样做并不是因为害怕别人，也不是要有意逃避现实，而是为了在减少干扰的条件下，更好地深思，更全面地比较，以便去寻求更为合理的解决问题的方案。他们平静、安详，习惯于保持冷静，安然地度过或顶住各种灾难和不幸。

(6) 具有自主性，在环境和文化中能保持相对的独立性。自我实现者行为的动力主要来自自身内部发展和自我实现的需要，而不是来自外部的补充，因而他们更多依赖自己而不是外部环境，能够抵制外部环境和文化的压力，独立自主地发挥思考的能力，进行自我引导和自我管理。

(7) 具有永不衰退的欣赏力。自我实现者能够对现实保持奇特而经久不衰的欣赏力，充分地体验自然和人生中的一切美好事物。他们不会因事物的重复出现而习以为常，失去敏感，相反，他们对每一个新生儿、每一次日出或黄昏，都像第一次见到时那样，感到新鲜、美妙。

(8) 具有难以形容的高峰体验。高峰体验是人感受到的一种强烈的、心醉神迷的狂喜或敬畏的情绪体验。当它到来时，人会感觉到无限的美好，具有极大的力量、自信和决断意向，甚至连平凡的日常活动也可以被提升为压倒一切的、妙不可言的活动。马斯洛认为所有人都具有享受高峰体验的潜在能力，但只有自我实现者更有可能、更常得到这种体验。

(9) 对人充满爱心。自我实现者所关心的不仅局限于他们的朋友、亲属，而是扩及全人类。他们把帮助穷困受苦的人视为自己的天职，具有同所有的人同享受、共患难的强烈意识，千方百计为他人着想。在自我实现者看来，他人的快乐就是自己的快乐，他们已经把自己从满足自身狭隘需求的牢笼中解放了出来。

(10) 具有深厚的友情。自我实现者注重与朋友间的友谊，他们交友的数目虽然不多，同伴圈子比较小，但友情深切和充实。就对爱的理解来说，他们认为爱应当是全然无私的，至少给予爱和得到爱应当是同等重要的。他们能够像关心自己一样，关心所爱者的成长与发展。

(11) 具备民主的精神。自我实现者谦虚待人，尊重别人的权利和个性，善于倾听不同的意见。对他们来说，社会阶层、受教育程度、宗教信仰、种族或肤色都是不重要的，重要的是他们是否掌握真理。自我实现者极少有偏见，愿意向一切值得学习的人学习。

(12) 区分手段与目的。自我实现者的行为几乎总是表现出手段与目的的界限。一般来说，他们强调目的，而手段必须从属于目的。自我实现者常常将普通人看成达到目的的手段，把活动经历当作目的本身，因而比常人更能体验到活动本身的乐趣。

(13) 富于创造性。富于创造性是马斯洛研究的所有对象共同的特征之一，他们每个人都在某个方面显示出独到之处和创造性。虽然他们中某些人并不一定是作家、艺术家或发明家，但他们具有同儿童天真想象相类似的能力，具有独创、发明和追求创新的特点。

(14) 幽默、风趣。自我实现者善于观察人世间的荒诞和不协调现象，并能够以一种诙谐、风趣的方式将其恰当地表现出来，但他们绝不把这种本领用于有缺陷的人，他们对不幸者总是寄予同情。

(15) 反对盲目遵从。自我实现者对随意应和他人的观点和行为十分反感，他们认为人必须具有自己的主见，认定的事情就应坚持去做，而不应顾及传统的力量或舆论的压力。他们这种反对盲目遵从的倾向，显然不是对文化传统或舆论的有意轻视，而是他们自立、自强的人格的反映。

拓展阅读 3-16

亚伯拉罕·马斯洛

第二节　中国社会人格和人格培养的理论渊源与思想借鉴

有史以来，人格及人格培养理论就是中国传统文化中不可分割的一部分，中国的人格理论和人格培养思想的发展经历了漫长的历史过程，它随着社会的经济、政治、思想关系的变革而变化、发展，是中华民族的历代先哲和学者智慧的结晶，显示出鲜明的中国特色。

一、先秦时期的人格理论与人格培养

早在西周时期，《周易》中就有“天行健，君子以自强不息；地势坤，君子以厚德载物”的描述，这是对中华民族理想人格的描述，为我国理想人格的探索开启了先河。在春秋战国时期，社会激烈变革，各学术“百花齐放”，许多著名的思想家应运而生，百家争鸣，众多的学术流派开始形成、发展，人格及人格培养的思想也逐渐丰富起来。

（一）儒家的人格理论与人格培养思想

以伦理道德为中心是先秦时期儒家的人格理论与人格培养实践的特点，其一贯的精神主旨之一便是重视理想人格的培养。

1. 孔子

以孔子为代表的儒家思想所倡导的理想人格的最高境界是圣人，次高的境界是贤人，然后是君子。

圣人是一种至上的理想人格，具有圣德，据郭店楚简《五行》的解释，圣德就是圣、仁、义、礼、智五德之和，孔子还认为圣人不仅要有高尚的道德品质，还要能去关爱他人，“博施于民而能济众”。孔子又说：“闻君子道，聪也。闻而知之，圣也。圣人知天道也。”在孔子的心目中，只有远古的尧、舜、禹、武王、周公才具有这种理想的人格，才能称得上圣人，现实生活中的人是难以做到的，圣人是一种可望而不可即的伟大境界。孔子的理想人格就是圣人，这是儒家道德理想的具体体现，是他认为的道德上的完美规范，也是儒家道德理想的体现。贤人是指富有道德或者才能的人，他们的人格是人们在现实社会生活中塑造人格的榜样，所谓见贤思齐便是这个意思。孔子称赞柳下惠与颜回为贤，说他们是圣人标准之下的贤人。孔子认为，贤人并不是最高境界的圣人，而是通过努力可以在现实生活中达到的人格。孔子认为贤人的标准为：“见利思义，见危授命，久要不忘平生之言。”所以，我们可以理解为，圣人是平常生活中见不到的人格典范，人们只能通过传闻、诗歌、乐教等来了解，而贤人则不同，是可以看见的人格典范。郭店楚简《五行》：“见贤人，明也。见而知之，智也。知而安之，仁也。”君子是孔子为世人倡导的大众化的理想人格，他认为，“君子道者三，我无能焉：仁者不忧，知者不惑，勇者不惧”。即君子应当具有仁者爱人的情怀，律己宽人的精神；应当具有渊博宏富的学问，严谨求实的学风；应当尚于义、重于行，具有积极进取的毅力。由此可见，圣人、贤人、君子都是孔子倡导的理想人格，分别代表不同层次的理想人格。孔子认为要实现圣人君子的理想化人格，应该将自身修养与教育结合起来，即在提升个人内在修养的过程中重视外在教化。他认为，人在自我修养方面需要注重自身的学、思、行，并对此做了很多阐述，譬如：“三人行，必有我师焉”，“君子博学于文，约之以礼，亦可以弗畔矣夫”。他指出在读书的同时要认真地思考，“学而不思则罔”“见贤思齐，见不贤而内自省也”等都是针对学与思的论述。他认为学与思的目的就是指导行，提倡“君子欲讷于言而敏于行”，“君子耻其言而过其行”，他提出要正确评价一个人，就必须“听其言观其行”。在后天教育环境中，他认识到教育对人格塑造的重要影响。孔子是我国古代私学的创始人，他提出了因材施教的教学方法。

拓展阅读 3-17

孔子

2. 孟子

孟子继承并发展了孔子的理想人格学说。孟子同样以圣人作为最高的人格理想，有所不同的是，孔子认为圣人是理想中的完美人格，现实中人们只能无限接近但不可能真正实现。而孟子提出了“人皆可以为尧舜”“圣人与我同类者”的观点，他认为每个人都有可能成为圣人，经过自己的不断努力，使自身的道德修养达到极致，使自己的言谈举止可以作为社会的表率，普通人也就是圣人了。而孔子就是孟子极力称颂和崇敬的圣人，“自生民以来，未有盛于孔子也”。孟子认为，圣人和普通人最大的区别在于圣人比普通人更早地感悟到了人生来就有的善良本心，即“圣人先得我心之所同然耳”。在此基础上，孟子还提出了“大丈夫气节”，进一步将圣人理论具体化，为人们追求理想人格提供了形象、具体的目标。他认为：“富贵不能淫，贫贱不能移，威武不能屈，此之谓大丈夫。”面对生死与道义的选择，大丈夫“生，亦我所欲也；义，亦我所欲也。二者不可得兼，舍生而取义者也”。舍生取义是大丈夫的行为准则，显示了一种伟大的、强烈的责任感。大丈夫“穷不失义，达不离道”，经得起环境的考验，哪怕身处逆境，也不会改变自己的理念和品行。就如孟子所说：“故天将降大任于斯人也，必先苦其心志，劳其筋骨，饿其体肤，空乏其身，行拂乱其所为，所以动心忍性，曾益其所不能。”孔子认为君子应该有“三畏”，即“畏天命，畏大人，畏圣人之言”。而孟子却提出大丈夫“说大人，则藐之，勿视其巍巍然”。孟子认为，每个人在人格上都是平等的，面对权贵，无须惧怕，更不能受其诱惑。他还认为，为了培养理想人格，实现人格的完美，就要不停地对自己的精神意志进行修炼，这种修炼要经过养气、存心、动心忍性等过程，提出“万物皆备于我”。他以人性的自我修炼为出发点，提出修身说，将人格的自我修养作为人安身立命乃至家国天下的根本。

拓展阅读 3-18

孟子

3. 荀子

荀子作为儒家思想的重要代表人物之一，他的理想人格理论与其他儒家学者颇为不同。他从性恶论出发，提出修身的目的就是造就理想人格。

荀子最著名的主张是他的性恶论，这与孟子的性善说相反。他的总论点是，凡是善的、有价值的东西都是人努力的产物。价值来自文化，文化是人创造的。正是基于这一点，说明人在宇宙中具有和天、地同等的重要性。

荀子最主要的努力是确认人在道德修养和治理国家中的主体地位。在道德修养方面，作为前提与起点的是荀子主张的性恶论。荀子从天人相分的立场出发，否定人性中先验的道德根据。在他看来，所谓人性就是人的自然本性，所谓“生之所以然者”，其自然表现为“饥而欲饱，寒而欲暖，劳而欲休”，其实质就是人天然有的抽象的自然生物本能和心理本能。

荀子认为人的这种天然的对物质生活的欲求是和道德礼仪规范相冲突的。他认为人性“生而有好利焉”“生而有疾恶焉”“生而有耳目之欲，有好色焉”，“从人之性，顺人之情，必出于争夺，合于犯纷乱理而归于暴”，所以说人性是恶，而不是善。

荀子这里的性情观与早期儒家《性自命出》一派的思想有关，然而性自命出以“情”为天的观念引出的是自然主义、情感主义的生存论调。荀子没有沿着这一个方向发展，这是因为他认为天然禀赋的性情是恶的，因而顺应它的发展将引起人与人的争夺，导致社会的混乱，这就是性恶论。

荀子认为，凡是没有经过教养的东西是不会为善的。对于人性中“善”的形成，荀子提出“人之性恶，其善者伪也”的命题。荀子的人性论虽然与孟子的性善说刚好相反，可是他也同意人人都能成为圣人。荀子以为，就人的先天本性而言，“尧舜之与桀跖，其性一也，君子之与小人，其性一也”，人天生性恶，后天的贤愚不肖的差别是由于“注错习俗之所积耳”。后天的环境和经验对人性的改造起着决定性的作用，通过人的主观努力，“其礼义，制法度”，转化人的“恶”性，则“涂之人可以为禹”。

荀子将理想人格分为三个层次：士、君子、圣人。[①]士是荀子思想体系中理想人格的起步阶段，属于低层次理想人格，“其义则始乎为士，终乎为圣人”。君子作为中层次的理想人格，据《荀子·不苟》记载，荀子认为“君子宽而不僈，廉而不刿，辩而不争，察而不激，直立而不胜，坚强而不暴，柔从而不流，恭敬谨慎而容”。圣人是荀子思想体系中理想人格的最高层次，是个体德行要求的最高标准，也是荀子教育思想的理想目标。荀子认为，圣人是尽善尽美的人，其思维清晰，基本没有错误言行，又具有道德感。荀子同时认为，圣人之所以是圣人，也在于平时不断地积累善行，才可能“始乎为士，终乎为圣人”。荀子认为只有施以“五经”教育，即《诗》《书》《礼》《乐》《春秋》，才能培养出理想的人，其中《礼》是最重要的，在荀子的教育思想中处于核心地位。

拓展阅读 3-19

荀子

从上述观点可以看出，儒家提倡的理想人格实际上是一种道德人格的典范。圣人是人类心理发展中完美的典范，具备出众的才能与非常高的道德修养。儒家的这种理想人格要

① 王颖. 试析荀子的理想人格理论[J]. 北京青年政治学院学报，2006，15(1).

求个体在勤勉地修炼自身素养、提高自身道德水平的同时，更使自身的道德修养与社会责任相一致，要与齐家、治国、平天下的社会实践相结合。这种对极致的道德人格的追求过程造就了中华儿女的爱国主义、理想主义和人道主义精神，对维护国家的统一、保持社会稳定以及促进文化发展均发挥着至关重要的作用。

(二) 道家的人格理论与人格培养思想

与儒家人格培养理论主张的积极进取精神不同，道家主张以道为本、淡泊名利、自然无为。

1. 老子

老子是道家的创始人。老子的理想人格理论同样推崇圣人，但与孔子奋发有为、经世济民的圣人不同，老子的圣人思想是消极出世的，他依托道本体论的形而上基础，开拓出自然化育的德育品格，将其圣人的德育目标与道本体论哲学紧密结合在一起。作为道家哲学的最高范畴，“道”在老子思想中含义颇丰，既是宇宙的本原、万物的宗主，也是天地万物运动变化的客观规律，还是人生价值和意义的终极根据。老子说：“道大、天大、地大、人亦大，域中有四大，人居其中焉。”人作为世界万物中的中心性存在，应该效法和依托道的自然本性，“人法地，地法天，天法道，道法自然”。

知足而不争是老子道德哲学的题中应有之义，他有感于当时社会道德沦丧、价值缺失，统治阶级穷奢极欲、追逐名利，强调要节制私欲，保持知足，以消灾避祸、长治久安。老子认为，“祸莫大于不知足；咎莫大于欲得。故知足之足，常足矣”，强调知足的人就会精神富有、心灵充盈，不为眼前名利所惑，就能做到知足而不争。当然，老子的不争并非消极怠世、无所作为，而是借人之力、守柔处下，做到“善为士者，不武；善战者，不怒；善胜敌者，不与；善用人者，为之下。是谓不争之德，是谓用人之力，是谓配天古之极”。不争之德意味着要上兵伐谋、不逞强斗狠，不争之德是德配天地的终极法则，更是人修身养性的重要内容，“天之道，不争而善胜”，“圣人之道，为而不争”，因其不争，故更符合道之自然本性。老子在这里以水喻善，他说：“上善若水。水善利万物而不争，处众人之所恶，故几于道。”水是最自然而接近“道”的存在，上善之人像水一样，即使居于低下之所，仍滋养万物而不与其相争。从这个意义上看，水的奔流不息、逝者如斯不仅喻示着儒家奋发有为的进取精神，其柔顺谦卑的性格也同样启发了道家韬光养晦、默默奉献的至善之德。两者相辅相成，共同塑造着华夏民族的内在精神品格。

在人性论方面，老子首先肯定人的自然欲望，认为人生而有“甘其食，美其服，安其居，乐其俗”的心理诉求，但是，老子并不主张纵欲过度，反而对当时社会种种追名逐利、物欲横流造成的人性异化进行了严厉鞭挞。他说：“五色令人目盲，五音令人耳聋，五味令人口爽，驰骋田猎，令人心发狂，难得之货，令人行妨。”他认为人之初生，婴儿一般的纯真自然，无知无欲，素朴无华，但沉浸于社会日久，便容易陷入物欲的奴役之中而迷失了固有的自然真性。五色、五音、五味等都是违逆性情、奢侈腐化之物，人如果纵情于声色，贪求口腹耳目之欲，就会动辄得咎、招致祸患。老子由此提出“见素抱朴，少私寡欲”的劝诫，“圣人欲不欲，不贵难得之货”，强调要合理控制自己的消费欲望，“去甚，去奢，去泰”，以此固守住禀从于道的至简之性，实现人性向“道”的复归。老子的人性论思想闪耀着清醒的理性光辉，他全面审视了贪欲膨胀与道德堕落的内在关联，却并未走向禁欲的极端，而是强调恪守本心，理性消费，把需求控制在合理范围之内，这包含着朴素的辩证法思想。不仅如此，“少私寡欲”的劝诫对于启发世人修身养性、远离声名欲望的侵扰、专注道德境界的提升都具有重要的启示。

《吕氏春秋·不二》说：“老聃贵柔”，有学者甚至称老子哲学是“女性化的生命哲学”[①]。在老子看来，贵柔守雌是万物生存发展之道，“谷神不死，是谓玄牝。玄牝之门，是谓天地根”，更是一种高明睿智的制胜之道，“故坚强者死之徒，柔弱者生之徒。……强大处下，柔弱处上”。这里的柔弱并非一般意义上的软弱，它虽含有一定隐忍退让的意味，同时也蕴藏着无往不胜、无坚不摧的巨大威力，“天下之至柔，驰骋天下之至坚，无有入无间”；“弱之胜强，柔之胜刚，天下莫不知，莫能行”。毫无疑问，柔弱仅是表象，强大的生机才是内核，柔弱之“形”之所以具有刚强之“质”，在于贵柔守雌更符合“道”的本性。老子说：“知其雄，守其雌，为天下谿。为天下谿，常德不离，复归于婴儿。”由此，老子进一步警劝世人理性克制，否则强作妄为者必招杀戮，“勇于敢则杀，勇于不敢则活”。老子贵柔守雌的生存之道无疑具有极强的现实意义，特别是对珍爱生命，加强理性思考，防止冲动任性有借鉴价值。

在人格培养目标上，“惟道是从”的圣人是老子人生哲学的完美人格展现，是道在人间的化身，真正体现了道的自然之德。“是以圣人处无为之事，行不言之教”，“以辅万物之自然而不敢为”。老子多次把此道德境界比喻成赤子和婴儿，他说：“含德之厚，比于赤子”，又说“常德不离，复归于婴儿”，初生的婴儿最是天真无邪，没有受到社会文明的污染，一切任性而发，率性而为，圣人之德与婴儿质朴纯真的自然天性相符合，圣人之境即与道合一、守道同德的理想之境。

老子认为，“圣人处无为之事，行不言之教。万物作焉而不为始，生而不有，为而不恃，功成弗居”。又说：“为者败之，执者失之”，“是以圣人之治，虚其心，实其腹；弱其志，强其骨。常使民无知无欲，使夫治者不敢为也。为无为则无不至”。意思是，无为是圣人的处世原则，所有一切都应顺其自然。妄为肯定会失败，顺应自然，不妄为，就不会有失败；舍弃所有的智慧和欲望，遵从自然的生活，则国家安定。他认为最高的人格境界是婴儿似的单纯、质朴的状态，“知其雄，守其雌，为天下奚。为天下奚，常德不离，复归于婴儿”。要人们“无己、无待”，少私寡欲、消极退缩，与世无争。

---

① 杨启亮. 先秦道家德育思想辨析[J]. 教育科学，1995(1)：22.

拓展阅读 3-20

老子

2. 庄子

道家的另一个代表人物庄子在继承老子的圣人观的基础上，进一步发展了老子的无为学说，他的思想的出发点是“顺应自然”，他强调顺应自然，反对扭曲人的天性。

庄子认为真人是理想人格的形象表现，而真人所具备的主要特征就是超越构成人生困境的诸种界限，即自然与自由。

自在真人与自然相合。人生活在自然之中，与自然相依相连，融于自然、成于自然。庄子认为，作为生物的人与万事万物是相同的。“气之所聚则为生，气之所散则为死。”真人顺应时命，不自恃成功，不谋虑事情，“致虚极，守静笃”，“内保之而外不为”。庄子说：“吾生于陵而安于陵，故也；长于水而安于水，性也；不知无所然而然，命也。”“持而盈之，不如其已。持而锐之，不可常保金玉满堂，莫之能守。富贵而骄，自遗其咎。功能名遂，身退，天之道。”“道”自成体统，无所不在。“性不可易，命不可变，时不可止，道不可壅；苛得其道，无自而不可；失焉者，无自而可。”人性从一开始就有内在的素质和规定，人之本性与自然一脉相承。[①]这种天与道的关系落之于人性，则形成“无为而无不为”的处世态度，以及顺应天道、道法自然的人性哲学。

庄子驳斥礼教过分拘泥于“仁义”“礼节”，约束人性纯性自然，限制人性的常然发展。他认为自然存在应任其发展，回归自然即是回归人性的必然选择、必行之路。对自然的崇尚同时也是对人格独立、精神自由的追求。

寻求精神自由是真人的另一个鲜明特征。《庄子·逍遥游》中鲲鹏的形象集中表现了庄子对自由的向往。《大宗师》中“故圣人将游于物之所不得遁而皆存”，《齐物论》中“至人神矣卜一若然着，乘云飞，骑日月，而游乎四海之外”，皆体现了庄子追求精神的自由展现，没有世俗的成见，没有欲望的约束，没有存在与死亡的忧虑，精神无待，不滞于物，任性而自由逍遥。这种自由强调本体的存在，强调人要摆脱一切外在物役，从而成为真人而获取自由。

真人的自由并非全然超脱于人性道德任性而为，而是精神上的自由、德行上的完善。不为事物所役，维持生命本真的自由自适。庄子的自在真人强调人格的开放性，将“无为而为”视为自然结果的存在，“适己”而达到精神超脱的生存方式。“隐”则成为精神自由的现实手段，而真正的“隐”要隐于心中，完成人格的独立和精神的自由。[②]自由是个体的选择，个体是自由的载体。个体更加自然、自由、自为的发展必须以道德与责任为前提。

---

① 王国胜. 庄子理想人格及其对后世的影响[J]. 理论探索，2006(1)：20-22.

② 万勇华. 庄子的理想世界[D]，上海：华东师范大学，2007.

自由的选择意味着责任的担负，确定自由与尊严也必当展现和维护个体的精神性、独立性、超越性。①

庄子理想人格"真人"的自然自由是通过认识和体验实现的。认识是对现存状态的知晓与理解。人类生存于世间，对周边的生存环境、社会状态、生存境遇的理解是人们生存的基本认识条件。而要达到理想人格的"真人"自由存在，对事物的理解、对认识过程的掌握必定要有升华和提高，并达到"真知"的程度。体验是在认识的前提下对生命之道的体悟，对自身修养的锻炼。对生命的真知，对真知的体悟，才会有真正的自然和自由存在。

庄子理想人格中"真人"与"自然"合二为一，获取真知并运用真知达到最终极致升华的理想境界，然而真知是与人性、自然密不可分的。庄子不同于老子从社会的角度以救世为目的探讨人性，而是更加关注个体的"无己无欲"精神的需求。庄子将人世的争端归结于"我执"，及对外在事物情感的过分执着。这些执念所构成的"知"是人们远离真人的"真知"。儒家人格寻求"善之所依"，尊重皇权的至高无上，尊重礼仪教化、德行的约束。而在庄子看来，这些礼教、世俗的约束恰恰阻碍了人们对"真知"的获得。处于统治地位的"礼乐"文化、宗法制度限制了人性的天真。在压抑的文化及价值观念的左右下，必然毁灭人的自然之性，给人带来"失性"，从而丧失达到"真人"的根本条件。受到约束的人格所获取的"知"是经过粉饰和雕琢的，并非人性本然的"真知"，而对于"知"的体验也必然带有"教化"的色彩，丧失了至纯至性也必然不会达到人类精神"无用之用"的发现，对人生本质的探索也会造成偏颇。"真知"的形成仰赖于真人修养的提升，"有真人而后有真知"。真人人格的形成是以"真知"的真正理解为前提和基础。有了"真知"的"真人"才会对世间万物怀有恬然自适、悦纳从容的气度，有浑然天成、超越无极的胸襟。

人类获取"真知"，呈现自然真朴之性，"知天之所为，知人之所为""与天为徒""天人不相胜也"。真人以"道"不断进行涵养和锤炼，逐渐掌握生命活动的规律，认识个体与自然、人与物、个体小生命与宇宙大生命的同质同构、互涵互动的统一关系，真正达到"天地与我并生，万物与我为一"的自由境界。

然而，获取"真知"的"真人"消除了主观束缚，"无己"而"丧我"。至情至性的人格构成中，拥有太多理想化的元素，这样一种清雅、高洁的理想态度，在现实社会中是难以实现的。

拓展阅读 3-21

庄子

① 吴涛. 圣人与真人—孟子、庄子人生理想之比较研究[D]. 郑州：郑州大学，2004.

(三) 墨家的人格理论与人格培养思想

墨家的主要代表人物是墨翟，即墨子。墨子倡导兼爱，提倡人与人之间要友爱，不要对立，“若使天下兼相爱，爱人若爱其身，犹有不孝者乎？视父母与君若其身，恶施不孝？犹有不慈者乎？”“视人之国，若视其国；视人之家，若视其家；视人之身，若视其身。”墨子认为，如果所有人都能这样做，天下也就安定了。他说：“是故诸侯相爱，则不野战；家主相爱，则不相篡；人与人相爱，则不相贼；君臣相爱，则惠忠；父子相爱，则慈孝；兄弟相爱，则和调；天下之人皆相爱，强不执弱，众不劫寡，富不侮贫，贵不敖贱，诈不欺愚。凡天下祸篡怨恨，可使毋起者，以相爱生也，是以仁者誉之。”墨家思想中，理想人格除了具有“兼爱”之外，还应该具有“贵义”。墨子说：“事莫贵于义。”这是把“义”作为一种最高的道德理念。什么是“义”呢？“义者，正也；义者利也。”故墨子说：“天下有义则生，无义则死；有义则治，无义则乱”，“所谓贵良宝也，可以利民也，而义可以利人，故曰：义，天下之良宝也”。为了达到“贵义”的境界，便要将义这种品德融入自身。墨子极为推崇“圣人”人格：“圣人之德彰明博大，埴固以修久也。故圣人之德，盖总乎天地者也。”“圣人”之所以成为圣人，就是因为他做事以义为原则。墨子说：“手足口鼻耳目，从事于义，必为圣人。”

除了兼爱、贵义外，墨子还主张理想人格应该具有节俭的生活作风。《墨子》一书中的《节用》《节葬》及《非乐》等篇章对“节俭”进行了系统的论述，这是中国伦理学史上第一次对节俭的系统阐述。墨子从治理国家的角度来讨论节俭的意义，他说：“古者圣王制为节用之法，曰：……凡足以奉给民用则止，诸加费而不加于民利者，圣王弗为。”“节用”即节省用度，统治者治理国家必须遵从节省用度的原则，这样能够减轻老百姓的负担，一定不能做那些劳民伤财却又与民无益之事。

人格形成方面，墨子认为人性如丝，无分善恶；人性易受环境染习，可以为善，亦可为恶；基于人性特点，人们必须注重择染，改造社会环境，非命修身，以实现自我。强调人格在社会化的过程中，既会受到好的环境教育的影响，也会受到不良环境的熏染，因此，我们要慎熏染，自觉选择好的影响，抵制坏的熏陶。另外墨子还认为，除了环境因素外，理想人格的实现离不开“强力而为”的精神。他否认命运的存在，否认命运对人的主宰，认为如果承认命运存在，那就是否定人的主观能动性。墨子对人的潜力、潜能充满自信，他认为人们只要充分发挥主观能动性，就有可能实现理想的人格。当然，要实现理想人格，必须经过一个艰苦卓绝的奋斗过程，所以墨子特别强调“强力而为”。他提出：治理国家，“强必治，不强必乱；强必宁，不强必危；强必贵，不强必贱；强必荣，不强必辱”。对于普通劳动者，“强必富，不强必贫；强必饱，不强必饥”。这里的“强”是指顽强奋斗、积极进取，不论何人，只要能“强力而为”，就一定会取得成功。墨子从人的本质出发并以此为基础，得出关于“强”的理论，他的“赖其力者生，不赖其力者不生”的理论就是对人“力”的作用的充分肯定，并认为人力的发挥让人获得了人的本质，是人从动物到人的根本原因。墨子基于此，提出了“强”的精神。认为“力”是“强”的基础，只有奋发图强，坚持不懈，才能最大限度挖掘自身的潜力，才能在人生道路上取得成功，才能让理想的人格得以实现。墨子的这种“慎熏染”“强力而为”的思想是一种强者的思想，只有顽强、自信、积极，不屈从于所谓命运的人才是强者，相反，那些相信命运，只会屈从环境而不思进取的人只能是生活中的弱者。

拓展阅读 3-22

墨子

二、秦汉以后的人格理论与人格培养

汉武帝时期，董仲舒提出“推明孔氏，抑黜百家”，汉武帝予以采纳并推行“罢黜百家，表章六经”，后世称为“罢黜百家，独尊儒术”。

这一政策的实行，从根本上结束了之前人格理论和实践百花齐放的多元化局面。儒家以外的其他各家学说、思想均受到官方打压和限制，其人格培养理论自然也被取缔。而儒家思想被奉上了正统地位，儒家人格理论得到极大的发展和完善，进一步系统化、具体化。经过后来的发展，儒家的人格理论虽然也融合了其他学派的一些思想，但由于历代统治者的推崇，其自身的基本特质始终得以保持，并发展成为中国传统人格理论和实践的主流与代表。

“罢黜百家，独尊儒术”是中国历史上一个划时代的事件，董仲舒因此被称为“汉代的孔子”。董仲舒为了进一步发展儒家思想、迎合封建统治阶级的需要，创立了一套以“三纲五常”为基本内容的封建伦理道德标准和人格标准。三纲即君为臣纲、父为子纲、夫为妻纲，五常即仁、义、礼、智、信。绝对遵守三纲五常是理想人格的标准。按照三纲五常去做人做事才是正确的，能按照三纲五常去处理社会事务、协调人际关系的人才算是具有高尚人格的人。他说三纲五常之道源于天意，“道之大原出于天，天不变道亦不变”。一个个体要成为一个完善的人，必须完全遵从三纲五常，只有这样才能达到天人合一，才算是具有理想的人格。

到南宋时期，儒家思想集大成者朱熹进一步提出了“修己治人”的行为规范和卫道式、协调型的人格实践模式。至此，以三纲五常、修己治人为总纲的封建伦理道德规范、人格标准、实践模式基本确立，儒家的群体化人格规范开始总体形成。

自秦汉以来，主流的中国传统的理想人格，最突出的特征是重协调、轻进取，最大限度强调群体性人际关系，忽略个体的开拓和创新能力。这种人格理论和模式至今仍对中国人的心理成长、精神世界有着极其深刻的影响。另外，从秦朝建立君主专制制度起，“圣王合一”的儒家人格其实已经开始分裂，并且越来越明显。清末维新派人士谭嗣同曾说：“两千年来之政，秦政也，皆大盗也”，“两千年来君臣一伦，尤为黑暗否塞，无复人理，沿及今兹，方愈剧矣”[①]。

三、近代中国的人格理论与人格培养

中国近代历史是一部遭受西方列强侵略的屈辱历史，由于西方列强的入侵，使得封闭锁国的中国人接触到了近代西方社会的思想，不同文化之间的碰撞，让古老的中国思想的发展方向出现转变，只是这种转变并不完全是因为中国社会的发展主动做出的，而是为了回应西方列强侵略造成的民族危亡而被动做出的。

（一）鸦片战争至甲午战争时期：儒家理想人格的重构

鸦片战争时期，面对越来越严峻的社会危机和民族危机，一部分有抱负的思想家提出人格重构的理论，欲以此为拯救中国之根本。他们指出，当时中国之所以积贫积弱，国民素质低下，尤其是知识分子的素质低下是关键原因之一。由乾隆晚期始，“人心惯于泰侈，风俗习于游荡”，“官吏士民，狼艰狈蹶，不士、不农、不工、不商之人，十将五六”。由此可见，尽管西方列强的侵略带来了亡国灭种的危机，但这只是外部因素，而国民素质的普遍低下，整个社会的故步自封、不思进取才是内在因素，也是关键因素。这种情况下，加强国防建设固然重要，但以理想人格来改造国民素质则更加重要。因为立国之本乃是人心。“人心亡则世俗坏；世俗坏则王运中易”，要挽救社会危机，必须先挽救人心危机。倭仁认为：“世道衰微的原因是礼崩乐坏，人心不古，只要按照古圣先贤的教诲，切实做到励气节，敦礼义，固人心，便可使士民尽忠报国，起衰振弱。”他还说：“立国之道，尚礼义不尚权谋；根本之图，在人心不在技艺。”张盛藻、杨廷熙也认为：“尽人合天，修道行德，整顿纪纲，求贤养民，培养气节乃是历代盛强之本，所以中国的当务之急为讲求人事，修明政治，尊孔崇圣，不违旧章，而不在于器艺是否精良。”

睁眼看世界的洋务派也认为引进西方国家的先进科技和武器，固然对抵抗西方国家的入侵极为重要，但这都是权宜之计，不得已而为之。强国之根本，仍是流传万世的纲常名教，而救治人心之根本大计，仍是忠孝人伦。魏源第一个提出“师夷长技”，但同时也认为人心复兴的要图乃是去伪、去饰、去畏难、去养痈、去营窟。而晚清复兴名臣曾国藩、左宗棠等人，在积极学习、引进西方先进的科学技术的同时，极力主张“扶持名教，敦叙人伦，君臣，父子，上下尊卑”，认为这种伦理秩序是绝对不能颠倒的，并强调“圣人所以为圣人，中国所以为中国，实在于此”。由此可见，这一时期的思想家们普遍推崇孔孟所提倡的以忠孝为本的儒家人伦就是理想的人格，主张为了挽救民族、国家于危难，必须以儒家的忠孝伦理思想来重建人格，即张之洞所谓“旧学为体，新学为用”。

① 谭嗣同全集[M]. 北京：中华书局，1981：331.

(二) 维新变法时期：融汇中西，倡导“平等自立”的新思想

维新变法时期，维新思想家意识到，要通过改革使中国强盛，改革内容必须借鉴近代西方文化，但改革能否成功又取决于近代西方思想文化融入中国的实际情况。梁启超指出：“生于中国，当先救中国。欲救中国，不可不因中国人之历史习惯而利导之。”根据西方人权思想，维新思想家提出人人生来平等自立。康有为说：“天之生物，人为最贵，有物有则，天赋定理，人人得之，人人皆可平等自立。”谭嗣同也赞同上述观点：“在五伦之中，平等自立之伦是最有益无弊的。”而民之自利、自由、自治更被认为是国家富强之根本。他们认为人类社会的理想境界是社会具有“独立自由之风，平等自主之义”。人们的自然属性生来是相同的，所以人与人之间并没有贵贱尊卑之分，每个人都是独立自主的个体，生来自主平等，自己主宰自己的命运，互相之间平等交往。

(三) 新文化运动时期：自由平等的现代人格观

五四新文化运动先驱们经历了西方思想文化启蒙的洗礼之后，深切地感受到封建伦理道德文化对人性、对自由的压抑，清醒地意识到了传统社会理想文化人格的内在缺陷。由此，他们认为，欲发展中国经济，建立民主政治，不在于经济上的坚船利炮，不在于政治上的政治构架、经济模式、法律体系和教育体制，而在于精神层面的人生智慧、价值模式和文化心理等的转变。而自由、平等的现代人格的塑造是中国现代文化转变的重要因素。

郁达夫在《中国新文学大系·散文二集·导言》中指出：“五四运动的最大的成功，第一要算‘个人’的发现。从前的人，是为君而存在，为道而存在，为父母而存在，现在的人才晓得为自我而存在了。”

早在 1907 年，鲁迅在《文化编至论》中就提出了“尊个性而张精神”“张大个人之人格，又人生之第一义也”的主张。

陈独秀在 1915 年发表的《东西民族根本思想之差异》中，通过中西文化的比较，深切地意识到封建伦理道德文化“损坏个人独立自尊之人格”，“养成依赖性，戕贼个人之生产力”。所以他在《敬告青年》一文中宣称：“我有手足，自谋温饱；我有口舌，自陈好恶；我有心思，自崇所信；绝不认他人之越俎，亦不应主我而奴他人。”

李大钊也认同自我人格的存在价值，他在《晨钟之使命》一文中说：“吾青年之生，为自我而生，非为彼老辈而生；青年中华之创造，为青年而造，非为彼老辈而造也。”

蔡元培认为封建教育禁锢了人的思想，压抑了人的个性，摧残了人的自由发展，因此极力倡导崇尚自然、发展个性的人格教育。蔡元培曾说：“教育，欲副爱国之名称，其精神不在提倡革命，而在养成完全之人格，盖国民而无完全人格，欲国家之隆盛，非但不可得，且有衰亡之虑焉。造成完全人格，使国家隆盛而不衰亡，真所谓爱国矣。”①由此看出，蔡

① 蔡元培. 蔡元培教育名篇[M]. 北京：教育科学出版社，2007：47.

元培认为国家的昌盛，在于培养国民的健全人格。关于健全人格，蔡元培认为："盖群性与个性的发展，相反而适以相成，是今日之完全人格，亦即新教育之标准也。"[①]蔡元培认为，所谓健全人格，分为四育，即体育、智育、德育和美育，这四育是一样重要，不可放松一项的。由此可以看出，在蔡元培的心目中，理想的健全人格应是兼具个性和群性，德、智、体、美四方面和谐共存的个体。他认为教育是塑造国民健全人格的重要途径，而旧的教育忽视学生的自由及个性，应予以废除，代之以新教育，新教育应"在深知儿童身心发达之程序，而择种种适当之方法以助之。如农学家之于植物焉，干则灌溉之，弱则支持之，畏寒则置之温室，需食则资以肥料，好光则复以有色之玻璃；期间种类之别，多寡之量，皆几经实验之结果，而后选定之；随时试验，随时改良，决不敢挟成见以从事"。[②]他强调健全人格的培养必须尊重其身心发展特点，即崇尚以自然的教育方法培养健全人格。

先驱们的呐喊，表现了一种前所未有的文化冲动，即对现代理想人格的呼唤。

第三节 马克思主义人格和人格培养的理论渊源与思想借鉴

马克思主义人格思想是大学生健全人格培养的指导性思想理论基础，认真检视马克思主义人格与人格培养思想，分析、梳理中国共产党人关于人格与人格培养的思想，对大学生健全人格培养具有十分重要的指导意义。

一、马克思关于人的全面发展理论

1848 年《共产党宣言》的发表标志着马克思主义的诞生，由马克思、恩格斯开创的马克思主义理论蕴藏着浓厚的人文关怀，充盈着对人的现实的、科学的理解，在对未来共产主义进行设想和描绘时，他们提出了全面、自由发展的人的目标，主要包含人的需要、能力、社会关系和个性的全面发展。

(一) 人的需要的全面发展

人的需要就是现实中的人对外部世界的种种诉求。人的需要就是人的本性，是人的一切活动的原始动力，人的一切行动都是由需要所驱使的。人的"行为的一切动力，都一定要通过他的头脑，一定要转变为他的愿望和动机，才能使他们行动起来"[③]。人的需要不仅

① 蔡元培. 蔡元培教育名篇[M]. 北京：教育科学出版社，2007：88.

② 蔡元培. 蔡元培教育名篇[M]. 北京：教育科学出版社，2007：73.

③ 马克思恩格斯选集(第 4 卷)[M]. 北京：人民出版社，1995：243.

包含物质方面的需要，还包含自我实现、自我发展等精神方面的需要。根据恩格斯的标准，可以把人的需要划分为生存需要、享受需要、发展需要三个层次，人的需要总是不断从低层次的生存需要向高层次的享受需要、发展需要演进，在现有的需要得到满足之后，人们又会产生新的需要，以此促进人自身的不断发展。

(二) 人的能力的全面发展

“能力是人类在生存和发展过程中表现出来的调控人与自然、人与社会的关系及人自我认识、自我调整的能力以及在此基础上形成的物质生产、精神生产和人本身的生产能力。”[①]在马克思看来，人的全面发展最重要的就是人的能力的发展，人的发展的实质就是人的能力发展。马克思认为人的能力是多方面的，从性质来看，能力包括自然能力和社会能力，自然能力主要是指人的体力、感觉力和思维力，社会能力主要是作为主体的人在社会实践过程中通过培养、学习获得的知识、意志、情感等。从发展的可能性来看，能力分为现实能力和潜在能力，人的现实能力就是人已经表现出来的能力，人的潜在能力就是人潜在的、尚未发掘的能力。从发展的意义来看，能力可以分为体力和智力，人的任何活动都是体力和脑力的支出，体力劳动支出的是体力，脑力劳动支出的是智力，“我们把劳动力或劳动能力，理解为人的身体即活的人体中存在的、每当人生产某种使用价值时就运用的体力和智力的总和”[②]。总之，人的能力的全面发展就是人的各方面能力的共同发展，就是人能够适应不同的劳动需要，不再屈从于狭隘的分工，打破了由于固定分工所造成的片面的、畸形的人格。

(三) 人的社会关系的全面发展

在马克思看来，人之所以为人，就是因为人在本质上是一切社会关系的总和，人不能离开社会而独立存在。有什么样的社会关系，就有什么样的人存在，人的发展与社会关系的发展是同步的，特定的社会关系是人格存在的基础和前提，人的全面发展就是要以社会的全面发展为条件，“个人的全面性不是想象或设想的全面性，而是他的现实关系和观念关系的全面性”[③]。

首先，人的社会关系不断丰富。在原始社会、封建社会，人的活动范围狭小，社会关系主要是以地缘、血缘为依托建立起来，呈现简单、贫乏的特征。但随着社会生产力的不断发展，人的活动不断丰富，人的社会关系也打破了地域和血缘的限制，形成了各个方面、各个领域和各个阶层的广泛的、开放的社会关系。

其次，人的社会交往的普遍性。社会交往是社会成员之间相互作用、相互沟通的过程。

---

① 王革. 简论马克思关于人的发展学说[J]. 天津商学院学报，1997(2).

② 马克思恩格斯文集(第5卷)[M]. 北京：人民出版社，2009：195.

③ 马克思恩格斯全集(第46卷)[M]. 北京：人民出版社，1979：36.

人的社会关系是在交往中展开的，没有交往，人与人之间就不会产生真正发展的、全面的社会关系。在交往过程中，人与人之间通过语言、行为能够进行心理、情感以及各种信息的交流，从而不断丰富自己、发展自己、完善自己。

最后，人对社会关系的占有和控制。人能否全面发展，不仅体现在人能否创造多种多样的社会关系，还体现在人对社会关系的占有和控制上。资本主义社会创造了复杂的社会关系，但在资本主义条件下，这种社会关系并不能为人所占有和控制，不是人占有物，而是物控制人，造成了人的异化，压抑着人的发展。

因此，人的全面发展在社会关系方面就是要使人占有和控制社会关系，使这种社会关系成为服务人、促进人发展的社会关系。

(四) 人的个性的全面发展

人的个性的自由、全面发展是马克思关于人的全面发展理论的核心内容，主要是指处于社会中的人所表现出来的独一无二的主体性。主体性是人性中最为核心的属性，主要是指人的自觉能动性、创造性和自主性。人是有意识的存在物，人可以通过自己的意识进行有目的、有计划的活动，并使主体在众多活动中进行选择和创造。自主性是主体性的最终目标，没有自主性就会失去个性，丧失人格。一个人有无个性、个性强弱主要就是通过人的自觉能动性、创造性、自主性表现出来的。

总之，马克思关于人的全面发展理论是集科学性与实践性为一体的人格理论。马克思认为，每一个人自由而全面的发展不是一蹴而就的，它绝不是不顾实际条件，希求这一目标能立即实现，也不是将它的实现放置到遥远的未来而无所作为，而是用实际的手段来解决现实的问题，逐步实现这个目标。

二、中国共产党人关于人格理论与人格培养思想的论述

新中国成立以来，中国共产党的历届领导集体始终坚持用马克思主义基本原理指导中国社会主义革命和现代化建设，结合各自所处时代的特点和中国实际，不断丰富和发展马克思主义理论，坚定不移地做马克思主义的继承者，提出了以马克思主义人格思想为指导且具有中国特色的人格理论。

毛泽东在探索社会主义的过程中，结合当时中国革命需要，在领导中国革命和社会主义建设的伟大实践中，提出要培养“又红又专”的德、智、体全面发展的社会主义新人的人格理论，他将马克思主义人格理论发展到一个崭新的阶段。

随着改革开放和社会主义现代化建设的深入发展，以及国际国内形势的不断变化，邓小平在继承和发展毛泽东培养共产主义新人的思想的基础上，提出：“我们在建设具有中国特色社会主义时，一定要坚持发展物质文明和精神文明，坚持五讲四美三热爱，教育全国人民要做到有理想、有道德、有文化、有纪律。”此后，培养“四有”新人被明确写入了党

的历届代表大会的报告和有关决议之中。党的十五大把“培养适应社会主义现代化要求的一代又一代有理想、有道德、有文化、有纪律的公民”作为中国特色社会主义文化建设的一项重要任务。这是马克思主义关于人的全面发展理论在新的历史条件下的实际运用和发展。

江泽民在中国改革开放的实践中，在对社会主义本质的深刻认识中，在邓小平“四有新人”培养目标的基础上将促进人的全面发展作为建设中国特色社会主义的目标之一。他在《庆祝中国共产党成立八十周年大会上的讲话》中指出：“我们建设有中国特色社会主义的各项事业，我们进行的一切工作，既要着眼于人民实现物质文化生活的需要，同时又要着眼于人民素质的提高，也就是要努力推进人的全面发展。这是马克思主义关于建设社会主义新社会的本质要求。我们要在发展社会主义物质文明和精神文明的基础上，不断推进人的全面发展。”他指出：“我们必须全面贯彻党的教育方针，坚持教育为社会主义、为人民服务，坚持教育与社会实践相结合，以提高国民素质为宗旨，以培养学生的创新精神和实践能力为重点，努力造就‘有理想、有道德、有文化、有纪律’的，德育、智育、美育、体育等全面发展的社会主义事业的建设者和接班人。”①

胡锦涛从当代世界和中国的深刻变革的实际出发，提出了科学的人才观和以“八荣八耻”为主要内容的社会主义荣辱观，要求着力培养年轻一代形成热爱祖国、服务人民、崇尚科学、辛勤劳动、团结互助、诚实守信、遵纪守法、艰苦奋斗的优良品质，成长为新时代的社会主义“四有”新人，成为中国特色社会主义事业的合格建设者和可靠接班人。

党的十八大以来，习近平发表了一系列寄语青年的讲话，形成了关于青年理想人格的重要论述。党的十八大报告提出，要大力加强社会主义核心价值体系建设，积极培育和践行“富强、民主、文明、和谐，自由、平等、公正、法治，爱国、敬业、诚信、友善”的社会主义核心价值观。②党的十九大报告中提出了“培养担当民族复兴大任的时代新人”，这一重要思想为新时代教育培养什么人、怎样培养人、为谁培养人指明了方向。2018 年 9 月，习近平在全国教育大会上再次强调，我国是中国共产党领导的社会主义国家，这就决定了我们的教育必须把培养社会主义建设者和接班人作为根本任务，培养一代又一代拥护中国共产党领导和社会主义制度、立志为中国特色社会主义奋斗终生的有用人才。他提出，培养人要在坚定理想信念上下功夫，要在厚植爱国主义情怀上下功夫，要在加强品德修养上下功夫，要在增长知识见识上下功夫，要在培养奋斗精神上下功夫，要在增强综合素质上下功夫。可以说，六个“下功夫”进一步明确了培养担当民族复兴大任时代新人的基本要求。2019 年 4 月，习近平总书记在纪念五四运动 100 周年大会上对新时代中国青年提出了“六点要求”，指出新时代中国青年要树立远大理想、热爱伟大祖国、担当时代责任、勇于砥砺奋斗、练就过硬本领、锤炼品德修为。“六点要求”是在重要的历史节点上，对中国

---

① 江泽民. 在全国教育工作会议上的讲话[N]. 人民日报，1999-06-16.

② 坚定不移沿着中国特色社会主义道路前进 为全面建成小康社会而奋斗. http://www.xinhuanet.com/politics/2012-11/17/c_123965681.htm.

青年成长发展规律的新总结，是对新时代中国青年成长发展提出的新要求。这些重要论述科学地阐明了新时代青年的内在要素和具体标准，同时又在价值层面充满着对真、善、美的倡导和追求，深刻地揭示了新时代青年理想人格的价值取向。

第四节 中西方人格理论的比较与启示

人格不是与生俱来的天性或本质，其形成和发展总是与一定社会历史文化紧密联系，是特定社会文化的必然产物。不同民族、不同国家所创造的文化和历史必然酝酿出不同特质的人格意识。同时，也正是由于这种人格意识差异的存在，才使人类文化呈现出独立异趣、共生共存的人文景观。

一、中西方理想人格的比较

(一) 中西方理想人格侧重点的差异

儒家的理想人格是圣人君子，是仁、智、勇的集合体，“仁者不优，智者不惑，勇者不惧”，而且把仁、德放在了首位，圣人君子首先应是道德高尚的人。重德思想被后代儒家特别是董仲舒、朱熹等进一步发展和完善。“修身、齐家、治国、平天下”是实现圣贤人格的奋斗轨迹。从个体角度来看，“修身”是内圣，做道德君子，得到仁心的内省功夫，而后才可能外王，成就大业，圣贤人格成为人们的伦理信条；从个体与他人的关系来看，儒家理想人格的目标是对人伦的改替，儒家把“仁”看作做人的第一要素，也是处理人际关系的准则，“仁者爱人”即“爱亲”和“爱众”，主张爱自己的亲人，还要设身处地，以爱己之心去爱别人，老吾老以及人之老，幼吾幼以及人之幼，设计出了“君臣有义，父子有亲，夫妇有别，兄弟有序，朋友有信”的五伦关系，规定了君对臣要恩惠，父母对子女要慈善，子女对父母要孝顺，对朋友讲义气，这种义务感便是中国人的道德意识和道德生活的原动力；从个体与国家的关系来看，儒家理想人格强调无私奉献的利他品格，偏重个体对家庭、社会的责任感，偏重个体对国家、集团利益的追求，“个体为了国家的整体利益可以‘杀身成仁’，牺牲生命，达到圣人君子的理想人格”。由此可见，中国传统文化中，理想人格是偏重人的道德伦理方面的。

西方理想人格设计则偏重人的能力因素。尼采的个性解放、超人哲学推崇个人能力展现、个人欲望的释放和个性的张扬；萨特的存在主义，以及浮士德精神都是西方人格思想的典型代表；杰弗逊的《独立宣言》是西方人重视自主和权利的心态的反映。

(二) 中西方理想人格评价标准的差异

中国传统理想人格的评价尺度是重义轻利。在中国传统中，虽然儒、法、道、释有着不同的价值观念及不同的人格要求和评判标准，但儒家以集大成者的胸怀吸收、包容了法家、道家、佛家的思想，使重义轻利的思想占据了主导地位。孔子推崇的是君子型人格，“君子喻于义，小人喻于利”，“君子谋道不谋食，君子忧道不忧贫”，认为“富与贵，是人之所欲也；贫与贱，是人之所恶也”，但是“不义而富且贵，与我如浮云”。儒家尤其强调当“熊掌与鱼不可得兼”，义与利发生矛盾时，应舍鱼而取熊掌，舍生而取义，这被历代圣贤视为最高的人格选择，是人格价值取向的最高标准。

西方在理想人格的价值取向上以重利轻义为主。西方社会思潮五花八门，社会价值观也多种多样，既有自然主义、存在主义也有人本主义，既有利己的主张也有利他的主张，但是功利主义、注重自我一直主宰着西方社会人格价值取向和价值观念。首先，从西方社会的经济层面来看，西方的工业及商品经济的发展要求人们做生意要把握机会，人们为了生存或生活得更为理想，常常游走不定，生活环境经常变动，因此，西方人看重理性、看重人的权利和利益，而不太重视人际情感。其次，从西方社会的文化层面来看，西方文化的三大精神支柱是科学、法律和宗教：科学的精神使西方人善于尊重科学，善于客观、理性地分析和实证问题，探求事物的规律，并从中获得某种利益；法律意识使西方人擅长运用法律手段来约束人的行为，并用法律来保护个人权益不受损害；宗教信仰使西方人从宗教说理中认定一些思想、观念和对待事物的褒贬态度。因此，在现实生活中，西方人表现出一种注重功利，喜欢探求新奇，激进创新，具有实践主义的精神。

(三) 中西方理想人格境界的差异

“天人合一”是中国理想人格的传统学说。儒家的理想人格境界是天人合一，人格中庸，人和自然的关系是和谐统一的。天人合一论认为，人是自然界不可缺少的部分，自然界是有规律的，人必须服从这种规律，按照规律办事。儒家眼中的自然常常是指道德原则。天道就是人性，人的行为必须与自然规律相协调，人必须通过道德修养才能达到“诚明”的最高精神境界。当然，儒家的“天”和“人”之间是有距离的，人必须锲而不舍，不断追求，终生努力，才会合乎“天道”，才有可能达到“天人合一”。孔子说过：“吾十有五而志于学，三十而立，四十而不惑，五十而知天命，六十而耳顺，七十而从心所欲，不逾矩。”人奋斗到 70 岁，做事方能随心所欲，不违背规律，做到游刃有余。道家也主张人与自然的统一，提出了“天人一体”论，认为人只有无为才能有为，只有顺乎自然规律才能有所作为，才能获得自由。当然，儒、道对天、人的理解有所不同，但所追求的人格境界都是可以企及的，只要人努力按规范蹈行，人与天之间再大的差距也可以缩短，人就可以超凡入圣，“我欲仁，斯仁至矣”，“人人皆可为尧舜”。

西方人大多坚持天人对立的观点，认为人与自然是对抗性质的，人与自然的关系难以走向协调，走向和谐，两者达到统一是不可能的；强调人必须征服自然，战胜自然，必须与自然展开无情的斗争，才能求得生存。西方人所理解的天、人之间界限清晰，距离遥远。在科学层面上，天就是真理，人的最大愿望就是对真理的追求，在探索真理、追求真理的过程中要遵从理性引导，并按照严格的程式和规范办事，绝对不能违反规律。人只能发现真理，认识真理，而接近真理是非常不容易的。西方的圣人境界是高远的，可望而不可即，世俗凡人只有时时修善，不断舍弃罪恶，遵循法则和规律，才不会坠入罪恶的深渊，人只能减轻原罪，却难以成为圣人，凡夫俗子永远达不到神明的境界，天和人的距离、天与人的对立是永远消除不了的。

(四) 中西方理想人格修养方式的差异

中国传统的修行办法是通过“内省”进行道德修身，注重内心体悟和经验积累，模仿、学习他人的长处，“吾日三省吾身”，“三人行，必有我师焉”，“择其善者而从之，其不善者而改之”。儒家特别强调慎独，自察自律，用道德信念来约束自己的行为，并使之合乎礼仪规范。孔子的弟子颜回，“身居陋巷、一箪食、一瓢饮，人不堪其忧，回不改其志”，在艰苦境地里能自得其乐，做到了“君子固穷”，不受外在环境的影响，恪守内心操守。儒家不仅仅强调人格品性、信念的修炼，还重视做人品行的内外统一，躬行实践的意义。孔子周游列国时，遇到兵围粮绝的困境，尤能拂琴高歌，显示出了内心修养在实际运作中的价值。由此可见，中国理想人格的修成途径是先由内心形成道德自觉而后付诸行动，采取的是由内而外的方式。虽然法家也曾提出靠法律来治理国家、规范人的行为，但占统治地位的统治阶级始终主张以“仁”为主，辅之以法。

西方理想人格的修养方式采取由外而内、由表及里的方法，主张人人都要发挥自己的个性，享受个人的自由和权利。所以，社会必须有严密的律令、条文来匡正人们的行为，以免在行使个人自由时妨害别人。西方文化历来强调人的理性，注重科技知识的学习，强调法律条规对人的行为的监督和约束作用，以法律来规范人的行为。西方很早就有著名的汉谟拉比法典，详细地规定了什么是合法的，什么是不合法的，合法程序怎样，证据如何确立，犯法与不犯法都有明晰的界说。《新旧约全书》中就有摩西十诫，有严格、明确的要人服从的戒律和典章，不管人的认识程度如何，都要照章行事。两千多年来，西方人一直靠颁布律令，靠戒律来支配着人的道德生活，尽管人本主义、自然主义等要求人要维护社会，尊重、关心他人，回归自然，但法律仍然是西方维系社会秩序的主要手段。西方社会试图通过外部的强化、管理和训练措施，使人养成良好的道德习惯，由他律实现人的道德自律，这与中国的道德修行途径有明显的差别。

总之，中西方人格思想及人格观念上的差异，包蕴于中西方两种自成系统的文化传统之中，是中西方文化传统中最深层的价值本性和思维方式的映现，它们各自所属的文化系统的背景，在不同程度上影响着中西方现代社会中人们的人格观念。

二、中西方人格培养思想的启示

（一）人格理论的整合势在必行

经济全球化、政治多极化、文化多元化、信息网络化已成为目前社会的基本特征。随着全球化进程的加快，中西方文化出现了高度的互相渗透和互相融合的趋势，人们的伦理价值观以及人生价值取向也随之发生了变化，亟待进行人格理论的整合和重建。从某种意义上来说，一方面，这种趋势为我们提供了人格培养的多元参照系，启迪我们追求人的全面发展，培养健康、科学的生活方式，提高人格的层次和水平；另一方面，为中西方人格培养思想的进一步整合提供了基本动力。那么，如何有效地实现中西人格培养的思想整合，构建适合现代中国人格培养的理论呢？一方面，我们在考察中西文化背景下的人格差异的同时，必须认识到中西方文化的互相渗透和互相融合趋势给人格理论的整合研究提供了可能性。我们要兼收并蓄，在传承我国优秀的传统人格理念的同时，积极借鉴国外的人格理念，通过融合各个不同的文化体系中的人格理论，弥补自身人格理论的缺点，立足本国实际，才能促进健全人格的实现，进而适应社会的发展需要。另一方面，我们还要打破现有相关学科的界限，寻求学科之间的联合与综合，如哲学、心理学、教育学等学科的联合，广泛吸收其他学科的研究优势，真正从有机统一的人本身来考虑和解决问题。

（二）本土化研究势在必行

我们的研究和西方发达国家的人格理论发展进程表明，人格理论的发展和建设，只有正确掌握本国人民的国民特性，并与本国的社会、经济、文化模式和实际相结合，才能创造出适合本国的人格发展的理论。人格理论的本土化研究要在借鉴西方人格理论思想的基础上，以中国的人格理论思想为核心，把握时代精神，体现社会发展方向。只有既允许观念上的多样化，又对观念目标加以合理的引导，才能树立起丰富多彩、内在统一、融合时代特色和人类文化精髓的人格理论。

（三）坚持马克思主义的指导地位

马克思主义“人的全面而自由发展”的思想是衡量包括思想政治教育在内的任何一种理论创新、任何一种实践活动，以及任何一种工作得失的最终标准和价值尺度。任何一种理论要想有生命力，都必须与时俱进；任何一种理论要想有实效、有价值，都必须围绕马克思主义这一最高命题。当前，我国正处在黄金发展期和矛盾凸显期，不断增多的热点、难点问题难免给大学生的健康成长带来一定的负面影响。按照马克思的看法，人格的发展和人的发展是统一的，而人的发展和社会的发展又是一致的，以健全人格培养为契机，加强和改进大学生思想政治教育，促进大学生健康全面发展，是建设社会主义和谐社会的要求。高校应从完善大学生自身和改变社会条件两个方面培养大学生的健全人格，使得马克思主义中关于人的全面发展的最终理想落在实处，开花结果。

思考与讨论

1. 孔子所倡导的理想人格是什么？
2. 马克思主义关于人的全面发展理论的内容是什么？

第四章

我国大学生人格培养实践

新中国成立后，我国大学生的人格培养经历了70多年的曲折发展，在中央政府、教育部、各地方政府、各高校、大学生自身等各方面的努力和认真探索下，人格培养取得了明显的成效，但也存在着一些问题。本章回顾了新中国成立后我国大学生人格培养所经历的三个发展时期，阐述了我国在大学生人格培养实践方面取得的突出成绩，希望对当代大学生的人格培养实践有一定的借鉴作用。

第一节　人格培养实践的发展历程

新中国成立以后，党和国家领导人对包括大学生在内的青少年人格培养工作倾注了极大的热情和心血，始终站在历史发展和民族振兴的高度，对青少年身心、智慧、道德、审美等方面的人格发展给予关心，立足不同时代，把握各自重点，有针对性地对青少年的成长做出正确的指示。从历史的角度来看，也正是由于党和国家领导人做出了科学的指示，新中国成立以来的一代又一代青少年才得以顺利、健康、和谐地成长起来，成为在改革开放和现代化建设事业中发挥关键作用的中坚力量。

一、“五爱”育人时期

新中国成立后，如何培养社会主义建设所需的人才，是我国高等教育迫切需要解决的问题。围绕社会主义社会的性质和我国社会发展的任务，国家最终确定了以“五爱”为核心的育人目标。“五爱”于1949年9月29日在《中国人民政治协商会议共同纲领》第四十二条中提出并通过，它是中华人民共和国提倡的五种最基本的道德规范，是所有公民都必须遵守的，其基本内容为“爱祖国、爱人民、爱劳动、爱科学、爱护公共财物”。

“五爱”是在继承中华民族传统美德、发扬中国革命道德的基础上提出的。“爱祖国”是千百年来中华民族共同的家国情感，是中国人最深沉的人格品质，是大学生健全人格的必备素质。这一品德是中华民族历来凝聚的担当精神，是对“修己以安人”“修己以安百姓”(《论语·宪问》)的君子人格的继承，是为了国家和集体的利益，为了人民大众的利益随时牺牲自己的利益的革命道德的发展。“爱人民”是一种崇高的品德和胸怀，一个人只有具有为人民服务的意识，为社会做贡献的觉悟，才能克服一己私利，将个人价值和社会价值统一起来，才能成为道德人格健全的个体。“爱劳动”是社会主义劳动者的基本要求，社会主义社会中，人人平等，人人都是劳动者，劳动光荣，大学生作为社会主义建设的中坚力量，他们的劳动奉献在推动新中国政治、经济、文化发展中具有更突出的作用。“爱科学”是积贫积弱、百废待兴的新中国对高等教育人才培养的新要求，追求科学精神、理性精神也成了大学生德育培育的重要内容。“爱护公共财物”是对集体利益的尊重，集体主义是社会主义道德的原则，它要求社会成员正确处理好国家利益、集体利益和个人利益的关系，不损公肥私是对个体人格的基本要求。1982 年，《中华人民共和国宪法》将“五爱”写进宪法，并对其内容进行了适当调整，即“爱祖国、爱人民、爱劳动、爱科学、爱社会主义”，至此，“五爱”的内容更加完善，成为社会主义道德教育的重要方面，成为大学生人格培育的重要内容。

这一时期，在高校人才培养实践中，我国高校特别注重科学文化教育和劳动实践的结合，注重大学生思想政治素养培育和革命传统教育的结合，注重道德楷模的师范引领作用。1961 年 9 月 15 日，教育部颁布了《中华人民共和国教育部直属高等学校暂行工作条例(草案)》，全文共六十条，简称《高校六十条》，对高校人才的培养目标、任务、内容、原则和方法等都进行了明确的规定，对大学生的人格培养指明了方向。高校不但非常重视健康教育和艺术教育，并且在体育、文艺等各项活动中渗透着人格教育，把思想政治教育与开展丰富多彩的体育、文娱等活动结合起来。高校用忆苦思甜、回忆对比的方式对广大师生进行艰苦奋斗和革命传统教育，取得了良好效果。各高校积极响应国家号召，利用社会各行各业涌现出的模范人物雷锋、焦裕禄、王进喜等的先进事迹进行榜样教育，号召同学们向榜样学习，取得了显著的成效。

新中国成立初期，我国提出的主要道德规范是社会主义理想人格的最初目标，是中华人民共和国全体国民的社会公德，是我国道德建设的基本要求，是学校教育最重要的内容之一，它为培养新中国的新型人才指明了方向。这一时期，学校主要从大学生的特点出发，在尊重学生主体性的基础上培养德、智、体全面发展的人才。新中国成立初期的社会主义理想人格的目标符合当时我国社会对人才培育的要求，对学生个人人格的主体性给予了极大的尊重，从而调动了大学生的积极性。从效果来看，当时大学生群体的政治认识与国家的路线、方针、政策保持一致，有着崇高的爱国主义精神和思想政治素养，有着对共产主义的坚定信仰，有为理想献身的高度热情，“把青春献给党”和“一切为了社会主义”是大学生崇高信念的集中体现。在社会主义建设初期，大学生们怀着高度的爱国热情投入一切为了祖国的建设实践中，将国家和集体的利益摆在最高的位置，从社会的需要出发，坚决服从组织分配，自觉到祖国最需要的地方去接受考验和锻炼。这是这一时期大学生人格的主要特征。

二、“四有新人”塑造时期

新中国成立后，我国高等教育培育合格社会主义接班人取得了显著成效，十多年时间培养了一大批具有崇高理想和信念、热爱祖国、服务社会的优秀人才。文革时期，社会主义理想人格的发展和高校的各项教育活动，包括大学生健全人格的培养受到了影响。改革开放后，受到西方不良思想的影响，大学生群体中出现了追求个性解放和人格自由的西化思想，一部分大学生以崇尚自由、反对自我压抑为理由，放松了对自己的道德约束。

针对以上情况，我国高度重视大学生理想人格培育，1981 年 8 月，教育部为学习贯彻《中共中央关于建国以来党的若干历史问题的决议》的精神，召开了《全国高校思想政治教育工作会议》，不断加强学生思想政治教育工作，全面贯彻党的方针政策，引导学生在德、智、体方面全面发展。1983 年 7 月，中宣部和中央书记处研究室联合发布《关于加强爱国主义宣传教育的意见》，以此来指导全国各高校进行爱国主义教育与宣传活动。各高校通过开设共产主义思想品德课、举办相关讲座、组织大学生向英模和先进学习等形式对学生进行爱国主义教育和人格培养。通过一系列教育实践活动，大学生思想得到解放，独立思考能力得到提升、创新探索精神得到培养。20 世纪 90 年代，为应对西方不良思潮对大学生群体的冲击和对大学生理想人格的破坏，我国高等教育积极探索应对措施。首先，加强马克思主义理论教育、形势与政策教育、民主与法治教育。通过这些教育活动，从理论和政策多方面引领大学生的思想政治意识，提高大学生区分善恶、是非、美丑的能力。其次，以社会主义、爱国主义和集体主义教育为核心，更进一步加强爱国主义教育。1990 年，第一次全国高校党建工作会议在北京召开，会议重申我国高等教育人才培育以社会主义、爱国主义和集体主义教育为核心内容，培育学生的爱国热情、民族感情、集体主义精神仍然是大学生人格培育的重要内容。根据 1994 年颁布的《爱国主义教育实施纲要》，各高校积极培养广大青少年的爱国主义情感，提高大学生的爱国主义觉悟，引导其树立远大的理想、信念和正确的人生观、价值观。最后，注重学校教育和社会教育相结合，强化社会实践活动在人格培育中的功能。高校普遍开展了“支教扫盲”“三下乡”和青年志愿者等活动，学生通过参加社会实践加深了对国情的了解和对党的路线、方针、政策的认识，培养了正确的道德观念和良好的道德情感、道德人格。

这一时期最大的成效是最终确立形成了我国社会主义初级阶段“四有新人”的育人总目标。

从 1995 年开始，全国高校大力推行素质教育，整个社会越来越认识到各方面素质全面发展的重要性。1995 年，《中国普通高等学校德育教育大纲(试行)》明确地将心理素质教育纳入高校素质教育的目标体系中。1998 年，教育部发布《面向 21 世纪教育振兴行动计划》，将高等教育的近期发展目标确定为大力促进素质教育。中共中央、国务院于 1999 年 6 月颁发的《关于深化教育改革，全面推进素质教育的决定》中强调："实施素质教育，就是全面贯彻党的教育方针，以提高国民素质为根本宗旨，以培养学生的创新精神和实践能力为重点，造就有理想、有道德、有文化、有纪律的，德智体美等全面发展的社会主义事业建设者和接班人。"至此，最终确立了"四有新人"的人才培养目标，强调人的全面发展，进一步推进了大学生健全人格培养的方向和目标，高校人格培养的目标和任务也逐步明确。"四有"的具体内容包含四个方面：第一，崇高的理想信念。确立社会主义、共产主义的远大理想和信念是任何一个时期我国高校人才培育的目标导向。第二，高尚的个体品德。道德人格完善是社会主义事业合格接班人的必备素养。第三，过硬的文化水平。学习并掌握现代科学文化知识，是大学生服务社会的基本技能要求。第四，遵纪守法的法治思维。大学生自觉遵守社会规范、法律、纪律，能带动、促进社会秩序的完善，有纪律、懂规矩是大学生健全人格必不可少的方面。

各高校在人格培养的实践中，不断完善内容和形式，既重视思想政治教育，又关注大学生心理素质的培养；既重视发挥思想政治理论课作为主要培养方式的作用，又持续不断地拓展其他有效途径，不断加强大学生素质教育和校园文化建设。

2001 年出台的《关于加强普通高等学校大学生心理健康教育工作的意见》中强调："加强大学生心理健康教育工作是新形势下全面贯彻党的教育方针、实施素质教育的重要举措，是促进大学生全面发展的重要途径和手段，是高校思想政治教育工作的重要组成部分。"心理健康教育开始被纳入高校思想政治教育工作的范畴。2003 年，教育部出台《普通高等学校大学生心理健康教育工作实施纲要(试行)》，体现了心理健康教育工作在推进大学生素质教育中起到的重要作用，有利于全面推进高校素质教育，有利于提高高校思政教育的效率，有利于大学生个体人格的健全发展。

高校开展了形式多样的社会实践教育活动：开展思想政治教育进公寓、进课堂、进头脑，积极推进文化、科技、卫生"三下乡"社会实践活动；组织文化节、科技节和体育竞赛等文化科技活动、青年志愿者等活动；成立心理咨询中心、就业指导中心等对大学生进行公民道德教育、心理健康教育、科学精神和创新精神教育，将德育、智育、体育、美育等有机统一在人格培养活动的各个环节中；利用互联网开展"绿色校园网络"活动，举办积极向上、多姿多彩的文化娱乐活动。

在此基础上，2004 年 8 月颁布的《关于进一步加强和改进大学生思想政治教育的意见》，强调了要在遵守基本道德规范的基础上，在公民中深入开展道德教育，积极贯彻落实《公民道德建设实施纲要》，促使大学生自觉遵守此纲要中概括的二十字公民基本道德规范。2005 年，在全国加强和改进大学生思想政治教育工作会议上，时任国家主席胡锦涛做了题为《进一步加强和改进大学生思想政治教育工作　大力培养造就社会主义事业建设者和接班人》的重要讲话，从新的高度重申了大学生全面发展是思想政治教育的根本目标，明确将"以人为本"作为加强和改进大学生思想政治教育的中心思想。这些都反映了党和国家在新形势下对人格培养尤其是大学生人格培养的高度重视。

至此，大学生人格培养的内容和形式都得到了充分的发展。

三、“时代新人”理想人格完善时期

党的十八大报告提出，要将培育和践行社会主义核心价值观融入国民教育全过程，培育核心价值观必须坚持从小抓起、从学校抓起。2016 年 12 月 7 日，全国高校思想政治工作会议在京召开。习近平总书记发表了《把思想政治工作贯穿教育教学全过程 开创我国高等教育事业发展新局面》的重要讲话，他强调：“我国高等教育肩负着培养德智体美全面发展的社会主义事业建设者和接班人的重大任务，高校思想政治工作关系高校培养什么样的人、如何培养人以及为谁培养人这个根本问题；要坚持把立德树人作为中心环节，把思想政治工作贯穿教育教学全过程，实现全程育人、全方位育人，努力开创我国高等教育事业发展新局面。”习近平总书记从我国社会发展的战略高度明确提出了高校人才培养的总目标就是立德树人。

习近平总书记特别重视对青年学生的培养，对新时代大学生寄予厚望。他指出，青年兴则国家兴，青年强则国家强。青年一代有理想、有本领、有担当，国家就有前途，民族就有希望。将“有理想”“有本领”“有担当”作为时代新人的要求，这一要求既是对我国新中国成立以来大学生人格培育的继承，又是新时代的发展。2018 年 5 月，习近平总书记在北京大学考察时强调：“当代青年是同新时代共同前进的一代，承载着伟大时代使命，肩负着社会主义建设者和接班人的使命，把自己的理想同祖国的前途、把自己的人生同民族的命运紧密联系在一起，扎根人民，奉献国家；青年学生的个人理想要和两个一百年奋斗目标紧密联系起来；当代大学生要练就本领，奋发向上，理想坚定，信念执着，不怕困难，以顽强的精神奉献社会，为国争光、为民造福；将自己的人生同中华民族伟大复兴的中国梦融合起来。”这些都更加明确了当前我国大学生人格培养的目标和任务，为新时期大学生人格培养指明了方向。

这一时期，高校在大学生人格培养的方式和途径上也做了许多有益的探索：一是通过建国建党等大庆、载人航天成功等一些重要的事件、纪念日、庆祝活动等来激发大学生的民族自豪感和自信心。二是在主渠道思想政治理论课的课堂教学上，采取启发式、案例式、讨论式、参与式、探究式等多种方式相结合的教育模式，提高教育的实效性。三是更加注重将人格培养与解决学生实际问题相结合，加大了贫困助学、就业、创业的指导。四是打造积极、健康、向上的校园文化环境。五是不断更新社会实践的内容与形式，将社会实践作为大学生的一门必修课。六是依托网络信息平台，对大学生开展丰富、生动的思想教育活动，建立心理健康知识普及和宣传的网站。七是成立心理健康中心，对大学生进行心理咨询和心理测量等，极大地增强了高校人格培养的有效性。

新中国成立以后，尤其是改革开放后，高校大学生的人格培养在改革中探索，在继承中创新，在实践中发展，取得了巨大的成就。在新形势下，高校贯彻以人为本、德育为先、全面发展的育人理念，紧紧把握面临的新课题、新要求，努力探索大学生人格培养的有效途径；充分发挥党团组织作用，大力加强高校人格培养队伍建设，营造对人格培养有益的优良学习氛围；把理想信念建设作为教育核心，把培养爱国主义思想作为教育重点，把提升思想道德建设作为教育基础，把促进大学生的全面发展作为教育目标，全面推进高校人格培养创新发展。

第二节　人格培养实践取得的成绩

从新中国成立至今，我国的大学生人格培养经历了 70 多年的曲折发展，在政府、教育部以及各高校和大学生自身等各方面的不断努力和探索中，大学生人格培养取得了明显的成效。

一、目标不断明确，体系不断完善

大学生人格培养的主要内容体现了社会发展以及大学生身心发展的基本要求，具有动态性和发展性。新中国成立以来，我国大学生人格培养的目标由“五爱”“四有新人”发展到今天的“培养德智体美全面发展的社会主义合格建设者和接班人”，不断地“从社会本位走向人与社会的和谐，从依附的个体走向独立的人格，从模式化的人格培养走向个性化的人格培养”[①]。尤其是 20 世纪 90 年代以来，高校对大学生的人格培养进入了新时期。人格培养的目标是全面提升学生的综合素质，其中包含思想品质、科学文化知识、审美情趣、生理、心理等素质，这是一项系统工程。从此层面来看，全面发展素质教育的想法和措施改进了人才培养的方式，有助于高校大学生人格培养的目标体系逐步丰富、深化及完善。人格培养目标体系所涵盖的内容也从单一性转变为多样性，从突出政治转变为重视政治与思想、品德、心理等因素相结合，高校要在马克思主义、毛泽东思想以及中国特色社会主义理论体系的指引下，根据时代发展需要不断完善大学生人格培养的目标。

二、内容不断拓展与更新

由于人格培养的内容受社会政治、经济、文化等的制约和影响，不同时期和不同历史背景下高校对大学生人格培养的内容有着很大的不同，但总体来说，是随着时代的发展和要求不断拓展与更新的。

新中国成立初期，在新民主主义的指引下，高校对大学生人格的培养面临着对旧内容

① 胡斌武. 我国学校人格教育目标的演变与走向[J]. 教育导刊. 2005(12).

的改造，废除了“国民党党义”和“军事训练”的内容，将马克思主义教育、形势与政策教育、共产主义品德教育作为大学生人格培养的主要内容。中共十一届三中全会后，高校德育及人格培养的内容又重新走上了健康发展的道路，主要包括坚持四项基本原则教育、改革开放教育、基本国情教育、爱国主义教育、集体主义教育、社会主义教育、民主与法制教育等。20 世纪 90 年代以后，高校对大学生的人格培养内容才真正得到拓展和更新，将道德培养、审美培养、心理健康教育、成才教育等纳入人格培养的体系中，并根据政治、经济等形势的发展不断调整和充实其内容，使之更具时代性。

总体来说，目前高校对大学生人格培养已由新中国成立初期的简单化的思想政治教育、道德培养转为向注重人的素质的提高、人的个性的发展、人的潜能的开发、人的性格的培养和人的心理健康的关注等方面发展，即向人的全面发展与完善的内容转变。

三、方法不断创新，形式更加丰富

高校人格培养是为达到高校人格培养的目标、培养出社会所需要的人才所服务的。经过长期的探索与实践，我国已经基本建立了较为完善的人格培养的方法体系，特别是 20 世纪 90 年代以来，人格培养的方法不断创新，内容也更加丰富，取得了较好的效果。

新中国成立初期，主要采用理论与实践相结合、以身作则和民主讨论的方法。20 世纪 50 年代末，主要采用说服教育、以理服人、批评与自我批评的方法。80 年代，主要采用疏导、物质激励与精神激励相结合的方法。90 年代后，主要采用教育与管理相结合、文化陶冶、心理咨询等方法。高校大学生人格培养的方法随着社会的发展而不断变革与创新，取得了较好的成绩。

（一）显性教育与隐性培养相结合

高校为了实现人格培养的目标，既可以采取有组织、有计划、明确的、直接外显的方式来开展活动，也可以采取非直接的、暗含的方式对培养对象产生影响，从而使大学生人格得到全面发展。

我国高校中的人格培养一直都以显性教育作为主导方式，主要采用马克思主义理论、思想道德修养与法律基础、形势与政策、心理健康教育等课程教学，以及专题理论讲座、形势报告会、党团活动、日常行为规范管理等有意识、直接的、外显的活动方式。这种目的性、计划性、方向性明确的显性教育在大学生人格形成和发展过程中起着非常重要的作用，直接影响他们的人生观和价值观，所以一直是高校进行大学生人格培养的主要途径。

随着社会的发展，社会环境日趋复杂，大学生发展的影响因素也变得多样化，在此情况下，只凭借理论课程等显性的教育方法显然已不能适应时代的发展，还必须依据大学生的心理特征及思想变化的规律，再补充隐性的人格培养途径来达到人格培养的目的。因此，高校可以开设各种具有广泛而丰富的人格培养因素的专业课和选修课来潜移默化地影响大学生；举办丰富多彩的实践活动使大学生在实践中内化道德规范、促进行为养成；创建积极健康的校风、学风、班风，营造优良的校园文化环境，使大学生在耳濡目染中接受熏陶；提升教师的素质、人品、学识等，潜移默化地影响学生的人格塑造；等等。高校通过一系列隐性培养方式对培养对象进行渗透、熏陶、感染等，使他们在无意识中得到某些思想意识。大学生通过情感陶冶、兴趣关注、意志激励等非认知心理参与，往往在无意识中将道德规范和要求在道德情感的培养和道德意志的磨炼中内化为自己的行为习惯，从而实现培养与自我培养的统一。

(二) 理论教育与实践培养相结合

理论教育的方法就是有目的、有计划地向受教育者进行基本理论的传授，帮助其树立科学的世界观、人生观和价值观。常言道："玉不琢，不成器。人不学，不知义。"列宁在他的"灌输"理论中指出："人们不可能自发地生成科学社会主义思想，科学的世界观、人生观、价值观只有通过外部灌输进来。"因此，理论教育一直是我国高校人格培养所采用的最常见的方法。高校通过开设马克思主义理论和思想政治教育、形势与政策等必修课程，来加强对大学生人格的理论价值教育。并且，高校的理论教育也应随着时代的发展，根据社会和高校中出现的一些新情况和新问题做出与时俱进的调整，有效发挥高校的教育作用。比如很多高校开设了大学生生活导论、人际心理学、大学生就业指导等课程，为大学生的学习、生活、就业等方面提供理论指导。20 世纪 90 年代后，大学生的心理健康越来越受到社会的重视，许多高校开设了关于心理健康教育的选修课程，有些高校甚至将其纳入必修课，并且对课程进行了规范的管理。

只有理论教育是远远不够的，理论只有用于实践和指导实践，才会有生命力。理论教育只有和社会实践活动相结合，才能促进学生的知行统一。大学生通过实践锻炼，将学习到的理论知识付诸实践，有利于强化理论教学的效果，巩固理论教育的成果，通过实践来检验和反思学到的理论知识，促进知行转化，使外部教育与大学生自我教育相统一，有助于增强大学生明辨是非、认识和改造世界的能力，有助于增强高校人格培养的实效性和针对性，是学校理论教育的延伸。我国高校在人格培养的过程中历来比较重视实践育人。20 世纪 80 年代，社会活动主要以参观和调查为主要内容；20 世纪 90 年代，实践活动主要以服务为主题；21 世纪，社会实践突出宣传公民道德建设等。通过实践培养大学生健全人格是高校经过长期探索和实践发现的一条有效的途径，它强调学生的主体地位，注重学生的自我思考、自我判断以及自我体验，获得了大学生一致的肯定。比如 1993 年我国启动了"跨世纪青年文明工程"，"中国青年志愿者"活动作为其中的一项内容覆盖了全国 30 余个省、市、自治区及直辖市，参与该活动的人数超过了数百万，并成立了十万余支志愿者服务队，尤其是在汶川地震、奥运会、世博会、亚运会中，中国大学生志愿者的贡献在国内外影响巨大，对大学生人格培养产生深远的影响。

(三) 思想政治教育与心理咨询辅导相结合

对大学生的人格培养应从大学生心理成长的特殊需要出发，采用多种方式，开展形式多样、积极健康的教育活动，引导学生进行道德选择。马列主义、毛泽东思想和中国特色社会主义理论体系是确保思想政治教育沿着正确道路前进的思想理论基础，也是指导大学生培养健全人格的行动指南，因此高校应牢牢抓住思想政治教育理论课课堂教学的主阵地、主渠道，对大学生进行思想政治教育和道德品质教育，采用各种生动、活泼的教学形式来激发学生学习的积极性和主动性。但是，人格培养是育人的工作，是一项系统工程，单纯依靠思想、政治、道德等教育是远远不够的，还需要从人的心理、生理、情感等方面来引导、启发和塑造，以达到改变人的思想、调节人的行为的目的，使人得到全面、健康的发展。为了加强大学生人格培养的针对性，许多高校将心理咨询作为大学生人格培养的重要途径之一，设立了心理咨询室，不仅为学生排忧解难，解除心理困惑，排除心理压力，而且还能够帮助教师及时、充分地掌握学生的心理和思想动态，更有针对性地开展教学工作。目前，很多高校利用心理咨询中心对新入学的大学生开展心理普查工作，了解新生的心理状况，并根据测试结果对有心理问题和心理障碍的学生进行个别咨询和跟踪辅导。目前，面向全校大学生开设的“大学生心理健康教育”的选修课和相关讲座，受到大学生的欢迎。

第三节　人格培养实践的启示

中国共产党历届领导都充分重视大学生的思想政治教育，重视人的素质发展。丰富的思想政治教育理论和青年人才培养思想是将马克思主义与中国社会发展和青年人才培养的实际需要有机结合的过程中产生的宝贵结晶，为当前大学生健全人格培养的探索指明了道路。

一、坚持人格培养的价值观导向

人格培养是高等教育的一部分，而高校作为大学生人格培养的主阵地，必须坚持人格培养目标的阶级性和政治性，要体现社会主义发展的价值观和道德观的本质要求。

二、继承和发扬我国传统文化中的优秀人格培养思想

中华民族历史悠久，有着许多宝贵的精神明财富，如热爱真善美，尊崇仁义礼智信，提倡勤劳节俭等。助人为乐、自强不息等是中华民族崇尚的优秀人格品质。因此，我们要积极弘扬和传承优秀的民族文化，在进行人格培养的过程中进一步挖掘和发现传统文化的

精华，立足于时代潮头，着眼于中国社会主义现代化建设，对中国优秀的传统文化予以新的解读，使它在青年大学生身上发扬光大。

三、坚持人格培养的开放性特点

高校人格的培养要面向社会、面向世界，体现开放性的特点，不仅要不断吸收来自心理学、法学、伦理学等各个学科中关于人格培养方面的成果，还要在吸收和传承中国民族优秀传统文化中人格培养精华的同时，借鉴西方重知识、重形式、重逻辑和重实证的研究方法和执着于对自然奥秘探究的科学精神，以及他们在人格培养实践方面的经验和教训，批判地吸收其中的有益部分，经过整合、吸收和再整合的过程，不断丰富和发展人格培养理论和实践。

四、积极拓展人格培养的隐性课程

现阶段，我国的人格培养依然以学校为主要场所，以显性课程为主要教育途径。虽然一些高校也在不断更新校园文化的软硬件，积极开展社会调研、主题党团日活动、青年志愿者服务等一些隐性的培养活动，也收到了很好的效果，但是，无论在形式、内容上还是在深度、广度上都很有限，并且没有形成相应的体系。而学生的思想感情、意志品质和行为习惯是在交往的过程中和具体的实践中逐渐培养起来的，在课堂教学中，一些思想品德及个性品质的东西不能直接传授给学生，但是可以通过隐性课程等其他途径间接学习到，而且需要长时间的潜移默化的熏陶。积极的社会情绪、良好的道德氛围、有效的社会形式，包括各类博物馆、纪念馆、历史遗迹、风景胜地、平凡工作岗位上默默奉献的劳动者和各行业中涌现的先进人物的事迹等都是进行大学生人格培养的隐性资源，这些隐性课程所带来的益处是一个逐步量变的过程，必须经过长时间的累积，才可以将所受到的熏陶转化为自身的个性特征及行为习惯。因此，我们要积极赋予它们丰富的教育含义，使其产生良好的效果，使其对拓展大学生人格培养的途径和培养大学生的健全人格起到积极的作用。

思考与讨论

1. 新中国成立后，我国大学生人格培养经历了哪几个发展阶段？试论每个发展时期的内容和特点。

2. 新中国成立后，经过 70 多年的发展，我国大学生人格培养取得了什么成效？

第五章

大学生健全人格培养的定位、目标与内容

人格的形成并不是自发天成的，它依赖于教育，是后天培养、塑造的结果。大学生作为未来社会发展的中坚力量，重视对其健全人格的培养有着极为重要的价值和意义。为了有效地促进大学生人格健全发展，必须正确理解大学生健全人格培养的内涵，做好健全人格培养的科学定位，确立科学的健全人格培养目标体系，明确健全人格培养的内容。

第一节　大学生健全人格培养的内涵

大学生健全人格培养是指根据社会发展需求和大学生人格发展规律，针对在校大学生个体或者群体，有目的、有计划、有组织地运用一系列训练、教育、引导等培养形式和途径，不断削弱大学生人格培养过程中的不利或消极因素，扩充其人格中的积极因素和优良品质，不断提高其自我认知水平及自我意识，不断促进其心智发展，进行培养健康、全面发展、适应现代社会需要的人格为目的的活动。

本书从以下几方面来介绍大学生健全人格培养所包含的思想内容。

一、培养对象

大学生人格培养就是对其思想品质、心理状态等进行培养。这个过程必须要有针对性，所以要因材施教，先认真总结被培养者的人格特征，然后根据他们的人格特征确定适合他们的培养内容及途径。大学生是青年的一部分，对大学生进行人格培养也相当于对青年进行人格培养。然而，正如前文提到的，大学生虽然是青年群体的一部分，但是却与一般的青年不同。

(1) 大学生生理日趋成熟，心理状况却参差不齐。从我国当前的高考招生制度以及教育部关于全国高校在校大学生的统计数据来看，应届大学生年龄基本大于17岁，绝大部分大学生为18～25岁。从年龄来看，不管是生理还是心理上，大学生都应该基本成熟，但也有一部分大学生的心智还不甚成熟，有的还比较脆弱。

(2) 大学生虽然拥有一些社会阅历，但并不一定丰富，不足以帮助他们全面地认识社会。与中学生相比较，大学生多多少少参加过一些社会实践活动，对社会状况有一定的了解，但是绝大多数大学生都是从中学直接走进大学，没有参加过工作，也就是说，并没有直接接触社会。而且，多数大学生缺乏正确认识社会的途径，导致他们对社会的理解可能是片面的，分析社会问题也相对简单、不能深入，从而影响他们认识社会，也影响他们形成正确的人生观、世界观和价值观。

(3) 大学生大多初步形成了一定的人生观、价值观和世界观，但缺乏稳定性。大学生受到常年的系统教育，已经拥有一定的思考判断能力，也基本上形成了自己的人生观、价值观和世界观，然而他们的这些观念不一定都是成熟的、正确的，可能会随着大学生学习的深入、思维能力的提高、社会认知能力的提高而发生改变，并且逐渐变得稳定。

二、培养时期

大学生人格培养即对一个人在大学学习期间展开的人格培养。通常而言，一个普通人的一生会经历婴儿、儿童、少年、青年、中年及老年等不同时期，心理学家的研究发现，在不同时期，人的物质需求和心理发展状况是不相同的，其人格发展状态也是不同的。人格培养的目的就是促进人的心智发展，帮助他们形成优良的品格。为了达到这个目的，就必须针对人生各个时期的不同特点进行不同的人格培养活动。大学生人格培养是在婴儿、儿童、中小学人格培养之后，在高校学习期间开展的人格培养。

三、培养理念

大学生人格培养是为了推动大学生的全面发展而进行的，在培养过程中要坚持“以人为本”，也就是“以大学生为本”，要予以大学生充分的尊重和信任，通过训练、教育、引导等多种途径来唤醒大学生的自我意识，特别要注意培养大学生的个性人格。

四、培养内容

大学生人格培养的内容不能只停留在常规的理想信念、道德认知及心理健康等理论教育上，而是应该以此为基础，进一步将树立正确的理想信念、培养优良的道德观念、促进心理的健康发展作为培养内容。

总体来说，大学生健全人格的培养内容要更加深刻，能帮助大学生通过理论观察来分析、解决问题，从而提高其自我培养的能力。

五、培养目的

大学生人格培养的目的是探索新的大学生人格培养途径，从而使大学生的培养质量得以提升，促使其全面发展，使其能与社会、自然和谐相处。

六、培养的价值取向

大学生人格的培养，绝不仅仅是要求大学生熟悉、掌握和灵活运用已学到的科学文化知识，还要求大学生正确树立自己的人生观、价值观、世界观，培养自己的情操，特别是要按照社会行为价值规范及价值标准指导自己的日常行为，防止认知、行为及情感发生冲突，导致人格发展偏离正轨，甚至产生人格障碍。

七、培养方法

大学生人格培养主要强调内化所起到的作用，重视培养以及增强大学生的自我调控能力，促使大学生觉悟、明理、警醒，以帮助他们逐渐形成独立的个性及健全的人格。目前，我国大部分高校主要采取德育及思想政治课程的途径对学生展开教育。然而，对大学生的人格培养不能只是按部就班地使用高校已有的方法，更要以此为基础，遵循大学生人格培养及发展的特点，制定进行大学生人格培养的方法。

第二节　大学生健全人格培养的定位

人格力量和人格魅力是促进人全面发展的重要条件，明确当代大学生人格培养的定位，有利于发挥高校教育的合力作用，促进大学生的全面发展。

一、大学生健全人格培养是促进大学生全面发展的基础

人格培养是促进人的全面发展的基础。人的全面发展首先是指人的完整发展，即必须完整发展基本素质。通常意义的人的全面发展是要发展人的基本素质中所包含的诸多要素，也就是使受教育者在众多素质方面获得完整发展。党的十六大报告指出：“人的全面发展包括人的思想道德素质，科学文化素质和健康素质的明显提高。”因此，大学生的全面发展，

除了应该掌握科学文化知识，具有开拓创新能力，还应具备积极向上的思想、情感及实践能力等素质。关于人的素质，学者们持有不同的观点。

郭文安和陈东升在《国民素质建构与基础教育改革》中写道，国民素质就是“在长期历史发展过程中所形成和积淀的，一个国家大多数国民所共有的，较为稳定的各种特性与能力的总和”①。他们认为，人的素质应包括“政治思想素质、道德品质素质、基本知识素质、基本技能素质、基本能力素质、身体素质、审美素质、劳动技能素质、个性心理素质和现代文化心理素质共十项”②。朱金认为，“人的素质是一个内蕴丰富的综合性范畴，即人的素质是多种规定性的辩证统一。人的素质不是指人的某一方面、某几方面的素质，而是指人自身所具有的所有素质之和。构成人的素质的基本要素包括人的身体素质、心理素质、科学文化素质、思想道德素质四个方面”③。

周庆元和胡绪阳认为，学生(作为人)的有待发展的全面素质由“四格”组成，即体格、心格、智格、行格。其中体格包括体型、体力、体质三个方面；心格包括心理品质、思想道德品质两个方面；智格包括知识和技能两个方面；行格包括行为和仪态两个方面。

综上所述，笔者将当代大学生尚需提高的综合素质概括为以下三点：第一是身体素质，表现为人的身体形态、身体素质和一些相应的行为；第二是道德素质，主要包括现代人格品质、健康人格品质和道德人格品质；第三是智能素质，主要是指人所掌握的知识、技能和与它们相关的能力。由此，我们不妨把大学生的全面素质培养总结为身体素质培养、道德素质培养及智能素质培养。身体素质培养的目的是保持人的身体健康，道德素质培养的主要目的是优化人的精神世界和行为方式，智能素质培养的目的是培养人的科学文化素养、提升其认知能力。大学生素质的全面发展不仅仅要身体的健康、能力的提升，更重要的是精神世界和行为方式的全面发展，鉴于此，可以说，大学生健全人格培养是促进大学生全面发展的基础。

二、大学生健全人格培养是高等教育的重要组成部分

人格的培养是整个教育体系的重要组成部分。有一部分研究者认为，高等教育具有层次性，第一层次是关于知识、技术、技能等方面的教育，是表面的、浅显的教育，其主要功能是训练劳动者。第二层次是精神教育，是一种深层次的教育，它的目的在于提高人的思想、精神等境界，能培养出人格真正健全的人。高等教育的两个层次并无明显的分界，它们相互依存，第一层次的教育是第二层次教育的前提条件，但高等教育不能只浅显地进行第一层次的教育，还要对学生深入进行第二层次的教育，这样才能体现高等教育的意义。

① 郭文安，陈东升. 国民素质建构与基础教育改革[M]. 北京：人民教育出版社，1997：7-8.

② 郭文安，陈东升. 国民素质建构与基础教育改革[M]. 北京：人民教育出版社，1997：180-185.

③ 朱金. 人的素质构成与教育机理论析[J]. 学术交流，2001(3).

三、大学生健全人格培养是塑造合格现代公民的基础

冯务中先生说："真正的公民，正在和已经成为当代中国人的基本身份，在当代社会，每一个人都是一个公民，一个既有着不能被任意剥夺的权力又有着不能随意逃避的义务的公民。"①

由此可见，大学生不仅仅是社会中的高素质人群，还是社会主义事业的建设者和接班人，更是现代社会的普通公民，只要立足于做好符合现代社会要求的合格公民，才能更好地担负起家庭、社会和国家赋予的责任，成为社会主义现代化建设的有生力量。

遵循马克思对人类发展历史进程划分的思路，纵观人类发展史，人类的性格发展大致经历了三个阶段：第一阶段是以原始社会文化的自然性和自在性相一致为基础，以血缘、地域、天然情感为关系纽带，以对自然的依附为特征的最原始的自然主义人格；第二阶段是以传统农业文明、自然经济为基础，以血缘、宗法等级等关系为纽带，以人对人的依附为特征的依附性人格；第三阶段是以工业文明为基础，以人的主体意识、理性自觉为先导，以现代化大生产和市场交换、法制契约为纽带，具有理性主义的独立自主的公民人格。

对于我国的社会发展来说，建设工业文明、实现现代化是社会发展和进步的方向，然而，我国的现代化建设必然与西方国家不同，原因在于：首先，我国的现代化建设及市场经济体制的基础是社会主义公有制；其次，我国要借鉴西方国家在发展中暴露的缺点及由此总结出的经验教训，及早采取有效手段，扬长避短。所以，在我国现代化的进程中，国人必然会形成最具有中国特色的人格，这是一种适应我国经济、政治、社会发展，而且能发挥个人自主性及能动性等特点的中国现代公民人格。

如今，人们对自身以及对自然界的认识已经达到了空前的高度，加上社会的不断发展和教育的普及，人们的要求和评价标准也发生着变化，大学生作为普通的公民，培养其能够以成熟、正确、道德的方式适应和推动中国现代社会发展的公民人格，才能为人们所接受，才能紧跟时代步伐，才能更好地适应社会，才能更好地为社会主义现代化建设贡献力量。

第三节　大学生健全人格培养的目标

有目标才有方向，培养大学生的健全人格要取得理想的效果，首先要有明确的目标。笔者认为，大学生健全人格培养的目标是根据健全人格的衡量标准和大学生人格的特征，通过一系列的培养活动，帮助大学生消除人格中的缺陷和不足，使其成为兼备继承中华民族优良传统、适应现代社会发展、自身全面发展的人。

① 冯务中. 我的"公民"观[J]. 书屋，2005(10).

一、培养大学生的传统人格

在中华五千年的发展历程中，涌现出许多伟大的哲学家和思想家，并形成了不同的精神文化，其中蕴含了多样的人格理论及人格模式。汉朝时，汉武帝采纳董仲舒的建议——“罢黜百家，独尊儒术”。在此后的两千余年间，儒家思想成为中国传统文化的主流。内圣外王，精忠爱国，维护统一，尊道贵德，修身律己，仁爱孝悌，忠恕之道，诚实守信，谦逊好礼等都是儒家传统文化的人格特征，由此可以看出，儒家文化的基本精神是道德理想主义，因此，与之相应，中国的传统人格培养主要是一种关于道德修养的培养，即以道德作为衡量一切的标准，在今天看来，中国传统文化中的道德人格虽然有其片面性，但是我国上千年积淀的传统文化对中国人的言行、思想产生了很大的影响，每个人都在这种影响下形成了自己特有的人格。在科学技术日益发展的今天，传统文化中的道德价值仍然不能被取代，人类社会的健康和谐发展仍然离不开道德的调节作用。因此，传统文化的道德人格特质是当代大学生人格培养中不能忽视的继承性因素。

二、培养大学生的现代人格

大学生作为社会高知识、高素质人群，是社会主义事业的建设者和接班人，随着社会现代化步伐的加快，当代大学生仅有传统的人格特征将很难适应现代社会的发展要求。现代社会要求大学生不仅要具有中华民族文化精华的理想人格特征，更要有面向未来、面向世界、面向现代化的现代人格的特征和精神风貌。

现代人格是相对于传统人格而言的，是对传统人格的继承和发展，是指现代社会个体应该具备的一种适应现代社会政治制度、经济制度、生产方式及生活方式的思想价值观念、行为方式和生活方式的综合体。

结合我国的历史传统及现实情况来看，现代人格的塑造是一个循序渐进且十分艰难的过程，在此过程中，既要摒弃传统人格中的落后因素，又要借鉴现代人格中的积极因素。

因此，高校要培养大学生以追求高尚道德境界、崇尚精神自由与品格独立、具有创新思维和创新精神、勇于竞争、善于合作、拥有自信心与责任感为主要内容的思想价值观念、行为方式、生活方式。

三、大学生的全面发展是大学生人格培养的主导目标

身体素质、智能素质和道德素质是大学生全面发展的组成要素，因此，身心健康、智能健全和道德高尚是大学生健全人格培养的主导目标。

（一）身体素质培养

人格的健全发展，必须要有健康的身体为基础。没有健康的身体，人的知识、道德等都没有可依靠的载体，所以，拥有强健的体魄进而具有健康的心理素质是大学生人格健全的基础。

大学生必须拥有健康的身体、顽强的意志以及积极进取的精神，才能有效发挥自己的才能，从而体现出自己的人生价值。我国在《全民健身计划纲要》中指出："要对学生进行终身体育教育，培养学生的体育锻炼意志、技能和习惯。"所以，高校要重视体育教育，更要注重培养大学生自觉锻炼的习惯，帮助他们养成良好的生活习惯，展现他们朝气蓬勃的一面，并在技术、技能培养的基础上向心理、精神层面的培养拓展，通过潜移默化的方式，多侧面、多层次、全方位提高广大大学生的身体素质。

（二）智能素质培养

人的智能素质是健全人格的重要内容，它是其他要素得以提高和增长的基础，主要包括先进的科学文化知识以及观察、记忆、想象、思维、创造等能力，是人们认识问题、解决问题和进行创造性活动的能力。网络、数字及信息化是这个时代的主要特征，人们主要借助信息、知识、技术等进行实践活动，因此，渊博的知识和精湛的技术是健全人格的重要因素，更是人们客观地认识自己、认识世界、改造自己、改造世界的基础。当今时代，科技发展日新月异，仅仅依靠一次性的学校教育获取的知识来满足一生需要显然是不切实际的，高校要培养大学生学会认知、学会做事、学会发展。因此，大学期间的智能素质培养主要激发学生对学习的热爱，帮助他们养成良好的学习习惯，打下扎实的理论基础，系统地学习文化知识，增强他们分析及解决问题的能力，使他们具备严谨的治学态度和创新创业精神。高校要帮助大学生学会将知识转化为觉悟，将知识转化为能力，将知识转化为品格，净化他们的心灵，促使个人和社会共同进步。

（三）道德素质培养

人的思想道德水平和修养程度体现着一个人的人格。在培养健全人格的系统中，崇高的德行居于核心地位，高校要不断努力，引导大学生进一步提高思想道德认识，陶冶道德情感，锻炼道德意志，具备良好的道德品质和高尚的道德情操。大学生应学会运用自己所掌握的理论知识，正确分析、判断和对待社会中的道德问题，在面对矛盾和冲突时，做到道德认知与道德行为相一致，成为一个有道德、有素养的人。

四、大学生健全人格培养目标的层次

大学生健全人格培养的目标可分为三个层次。

(1) 矫治性目标，可认为是初级目标，是指针对大学生人格发展中存在的某方面的问题或障碍进行个别的心理咨询和治疗，以帮助大学生解决这些问题，消除这些障碍，促进其人格健康发展。

(2) 预防性目标，可认为是中级目标，是指采用多种方式观察、评定和了解大学生的人格特点，针对其人格发展的局限性和人格发展中的不足开展一系列人格培养活动，防止已有的人格问题进一步发展，并且避免由人格发展中的问题引发心理问题和障碍，促进其人格健康发展。

(3) 发展性目标，可认为是高级目标，是指根据大学生所处阶段的人格特征和现代社会发展所需要的人格特征，采用多种方法和手段，促进其人格中的某些长处和优点进一步发展，进而推动大学生人格的发展与完善。

成功完成对大学生健全人格的培养，是从达成初级目标逐步向达成中级、高级目标发展的过程，并且应该将三个层次的目标全部实现视为完成标志。

第四节　大学生健全人格培养的内容

人格培养的内容十分丰富，由人格培养的目标所决定。根据大学生人格培养的目标，本书认为大学生人格培养的内容应该包含自我意识、价值观念、道德品质和行为模式的培养。

一、自我意识的培养

自我意识即社会个体在与他人及社会事物的相互作用中形成的对自己和自己与周围事物关系的认识。人作为有意识的个体，不仅可以认识他人和周围的世界，而且还可以作为观察者，审视和认识自我。这种作为观察者和感受者的主体我对作为被观察者和被感受者的客体我的认识和调控就是人的自我意识。自我意识是人格的核心，在人格发展的过程中扮演组织者和推动者的角色，它会影响人格系统里其他组成部分及其之间的相互关系，并制约人的行为。

自我意识是人的独特属性，积极的自我意识对人自身以及社会的发展都具有重要的意义。

从自我意识的心理构成来看，自我意识是知、情、意三者的统一，主要包含自我认识、自我体验和自我调控三个方面，它们之间相互依存又各具特点。自我意识的培养就是通过适当的方式改善、优化人的自我认识、自我体验和自我调控的活动。而对自我认识、自我体验和自我调控的优化能使个体客观、积极地看待自己，从而形成自信、自主、自尊、自强、自律等人格品质。

自我认识是个体对自己的存在进行察觉和了解的过程中所形成的自我观念和自我评

价。自我观念是指个体关于自身生理、心理和社会等方面的看法，或者是对于“自己是谁”的理解。自我评价是个体对自身生理、心理和社会等方面的评估。客观、全面的自我观念和恰当的自我评价对个体的健康成长具有重要的意义。大学生的自我观念和自我评价一方面会受到个体自己的经验，尤其是自己的成功经验与失败经验的影响；另一方面会受到他人的影响，例如老师、父母和伙伴等人对自己的影响。老师对大学生做出较武断的认识与评价时，不仅会使大学生形成比较消极的自我观念，伤害他们的自尊心和自信心，还会使他们产生焦虑、抵触的情绪。另外，大学生对个体的自我评价也会受到个体对自己以及他人对自己期待的影响。一般来说，大学生自身及他人对其的期待应从大学生本人的实际情况出发，合理的期待往往能成为大学生发展的重要动力，而如果期待过高，容易使大学生感到失落。因此，培养者应在对大学生抱有适当期待的基础上，引导大学生正确地认识自己，从而提升自我期待的水平，以帮助他们正确认识自己的错误，并能进行理性分析。

自我体验是个体在自我认识基础上对自己的情绪体验，主要包括自我认同感、自我效能感、骄傲、自卑、无奈、焦虑、不满等感受。自我认同感是指个体对自己满意的感受或情绪体验。有研究者认为，在行为表现上，高度的自我认同感表现为：行为独立，即能决定自己的生活细节；能主动承担工作，安慰有烦恼和需要帮助的朋友；愿意接受挑战；能承受挫折与失败。而低度的自我认同感则表现为：常贬低自己的能力，常说“我不会做”；故意逃避任何可能会产生焦虑的情况；强烈的自我防卫，不能接受批评或失败，不能直面问题；喜欢以责备他人来隐藏自己的缺点。[①]自我认同感应把握度，自我认同感过高，容易骄傲自满，而自我认同感太低，则容易自卑、退缩。人格培养的任务是使大学生形成健康、适度的自我认同感。自我效能感是指在执行某一行为操作之前，个体对自己能够在什么水平上完成此行为活动所具有的信念。自我效能感不仅与个体拥有的知识技能有关，也与个体能否利用好自己所拥有的知识技能有关。培养恰当的自我效能感，可以引导学生完成力所能及的任务，不仅能帮助他们建立自尊自信的人格品质，还能改变他们对学业的态度，达到促进学业进步的目的。

自我控制是指人们通过自身的意志力努力调节和掌控自己的欲望和行为，包括为了达到某个目标或实现理想所做的自我努力。自我控制属于自我意识的意志成分，是指一个人对自己的外显行为和心理活动的制止与启动的过程，包括自主、自立、自我监督、自制、自我教育等。自我控制是人格健全发展的重要因素，为人格更健康地发展提供了可能性。自我控制的培养就是要引导大学生培养强烈的自我控制意识，积极、主动地发挥能动性，分析自我、教育自我、培养自我。对自我控制能力的培养也是对意志品质的培养。对大学生而言，要在科学文化知识学习和社会实践中有意识地进行意志训练，锻炼自己坚强的意志，吃苦耐劳的精神，勇于拼搏的精神，抗挫折的能力，勇于创新的精神，勇于挑战自我、完善自我的精神等优秀的意志品质，从而使人格得到健康发展。

① 遥远. 培养中学生健康的自我认同感[J]. 中小学心理健康教育，2004(11).

二、价值观念的培养

价值观是人基于一定的思维感官而做出的认知、理解、判断或抉择，是人的知、情、意的凝结，也就是人认定事物、辨别是非的思维或取向，从而体现人、事、物一定的价值或作用。

价值观念与人的需要和自我意识方面存在密切的联系。首先，人的需要与价值观念之间存在互相制约、互相影响的关系。人有什么样的需要，就会选择相应的价值取向，而人的价值取向和价值观念又会制约和影响人的需要以及满足需要的方式。其次，人的自我意识也和价值观念有着密切的关系。一方面，自我意识是价值观念形成的前提条件；另一方面，人的价值观念一旦形成，又会成为人进行自我意识、自我评价和自我调控的标准，影响人对自身的认识、评价和调控。从社会的发展过程来看，价值观还与人的行为有着相互作用的关系。价值观是由社会行为决定的，社会行为是一个人的实践活动。人的价值观念不是在一夜之间形成的，它是在人们的日常行为中逐渐形成并不断得到增强和完善的。然而，价值观一旦形成，又会成为规范和制约人们行为的观念力量。对于大学生的成长而言，也存在类似的情况，即大学生在有意识地学习和思考价值观之前，往往已经无意识地形成了具有一定价值倾向的行为模式，一方面他的这些行为模式会影响他对社会价值观的有意识的学习和接受，另一方面他对社会价值观的学习又会改善他的行为模式。

价值观能反映一个人的社会观点、立场以及生活态度，集中体现其处世原则及行为方式，同时可以指导个体调节和控制自己的行为。价值观对人格的形成也起着非常关键的作用，它决定个体人格发展的方向，是健全人格的关键因素之一。正确的价值观能够促进健全人格的形成与发展。

因此，对于思想政治教育工作者而言，不能仅限于帮助、引导大学生树立与之相适应的成熟、正确的价值观，而应从培养大学生的行为方式开始，使大学生的价值观念更为自觉、成熟和正确。

三、道德品质的培养

道德是指“人际利益互动关系中不损人(基本关系中)、救助人(衍生关系中)的行为特性”[①]，其核心是人与人之间利益要求的等价关系或者对等关系。

道德品质的培养即通过教育实践活动帮助个体提高其道德认知能力及道德情感水平，从而达到规范其道德行为习惯，树立正确的理想信念的目的。

道德人格的对立面是非道德人格，非道德人格是一种缺乏道德品质和道德行为的人格。从人格的健全角度来说，具有非道德人格也是病态人格的一种，具有非道德人格的人虽然

① 茅于轼，鄢圣华. 也谈中国道德的重建[J]. 北京大学学报(哲学社会科学版)，2002(2).

不多，但这类人对他人、对社会的危害性极大。一个社会，若无道德秩序，那么人们的行动就可能会受盲力驱使，一旦人的行动受盲力驱使，那么社会秩序就会完全混乱。尤其是在科技高速发展的现代社会，技术高度发达，如果缺乏与之相应的道德的调节，这些技术就有可能被滥用，其后果无法想象且没有办法弥补。因此，在当今科技发达的社会里，道德品质的培养更应该被重视。

大学时期，大学生的道德价值观念及道德行为习惯已经基本形成，他们也具备一定的道德认知能力。但是由于个体之间的认知、认识方式等存在差异，以及认知的社会局限性，导致他们对事物的判断能力也存在巨大差异。因此，在大学教育阶段，对大学生道德品质培养的重点是帮助他们增强对道德的判断能力，使他们的道德价值观念和行为相统一，从而得到全面发展。

四、行为模式的培养

人格是一个有组织、有层次的系统。人格中的道德品质、自我意识等都要通过人的个体形象和行为模式表现出来，个体的行为模式是个体内部精神与社会和生态环境相互作用的结果。虽然人的行为模式和个体形象是人格的内部精神因素统合性的表现，但人的内在心理观念与外部行为并不总是一致的。在现实社会中，有一种人的真实的自我和其表现于外的形象相一致，具有真实人格的人表里如一，言行一致；还有一种人总是将真实的自我隐藏起来，而将精心设计好的光辉形象显露于外，他向人显示的或者说别人看到的仅仅是他真实精神中很少的一部分，其真实的一面会表现出言行不一，甚至言行截然相反。这类人的心灵往往是阴暗的，身心是不健康的，人格是不健全的。大学生的内心和行为很有可能会脱节，因此，行为模式的养成也应是大学生健全人格培养必不可少的一部分。高校的人格培养就是要鼓励大学生表现真实自我，与此同时，社会和学校应给学生提供表现真实自我的机会，鼓励他们讲实话、做真诚的人。

思考与讨论

1. 试述大学生健全人格培养的主导目标是什么。
2. 您认为大学生健全人格培养的目标可通过哪几个层次来实现。
3. 大学生健全人格培养的内容包含哪几个方面。

第六章

大学生人格发展及高校人格培养现状

大学生的人格与其心理健康、学业成绩状况以及毕业后的职业生涯密切相关，具有健全人格的大学生不仅能保持健康的心理，还能对自我潜能进行积极开发，增强适应社会的能力，因而健全的人格是大学生健康成长与成才的保障。因此，了解大学生群体的人格特点，对其进行人格培养显得尤为重要。从我国目前情况来看，大学生人格培养迫在眉睫。本章将以马克思主义为指导，综合运用青年心理学理论、人格学理论分析当代大学生身心发展的基本特点和所处的人格发展阶段，通过调查问卷、访谈等形式进行实证调研，对大学生的人格发展现状和我国高校人格培养现状进行分析，深入地剖析大学生人格发展和高校人格培养中存在的问题，并对其成因进行分析，以期为大学生人格培养提供一些思路。

第一节　大学生身心发展的基本特征

人格心理学的研究表明，人格的形成是一个动态的发展变化的过程，人的一生会经历不同的人格发展阶段，每一阶段都会呈现出不同的人格特征。大学阶段是人生的关键阶段之一，个体的人格在大学阶段会出现较大变化，然后慢慢成形。

一、生理发展

在我国，一般情况下，一个人 6 岁上学，经过 12 年的小学和中学生活，到大学阶段，年龄一般为 18～22 岁。目前，我国学者认为，青年阶段可以分为三个阶段，分别为：青年早期，是指十二三岁至十五六岁；青年中期，是指十六七岁至二十一二岁；青年晚期，是指二十二三岁至二十七八岁。青年早期阶段大致与青春期一致。按照以上观点，大部分大学生处于青年中期，少部分大学生处于青年晚期。从生理发育水平来看，大学生身体的各个系统、器官基本发育完成，包括身高、内分泌系统、神经系统、性腺等都已经基本发育成熟，所有生理机能趋于成熟，进入生长稳定期。

大学生的生理特点：一是体格基本达到成人标准，以性成熟为标志的身体发育基本完成，第二性征基本形成，第三性征，也就是男性或女性的气质逐渐显现；二是体型基本定型，身体发育成熟；三是大脑发育基本成熟，大脑皮层的脑沟、脑回已经发育完善，中枢神经细胞的轴突髓鞘化基本完成，其数量也达到顶峰。中枢神经的兴奋与抑制功能已具有极高的平衡性，个体的专注度明显提高，可以在意识支配下明显延长脑力劳动时间，并对外界的刺激做出较为客观的综合归纳和分析处理，进而做出明智的判断，为高级认知功能，如记忆力、逻辑思维能力、观察力、定向力和操作能力的发展奠定坚实的物质基础。

二、心理发展

目前，我国大学生心理发展的总体表现为生理发展相对成熟而心理发展相对滞后。具体来说，首先，由于大学生的大脑发育基本成熟，其思维发展也趋于成熟，具体表现是逐渐从经验性思维转变为逻辑性理论思维，即开始进入形式思维阶段，这标志着大学生的思维水平已经发展到一个新的阶段，个体在思维的灵活性和敏锐性方面都有明显的提高，有了较为突出的独立思考能力，以及求异标新、抽象思辨和独立性、批判性等思维特点。因此，与罗列现象、采用现成结论相比，大学生更倾向于思考一些比较抽象、深奥的理论问题，他们想要探索事物的内在联系和规律，从而发现人生的真谛，与此同时，大学生的思维方式是以自我为中心，自我意识比较强烈。大学生的思考方法往往过于追求抽象，这使得大学生的思维具有一定的片面性。其次，在情绪发展方面，大学生对情绪的调节和克制能力比中学生有了长足的进步，但相较于成人，还显得不够稳定，摇摆多变。大学生的情感世界丰富、强烈，他们对情绪的体验来得快而强烈，会迅速、灵敏地对外部刺激做出反应，明显而具体地表现出自己的喜怒哀乐，其情绪外向性和内向性共同存在，细腻性和强烈性并存。大学生的情绪波动较明显，心境变化较复杂，情绪的起伏性较大，情境性强，感染性大，常出现激情状态，尤其在群体活动中极易受到群体中其他人的影响。

综上所述，大学生有敏锐的认知能力，但思维方式还不够成熟；有丰富、细腻的情绪情感，但对情绪的控制能力还比较差。他们的心理状态处于向积极方向发展的过程中。

三、自我意识发展

自我意识是以自我为主体，通过与社会、他人、自然环境发生关系，而达到对自己的特征、地位、价值以及发挥潜力可能性的意识。自我意识作为一种心理系统，具有多维度、多层次等特征。

自我认识、自我体验和自我控制是自我意识的三种形式。自我认识，即个体对自我的认识，包括自我感觉、自我观察、自我评价等。其中，自我评价可以集中反映个体自我认识甚至整个自我意识的发展水平，是自我认识中最主要的方面。自我体验，即自我的情绪体验，属于自我意识的情绪成分，包含自尊、自信、自卑、成功以及自豪感等。其中，自尊是自我体验中最主要的方面。自我控制，即个体对自己的心理活动、外显行为的发动和制止的过程，是自我意识的意志成分，包括自主、自立、自制、自我教育、自我监督等。个体的自我认识发展水平主要与思维方式特点、生理发展水平及社会化程度有关。

从生理发展水平来看，大部分大学生处于青年中期或晚期，生理发育已基本成熟，尤其是大脑发育成熟且到达顶峰，具备自我认识和自我评价的基本物质条件。

从思维方式来看，大学生经过了系统的中小学阶段的教育，思维方式得到了系统训练，表现为思维灵活而敏锐，有较强的发现问题、分析问题、解决问题的能力，具备将所学的知识与自己的思维能力有机结合，进行独立、系统分析的能力。因此，他们的自我观察、自我感觉及自我评价能力也较强。

从社会化程度来看，尽管绝大部分大学生并未真正走进社会，但当前社会信息交流水平高度发达，大学生与外界的沟通日益增加，大学生又具有极高的接受新事物的能力，所以其社会化程度较以往有明显提高，能够较为准确地理解自己与他人、与集体、与社会的关系，这也进一步加强了他们的自我认知能力，能够较为客观、实际地做出自我评价。由于大学生具有较强的自我控制能力和对周围事物的客观认识能力，他们有较为清晰的现实目标，并可以制订相应的实施计划，在实施过程中，他们能够自我监督、自我教育，自觉地根据周围环境的变化去调整不合实际的计划和目标。但由于受成长环境、教育环境、个体因素的影响，大学生的心理发展程度各异，情况多样。

综上所述，大学生有较高的自我认识水平和自我评价能力，有较好的自制力，但由于思维方式还不够成熟和情绪控制能力的缺乏，其自我意识仍处于不断发展、完善的过程之中，而且由于个体成长环境的差异，大学生自我意识发展水平不一。

第二节　大学生的人格特征

为了全面了解和掌握在校大学生在人格发展中遇到的问题，以便更好地、更有针对性地开展大学生人格培养工作，笔者采取了问卷调查和个案访谈的方法，获取了大量研究所需资料，并对获取的数据和资料进行进一步分析，从而探讨大学生人格发展中存在的主要问题及产生这些问题的原因，以便为高校进行大学生健全人格的培养工作指明方向。

为了使所得数据更具客观性，本次调查面向不同专业、不同年级、不同家庭居住地的在校大学生，调查方式为发放抽样问卷。本次调查共发放问卷 500 份，回收 492 份，回收率 98.4%，有效问卷 486 份，问卷内容涉及大学生的人际关系、心理状态、理想信念、意志力等方面，并根据问卷情况对个别同学进行访谈，详细情况如表 6-1 和表 6-2 所示。

表 6-1　参与问卷调查的学生的基本信息

项目	类别	人数	比例
性别	男	232	47.74%
	女	254	52.26%
年级	大一	129	26.54%
	大二	121	24.90%
	大三	103	21.19%
	大四	86	17.70%
	研究生	47	9.67%
专业	文科类	188	38.68%
	理科类	159	32.72%
	综合类	139	28.60%

表 6-2　访谈对象的基本信息

访谈对象	总人数	男	女
013 级	5	3	2
014 级	4	2	2
015 级	4	1	3
016 级	3	2	1
研究生	3	1	2

通过对调查问卷的统计和对访谈结果的分析来看，目前大多数高校大学生的人格发展情况总体表现良好，思想道德和价值观主流是积极向上的。经过对此次调查问卷数据及访谈结果的分析与研究，笔者结合自己多年在高校从事大学生思想政治教育工作的体会，总结了当前大学生的人格特征以及大学生在人格发展过程中存在的主要问题。

一、具有一般国民人格的共同特征

(一) 具有中国传统国民人格的特征

我国悠久的历史文化造就了中国传统的国民人格，对后世人们完善理想人格产生了巨大的影响。燕国材教授就《周易》中设计的理想人格进行归纳总结，概括出 18 项理想人格的特征：①天人合一的主客观念；②奋发有为的积极态度；③自强不息的进取精神；④仁义礼智的完整道德；⑤谦虚逊让的美好德行；⑥诚信不欺的正直精神；⑦不怕困难的坚强意志；⑧自我节制的调控能力；⑨持之以恒的坚持精神；⑩与人为善的待人态度；⑪与人为乐的积极情感；⑫光明磊落的宽广胸怀；⑬认真负责的工作态度；⑭刚柔并济的处事方式；⑮对待成败的正确态度；⑯趋时守中的处世原则；⑰革新创造的变革精神；⑱特立独行的完善人格。这是传统国民人格中优秀、积极的特征。当然也要看到，由于每个时期社会环境和历史条件的限制，我国的传统国民人格也存在消极的一面，主要表现在安于故俗、盲目自大、不思变革、懦弱顺从等方面。

(二) 具有中国现代国民人格的特征

当前，我国社会环境、经济环境、文化思想经历着前所未有的大变革，这也必然影响了大学生现代国民人格的形成，使其具有多样性、多元化特征，主要表现为：①开放型人格与封闭型人格并存；②独立型人格与依附型人格并存；③尊严型人格与自卑型人格并存。

以上所述的国民人格的共同特征也客观存在于当代大多数大学生的身上。大学生继承了中国传统国民人格中的积极乐观的情感、坚强的意志、自强不息的奋斗精神，以及诚信待人的优秀品质，同时也具备现代国民的创新、开放、独立、务实的人格特征。然而，无论是传统国民还是现代国民人格发展中存在的问题和弊端在大学生身上也同样客观存在。

二、具有大学生人格的特殊特征

大学生的特殊人格特征是当前社会文化与其自身特点相融合的具体表现。当代大学生的人格发展有下面 5 个特征。

(一) 传统人格与现代人格的融合

人格是社会文化在个体素质上的具体体现。当前，由于我国经济处于快速发展时期，传统文化影响着现代文化，现代文化冲击着传统文化，两者互相渗透，所以大学生在接受传统文化熏陶的同时，也经受着现代文化的强烈冲击，在这种环境中所形成的人格也必将具有古今交融、多元重构的特点。一方面，改革开放与市场经济的发展，使得大学生的人格塑造过程不再局限于传统价值，而是更加外向化与多元化，他们乐于接受新鲜事物，勇于迎接挑战，他们相信科学、开放进取、注重个人能力的发挥，并有强烈的社会责任感，遵纪守法等。他们能够按照社会的要求塑造自己的人格，将现代品质融于自己的内心及行为，努力实现自己的人生价值。另一方面，几千年来形成的传统的思维方式、价值观念仍然影响着当代大学生的思想和行动。

(二) 自我意识趋向成熟

大学生处于青年中、晚期，是个体自我意识发展的关键阶段，在这个阶段，自我意识相对成熟，为人格发展摆脱依赖性提供了必要的条件。大学生自我意识成熟的具体表现如下。

(1) 自我完善意识强烈。开始大学生活后，随着眼界的开阔、需要层次的提高，关注自我发展能力、思考自身价值等成为大学生自我意识的重要内容，他们追求更深层次的发展，不断提高与完善自身综合素质。笔者所做的问卷调查结果显示，有 78%的大学生会积极、主动地参加学校或班级举办的文化娱乐活动及社团活动；有 82%的大学生认为通过参加实践活动，可以开阔视野、提高能力。

(2) 自我控制水平提高。大学生有较高的自觉性和主动性，他们开始确立目标并能为达到目标制订相应的计划。调查显示，有 55%的大学生对自己的生活和学习有短期规划，有 32%的大学生对自己的学习和生活有中长期规划，并能执行规划，会根据计划调整行为，还会根据社会环境的变化适时调整目标，以便更好地适应社会，实现自己的理想(图 6-1)。通过调查发现，大多数大学生在遇到困难的时候，能发挥自己的主观能动性，将理性与感性较好地结合，积极、自主地解决困难，实现自己的目标。

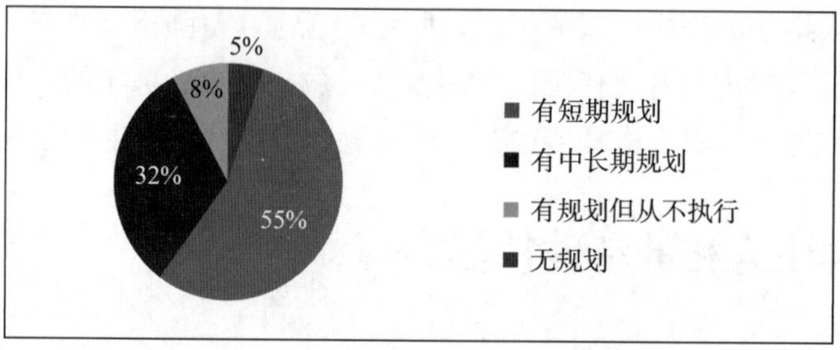

图 6-1　大学生是否有规划的调查结果

(3) 自我实现的愿望强烈。大学生有强烈的独立需求，强烈希望摆脱对家长的依赖和原来生活环境的制约，希望能够表达自己的主张，并且独立自主地生活、学习。调查显示，有 58%的大学生曾经利用课余时间进行兼职、暑期工作和学校的勤工俭学等为自己挣学费和生活费，希望通过这样的方式减轻家庭负担、锻炼自己，达到经济上的独立。

(4) 自我评价更加主动。大学生不再单凭家长的期望、学习成绩以及老师的评语等简单的标准来评价自己，他们开始将自己置于所处的社会环境中，进行纵向、横向的全面比较，以求更加全面、客观地评价自己。

(三) 强烈的情感和交往需要

绝大多数大学生是初次离开熟悉的生活环境，开始在一个陌生的环境独立生活，因此，他们更加渴望友谊，希望能以自己的方式与他人进行交流而获得友谊，并希望在这种交流中证实自己、提高自己，从而获得心理的发展。

(四) 日益完善的智能结构

从生理上看，大学生的生理发育已基本成熟，特别是大脑已经发育成熟；从心理上看，经过了小学和中学阶段的教育后，大学生的思维已经得到了较为系统的训练，这极大地提高了大学生在发现、分析及解决问题方面的能力，以及大学生接受新知识的能力，使大学生能够运用自己掌握的知识和思维能力进行独立的分析与思考。

(五) 开放意识和创新意识增强

随着我国社会转型的不断深入和经济的飞速发展，大学生进入大学后有更多的时间和机会去接触、观察、思考课本以外的世界，大学生的开放意识和创新意识不断增强。

第三节 大学生人格发展中存在的主要问题

虽然目前我国大学生的人格发展趋势总体是良好的，但是由于受经济全球化的影响，经济环境发生了巨大变革，传统文化与当代文化，尤其是与外来文化交融震荡，少数大学生的人格发展存在一些问题，简述如下。

一、心理状态发展失衡

由于我国社会主义市场经济的不断发展和全球一体化进程持续加速的影响，社会竞争日益激烈，传统的价值观正经受着巨大冲击，学习和就业压力日益增大，大学生的心理发展也表现出不平衡状态。这种不平衡状态可能会导致其人格缺陷，甚至可能引发严重的社会问题。大学生心理状态发展不平衡主要表现在以下几个方面。

(一) 心态浮躁

社会和经济的快速发展在为大学生提供更多机遇的同时，也使一部分人产生了浮躁、投机的心态。有些大学生不能静下心来学习，不去想着提高自己，完善自我，甚至产生混到毕业就行的消极思想。在“课余时间主要用来做什么”这一问题上，有 60%的学生选择了上网、玩游戏，只有 15%的学生选择了自习、读书，这就说明了目前部分高校图书馆的自习室里“一座难求”的情景不再出现的原因。关于“大学生的学习态度”的调查，选择“平时不努力，考试前努力”的占 54%，选择“态度端正，学习认真”的占 38%，选择“混及格就行”的占 7.2%(图 6-2)。在日常工作中，我们也看到不少大学生找工作不切实际，盲目追求发达城市、高薪工作，将自己的就业范围限定在北、上、广、深等发达城市，实际找工作时接连碰壁，就业不理想甚至找不到工作时，却从不找自身的原因，而是怨天尤人，归咎于社会不公，认为社会缺乏平等竞争的机会，导致自己怀才不遇。

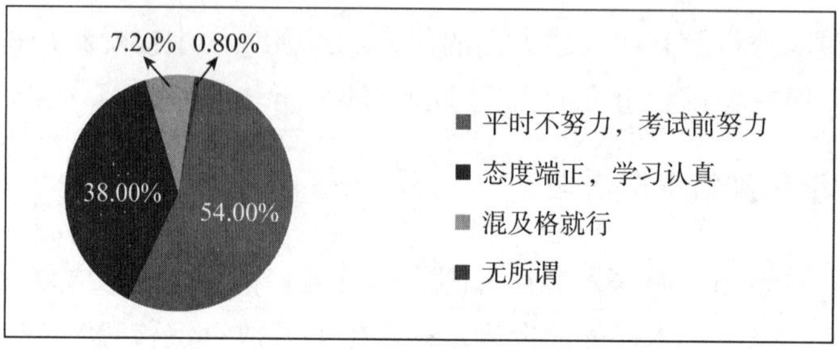

图 6-2　大学生的学习态度的调查结果

(二) 消极颓废

调查显示，对于“如果在校园生活中遭受了不公平待遇，你会怎么做”这一问题，22.2%的学生选择“化不平为动力”，15.4%的学生选择“埋怨社会”，9.8%的学生选择“自信心受挫，消极颓废”，52.6%的学生选择“消沉一段时间，然后调整自己，继续努力”(图 6-3)。从调查结果可以明显看出，有一部分大学生在面对不公平待遇时，选择消极颓废。

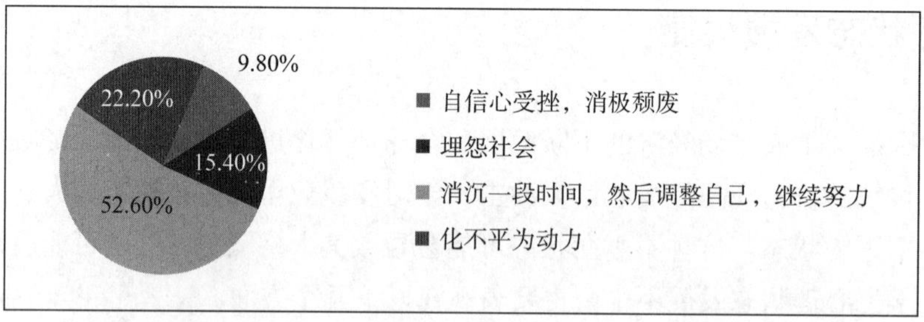

图 6-3　如果在校园生活中遭受不公平待遇，你会怎么做的调查结果

访谈：女生，大二，软件工程学院的学生，来自中小城镇。当被问及“如果在校园生活中遭受了不公平待遇，你会怎么做”时，她说：“在平时生活中，或多或少都会有一些不公平的事情发生，譬如刚进大学校门时，热情高涨，在班里开会选班委的时候，我就毛遂自荐当班长，因为我在中学一直担任班长，有一定的经验，但由于是刚开学，老师与同学、同学与同学之间都不了解，后来班委就由辅导员直接任命。当时我觉得这件事很不公平，自信心也受到打击，觉得社会不公，生活、学习的热情也就没那么高了。现在想起来，还是那时候心理不够成熟，自以为是，甚至有些浮躁，但后来也就想明白了，哪里会有绝对的公平？当时选谁可能都不公平，想要成功，还是要积极、努力去争取。”

可见，在觉得遭受不公平待遇时，有一部分大学生会有负面情绪产生，比如消极、抱怨等。如果这些情绪没有被正确地引导，不能得到较好地解决，会导致大学生以后的心理成长出现偏差，情况严重时，甚至会发展为心理疾患如抑郁、偏执等，严重影响大学生的健康成长。但如果负面情绪能够得到正确引导，大学生能够采取积极的态度对待这些情况，就可以将这些压力转化为提高自己的动力，那将对大学生的心理成长起到积极作用，有利于培养大学生坚韧的品质和积极、正确对待成败的态度。

(三) 拜金、物质化倾向

在面对“有没有购买奢侈品的习惯，如果有，原因是什么”这个问题时，54%的大学生称自己从来没有购买过奢侈品；13%的大学生称会购买奢侈品，但会量力而行，合理消费；17%的大学生认为奢侈品能够展示自己独特的个性；8%的大学生是因为从众、攀比心理才购买奢侈品；8%的大学生是为了炫富而购买奢侈品(图 6-4)。后两者虽然所占比例不大，但也反映出目前有少部分大学生有爱慕虚荣、片面追求物质享受、盲目拜金的倾向。

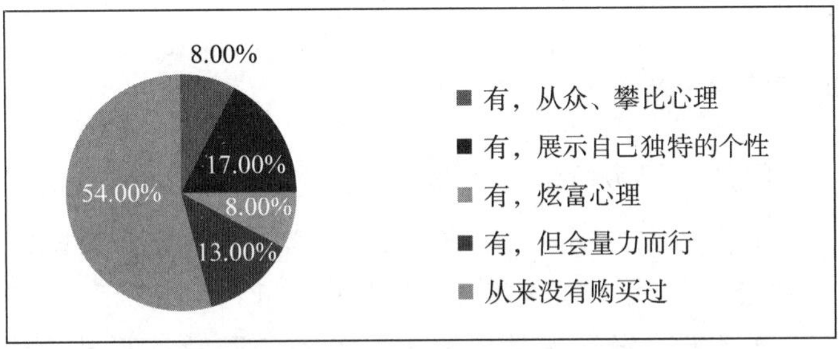

图 6-4　有没有购买奢侈品的习惯，如果有，原因是什么的调查

当被问及对于“学得好不如嫁得好”的看法时，有 47%的被调查者表示赞同，其中 18.3%表示“非常赞同”，28.7%表示“基本赞同”；39.8%表示“不赞同”，其中24%表示“非常不赞同”，15.8%表示“基本不赞同”；另外13.2%的被调查者持中立态度。持中立和赞同态度者共占 60.2%(图 6-5)，甚至有一部分被调查者认为结婚相当于改变人生的一次机遇，通过婚姻可能会得到物质层面的满足或改善。

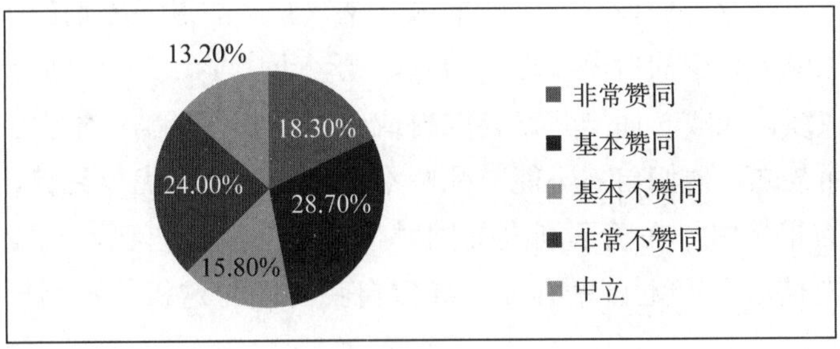

图 6-5　如何看待学得好不如嫁得好的调查

关于“上大学的根本目的是什么”的调查显示，60.3%的同学选择“提高自身能力和素质”，20.7%的同学选择“获得更好的工作”，10.5%的同学选择“更好地为人民服务”，8.5%的同学选择“为科技、文化发展做贡献”(图 6-6)。说明当前大学生处世态度日趋务实，自身利益和个人价值被高度重视，价值追求和行为选择实用主义倾向明显。

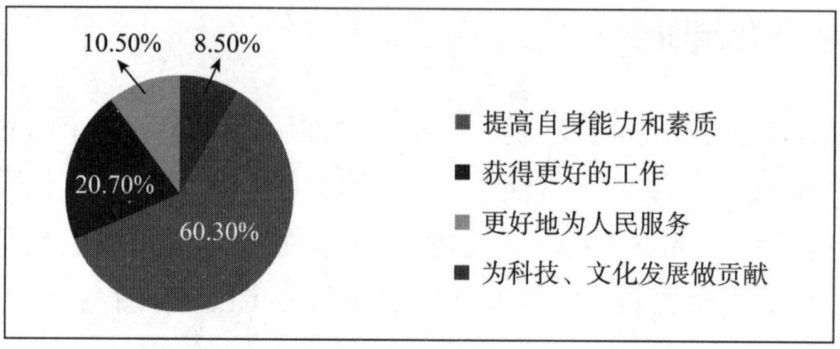

图 6-6 上大学的根本目的是什么的调查

(四) 一定程度的自卑心理

访谈：女生，大四，新闻传播学院的学生，来自农村。据其描述，她在中学阶段成绩优秀，高考成绩为全校第十五名，但进入大学后，昔日的佼佼者泯然众人，不再是老师和同学们眼中的“宠儿”，这种角色的骤然变换，加之自己来自农村，除了学习外，业余兴趣、爱好、生活习惯、经济条件等与来自城市的同学有明显的差距，这种落差让她觉得自己并不优秀，加之不擅长人际交往，不能很好地融入大学生活，久而久之，便形成了自卑心理。在被问及就业过程中，是否担心家庭条件会降低就业的竞争力时，她回答：“肯定会的，与来自大城市的同学相比，我在经济和人脉上都处于明显的劣势，很多来自大城市的学生都可以通过家庭或父母的关系网找到工作，而我要找到相同的工作，所面临的竞争压力要大得多，有时候即使初试顺利通过，也有可能在面试的时候被莫名其妙地淘汰。”

很多大一新生，以及毕业前夕找工作的大学生，会产生过多无谓的担忧与想法，这也可能会使他们产生或多或少的自卑心理。而且，相较于中学，大学更加看重学生的综合素质，而不仅仅以成绩论成败。而一些来自农村或受家庭条件限制的学生因欠缺学习之外的能力的培养，久而久之，他们自然不能与那些不但文化课成绩优异又有其他特长的城市学生相比，在平常的相处中，在羡慕别人的同时也难免会贬低自己，总觉得自己没有别人优秀，从而丧失自信心，产生自卑心理，导致自我封闭，这极其不利于大学生人格的健康发展。

(五) 人际关系失调

调查数据显示，31.6%的被调查者每天上网的时间已超过 3 小时，网络已经成为许多大学生学习之外最主要的活动，其中，59.5%的被调查者表示网络生活在一定程度上挤占了参与校园其他各类活动的时间；34.4%的被调查者更愿意通过网络与他人进行交流；19.2%的大学生表示断网时会呈现出急躁不安的情绪；18.6%的大学生表示为了上网会熬夜或逃课。可见，有的学生性格孤僻，不愿意与他人交流，更喜欢在网络上交流，有的学生交友范围窄，仅限于本宿舍或者本班级，有些同学甚至连本专业的同学都认不全。有的同学缺乏对人际交往的认识，忽视了人际交往的重要性。长此以往，不利于大学生的全面发展。

二、理想和信念缺失

理想和信念是一个人奋斗的目标和前进道路上的灯塔。有理想，有坚定的信念，才能做到在为理想而奋斗的道路上勇往直前，不怕失败，百折不挠。反之，没有正确的理想，没有坚定的信念，在当今世界政治、经济多元化发展的今天，很容易误入歧途。理想和信念的缺失不仅不利于大学生个人的发展，也会对社会的发展造成不良的影响。大学生理想和信念的缺失主要表现在如下几方面。

(一) 政治信仰不坚定

随着改革开放的逐步深入，国内外交流越来越频繁，导致大学生受到了资本主义思想的影响。对于“马克思主义具有强大而持久的生命力”这一问题，65.3%的大学生选择“完全同意”，33.8%的大学生选择“基本同意”，选择“不同意”者占 0.2%，选择“说不清”者占 0.7%(图 6-7)。前两者相加，说明有 99.1%的大学生认同马克思主义；后两者相加，说明有 0.9%的大学生不认同马克思主义或者对马克思主义认识模糊。这说明虽然大多数大学生能够客观看待马克思主义的历史作用和现实意义，但是还是有一部分同学对马克思主义认识模糊。

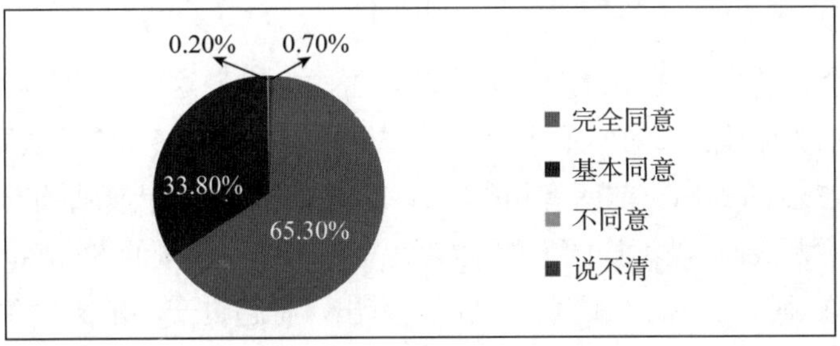

图 6-7　对于“马克思主义具有强大而持久的生命力”的看法的调查

(二) 奋斗目标模糊

本次调查中，有 32.3%的被调查者表示没有明确的奋斗目标。访谈：男生，2015 年入学，空间与物理学院学生，来自中小城市。当笔者问及他在刚进入大学时有没有给自己制定目标或者确立奋斗方向时，他说，作为一名大一新生，全新的生活环境和新鲜的事物曾经让他陷入迷茫，并难以找到奋斗的方向。许多大学生在校园内外经商、泡网吧、玩游戏，并将眼前的蝇头小利视为自己的奋斗目标。

(三) 三观扭曲

在信息技术高度发达的今天，大学生的人生观、价值观、世界观发展面临前所未有的巨大冲击。当前，人生观、价值观、世界观教育方式明显滞后，相关信息传播手段不够丰富，导致部分大学生在人生观、价值观、世界观形成的关键时期没有形成科学的人生观、价值观、世界观，甚至有些大学生以赚钱多少作为衡量人生价值的唯一标准。调查结果显示，对于“在社会主义社会，劳动和奉献是人生价值的评价标准”这一问题，24.3%的被调查者“非常认同”，48.1%的被调查者“比较认同”，12.7%的被调查者“不太认同”，8.2%的被调查者“不认同”，还有 6.7%的被调查者表示“说不清”(图 6-8)。前两者相加，共有 72.4%的被调查者认同人生价值的评价标准是劳动和奉献；后三者相加，共有 27.6%的被调查者对人生价值的评价标准是劳动和奉献不认可或认识模糊。由此可见，相当一部分大学生对于人生价值没有科学的认识。

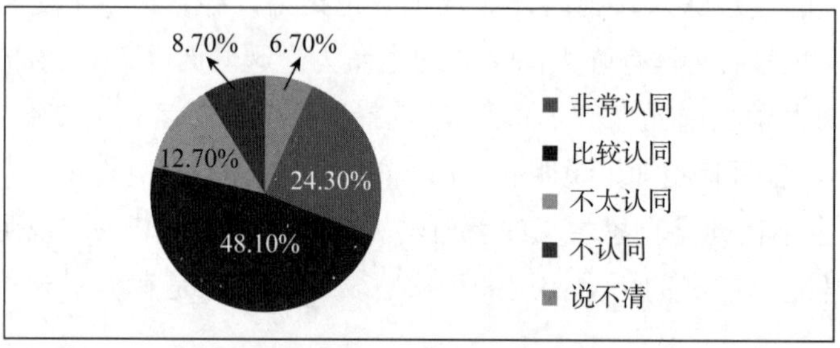

图 6-8　对于“在社会主义社会，劳动和奉献是人生价值的评价标准”的看法的调查结果

对于“拥有金钱的多少是衡量一个人成功与否的标准”这一问题，4.8%的大学生“非常认同”，29.9%的大学生“比较认同”，“不太认同”者占 34.2%，“不认同”者占 21.4%，“说不清”者占 9.7%(图 6-9)。前两者相加，即 34.7%的大学生认同拥有金钱与成功有直接关联；而表示“不太认同”“不认同”的大学生占调查样本总量的 55.6%，表示“说不清”的大学生占样本总量的 9.7%。从调查结果可以看出，有超过一半的大学生能够客观、辩证地看待金钱与成功的关系，至少他们对于个人成功的判断标准并非单一金钱化。然而也有超过三分之一的被调查者认为金钱就是衡量成功的主要标准，甚至是唯一的标准，这些同学的状况应该引起高校教育工作者的密切关注，对其加以分析，找到应对方法。

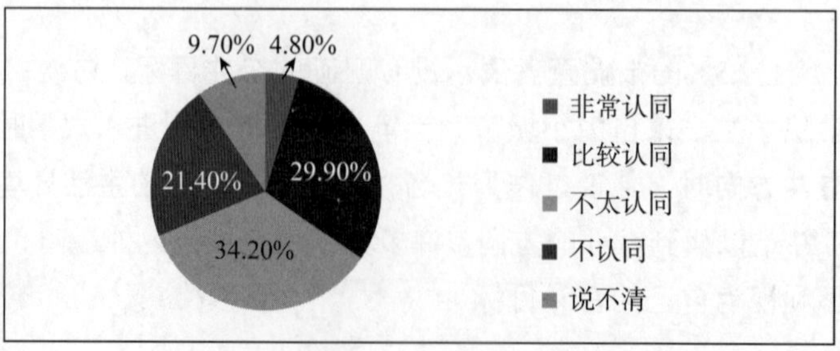

图 6-9　对于“拥有金钱的多少是衡量一个人成功与否的标准”的看法的调查结果

(四) 社会责任感缺乏，集体荣誉感缺失，利己主义思想盛行

古语讲：“国家兴亡，匹夫有责”。在调查中发现，部分大学生基本不关注当前社会的热点事件，如党风廉政建设、推进法治社会建设等，甚至有相当一部分大学生对班级工作也不关注。在对“如何看待社会上部分官员利用职权为子女铺路的做法”这一问题的回答中，7. 31%的人选择“赞同，可以理解”，18. 40%的人选择“只要对自己没影响就无所谓”，26. 86%的人选择“不认同，但能理解”，33. 64%的人选择“痛心疾首，坚决抵制”，13.79%的人选择“可惜自己没这条件”(图6-10)。由调查结果可见，多数大学生对以权谋私的现象是持反对态度的，但也有一小部分大学生对此漠不关心，被调查中有18. 40%的人认为只要不影响自身利益即可，抱着“事不关己，高高挂起”的态度。

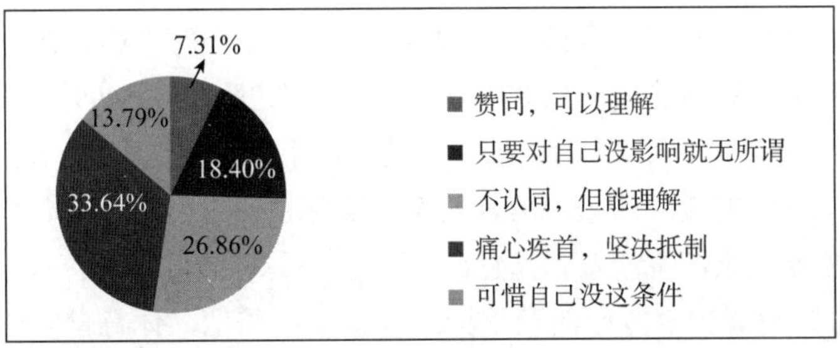

图 6-10 如何看待社会上部分官员利用职权为子女铺路的做法的调查结果

访谈：男生，空间与物理学院的学生，来自中小城市。在被问及如何看待“人不为己，天诛地灭”这个观点时，他说道：“独生子女是现在大学生的主体人群，大多数人从小就过着以自我为中心的生活，认为人人都要为他服务。况且当前社会竞争日益激烈，大学生就业形势越来越严峻，一些大学生开始更加关注自身的利益，认为社会、集体与自己毫无关系，信奉‘人不为己，天诛地灭’的偏激思想。”

(五) 道德认知与道德行为分离

在关于大学生道德状况的调查研究中发现，绝大多数大学生的道德认知是正确的。但是当前社会文化急剧变革、各种观念激烈碰撞，从某种程度上影响了大学生的道德认知和道德行为，从而导致部分大学生出现了知行分离的现象。虽然大学生具备一定的道德认知水平，但在实际生活中，他们的道德认知却常常无法落实到自己的行为中去。

(1) 诚信缺失。大学生行为的诚信度也并不乐观，主要表现为：以考试作弊为主要形式的学业诚信缺失；以大学生毕业后不按时偿还助学贷款为主要形式的经济诚信缺失；以就业时简历造假为主要形式的就业诚信缺失。在调查是否认为平时旷课、考试作弊、无故拖欠学费、故意不偿还助学贷款、论文抄袭等行为是诚信缺失的表现时，有 90.43%的大学生认为这些行为是失信行为，9.57%的大学生认为这些行为不属于失信行为。通过调查结果可以看出，大多数大学生对于诚信的认知是正确的。但在实际行动中，在是否旷过课的调查中，回答从来没有的占 9.5%，偶尔旷课的占 68.8%，经常旷课的占 18%，几乎不怎么去

上课的占 3.7%。关于高校中大学生违纪现象的调查结果显示，考试作弊是目前最常见的违纪事件，约占所有违纪事件的 38%。据有关报道：“某银行在贷款学生毕业后，找不到去向的贷款学生高达 45%，国有商业银行国家助学贷款坏账比例高达 10%”。2010 年《上海大学生求职路径调查》指出：“42.4%的毕业生在求职过程中有过违背诚信的行为，其中 13.3%的毕业生在面试时夸大自己的能力，还有 11.1%的毕业生曾在简历上作伪。”诚信缺失行为的屡屡发生，显示出大学生的诚信危机，给社会造成了当代大学生诚信度普遍下降的不良印象，从侧面反映了大学生知行分离的道德现象，进而影响大学生人格的健全发展。

(2) 社会公德淡漠。问卷调查显示，有98%的大学生认为在公共场所吸烟、乘车不讲秩序是不道德的，却有 22.3%的大学生经常在公共场所吸烟，65.7%的大学生偶尔在公共场合吸烟，只有 12%的大学生表示从不在公共场合吸烟。30%的大学生表示乘车时经常不讲秩序，51%的大学生乘车时偶尔不讲秩序，19%的大学生乘车时严格按照乘车秩序。对于校园里存在的浪费行为，97%的大学生对此行为持否定态度，其中 49%的大学生认为这种行为缺乏道德修养，48%的大学生认为这种行为是一种不良习惯；仅有 3%的大学生认为这种行为反映了当代大学生的潇洒风采。但是我们在实际生活中经常在食堂和学生宿舍中看到许多大学生随意丢弃饭菜，不能做到光盘。

(3) 道德要求和道德评价方面的双重标准。访谈：男生，体育学院的学生，来自某县城。当被问及“你是否会和你遇见的不道德现象作斗争”时，他说：“每次碰见这种事情，我的心里非常气愤，但出于理性考虑，去不去与这些事情作斗争，还是要根据具体情况来决定，如果这件事情直接危及我自身的利益，我肯定要出手的。但如果和我没什么关系，那还是多一事不如少一事。”不止一位大学生是这样回答的。这种感性上知道应该与不道德现象作斗争，理性上又认为要具体情况具体分析的心态，可以反映大学生对不道德的现象持双重标准，而是否危及自身利益是其中的关键考量。

另外，目前流行于各高校的所谓“课桌文化”“涂鸦文化”“占位文化”；上课时无视课堂纪律，不尊重老师、睡觉，吃东西、玩手机；平时抄袭作业；宿舍中聚众赌博；使用庸俗网名，发送不文明短信等现象比比皆是。而相当一部分同学对这些不道德、不文明现象见怪不怪，熟视无睹，甚至觉得是正常现象。这种态度必然会对大学生的人生价值观带来恶劣影响，进而对社会主义核心价值体系的建设产生负面影响。

(六) 对宗教的认识模糊

目前，仍有个别西方国家企图推翻我国的社会主义制度，以宗教的名义，通过网络进行各种反动言论的宣传，是西方自由主义对当代大学生进行思想渗透的主要形式之一。这些所谓的“宗教”宣传，针对当前一些大学生的精神需求，同时辅以各种利诱，而大学生正处于好奇心强、易冲动、政治敏锐性差的阶段，容易上当受骗。据调查，我国在校大学生中，15.68%的人有宗教信仰，25.11%的人对宗教有兴趣，高校和社会应对这种情况给予高度的关注和重视。

一部分刚开始大学生活的新生，第一次远离父母，第一次独立生活，第一次独自面对陌生的环境，不可避免地会感到迷茫，没有清晰的奋斗方向，如果不能及时加以引导，可能会随波逐流，丧失了高尚的理想追求。还有一部分大学生在市场经济的影响下，觉得理想和信念不过是说教的东西，与现实脱钩，因而没有必要去追求，所以他们只关注眼前利益，追求现阶段的满足。大学生理想和信念的缺失，不但对其个人的成长有严重影响，甚至会给社会和国家的和谐发展带来危害。

三、意志力薄弱

部分大学生缺乏坚强的意志力，主要表现在以下 4 个方面。

(一) 惰性强，进取意识薄弱

调查问卷中对“毕业后最希望的工作状态”这个问题设计了 6 个选项，分别是专业对口，符合自己的兴趣，能够满足家人的期望，工作稳定、轻松，拥有一定的权力和社会地位，以及为人民服务，33.55%的大学生表示最希望的工作状态是工作稳定、轻松，占比最高。

访谈：某专升本毕业生。他说：“专科毕业时，为了逃避找工作的压力选择专升本，现在要毕业了，就想找一份稳定并且轻松的工作，最好能够契合自己的兴趣、爱好。如果找不到，会考虑考研。大学校园的生活太安逸了，已经没了刚进校时的激情与活力，并且身边的大部分同学都选择考公务员或教师岗位，这已成为大学生就业的主流。”

总体来看，随着我国社会主义建设的不断推进，经济条件持续改善，社会持续进步，越来越多的大学生得以在优越的教育环境中成长，然而部分大学生在这种养尊处优的环境中变得安于现状、不求进取。当今社会，竞争较以往任何时期都更激烈，调查数据表明，找一份相对稳定、轻松的工作成为大学生们逃避就业压力的首选，甚至个别大学生选择读研究生不是为了继续深造，而是为了逃避就业压力。在大学期间，很多人曾经对自己的职业发展做过规划，但遇到困难时，部分同学就会想到改变规划甚至放弃。另外，据报道，做事情有拖延现象的大学生占到 70%，这与我们平时工作中所见相符合，譬如很多同学平时上课敷衍了事，期末考试前才临阵磨枪，熬夜复习；每次作业都是在交作业的最后期限才草草完成；踩着上课铃声到教室；等等。这都是惰性的具体体现。而惰性的根本是意志力薄弱，这会严重危害大学生心理的健康成长，影响其学习和生活，倘若不能及时纠正，将导致这些大学生在激烈的社会竞争中被淘汰。

(二) 独立意识强，自控能力差

很多大学生都是从小在父母长辈的呵护下长大的，随着生理和心理的逐渐成熟，他们向往独立和自由。特别是进入大学后，他们可以主宰自己的生活，自由支配自己的时间。

与此同时，与之前一切学习、生活都是在父母的安排和监控下完成的相比，这突然的独立使他们无所适从，表现出较差的自我控制能力。对于问卷中“如何处理学习与娱乐时间的冲突”的调查，选择先学习后娱乐者占 38.34%，选择先娱乐后学习者占 37.68%，选择只学习不娱乐者占 13.71%，选择只娱乐不学习者占 10.27%(图 6-11)。另外，一部分同学明明知道沉迷于网络是不对的，但还是抵挡不了网络游戏的诱惑而沉迷其中。对于已是成年人的大学生来讲，对学与玩的关系不能很好地处理，充分说明其自控能力差。

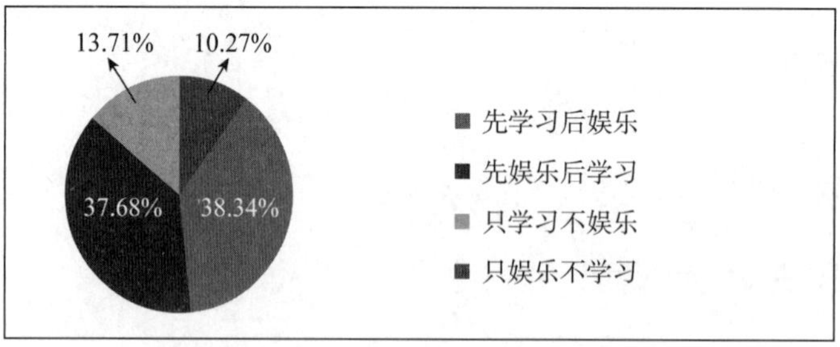

图 6-11　如何处理学习与娱乐时间的冲突的调查结果

(三) 依赖性强，自理能力弱

访谈：某男生，经济管理学院的学生，大四。这位同学是一名学生干部，平常协助学院老师做学生管理工作。在谈及“当今大学生自理能力现状”时，他说：“我是一名学生，同时又参与学生工作，所以对这个问题感受较深，现在许多同学自理能力比较差，刚开始协助老师做学生管理工作那段时间，有一次检查学生宿舍卫生，有的宿舍卫生脏、乱、差，甚至有的同学不会洗衣服，从不扫地，吃完饭不洗碗。”总体来看，如今在校的大学生多为“95 后”，且多为家中独子，从小在家人的呵护下成长。但也是这种环境导致当代大学生对父母依赖性过强，自理能力弱，尤其在独生子女身上表现得尤为明显，生活中如此，心理上同样如此。相当一部分同学不管做什么都要向父母汇报，大到学生会竞选，小到购买日常生活用品。

(四) 自我期望值高，心理承受能力差

当大学生们被问及如果在大学生活中遭受到不公平待遇，你会做出什么选择时，调查结果显示，25.2%的大学生选择自信心受到打击或者会抱怨社会，只有 22.2%的大学生选择化不平为动力。这个结果揭示，大部分大学生的心理承受能力较差。现实生活中的案例比比皆是，例如众所周知的山东省临沂徐玉玉诈骗致死一案，当时这个事件在社会上引发了非常大的轰动。2016 年 8 月 21 日，徐玉玉去世，年仅 18 岁。按照原计划，当年 9 月，徐玉玉将顺利地成为南京邮电大学的大一新生，但在开学前，骗子打着教育局工作人员的旗号，以帮助徐玉玉领取教育局助学金为手段，骗走了其人民币 9 900 元，徐玉玉发现上当后，因无法接受这一现实，伤心过度导致死亡。我们在谴责骗子丧心病狂的同时，也应该

明白如果徐玉玉的心理素质不那么脆弱，也许就可以避免这样的悲剧发生。有关报道显示，目前的大学生中，60%以上的人心理承受能力不过关，当他们离开父母的保护，开始相对独立的大学生活时，任何一点不如意，比如考试没考好、感情受挫等，都可能导致他们产生负面情绪和极端行为，甚至发展成心理疾患。

第四节　大学生人格发展的影响因素

大学生健全人格培养体系作为具有系统性特点的培养体系，不但会受到学校教育环境的影响，也会受到社会、家庭和大学生个体等因素的制约。正确分析大学生人格发展的影响因素，有利于进一步完善大学生健全人格培养体系。

一、社会环境因素的影响

(一) 中国传统文化的影响

文化就是力量。文化作为一个国家的软实力，具有号召民众、凝聚人心、培养人格等无形却又巨大的力量。中国俗语讲，“一方水土一方人”，没有特定文化的滋养，人民的人格形成便成为无本之木，没有持续发展的可能。所以，文化对于人格的养成就相当于养育一方百姓的水土，在中华五千年源远流长的历史中一以贯之，成为中华民族生生不息、团结奋进的不竭动力。

中国传统人格就是建立在中国古代漫长的自然经济之上，反映和维护宗法等级关系的合理性存在。儒、道、佛三家是中国思想的主流，它们之间相互补充成为博大精深的中国文化的一部分。其中，儒家积极入世的实践精神及深厚的历史感、道德感，从各个方面体现出了自然经济下的生产方式和政治格局的特点，构建了一整套以家族为中心的伦理秩序，成为中国传统文化主流之核心，是中国人价值观的主体。在漫长的历史演变进程中，儒家思想中的崇德贵民、孝悌和亲、远神近人等文化取向渗透到中国社会各个方面，也渗透到了中华人民的骨髓中，使每个中国人的人格都不可避免地带有传统的力量。传统道德旺盛的生命力和强大的影响力，对中华民族精神和个体道德人格的塑造、养成，发挥着举足轻重的作用。对于当代大学生人格的培养难以摆脱也不能摆脱传统文化的影响，中国传统文化既为大学生道德人格的塑造提供了诸多的理论资源，同时又是许多人格问题产生的来源。

(1) 中国传统教育中重视德行培养，这种传统孕育了中华礼仪之邦，培养了温文尔雅的中华人民。 但是这种传统的理想人格对“知”的追求始终处于对仁道的追求之下，导致传统教育重视德行，相对轻视认识活动、智力行为，使得中国人在对人、对事的评价中重视道德和情感的评判，科学精神相对缺乏。改革开放以来，为了培养科技人才，学校教育偏重应试教育，许多中国传统的道德、精神追求被忽视，导致了学生道德感的缺乏、人文精神的失落。科学精神在满足人的物质需要的过程中扮演着重要的角色，但是如果仅有科学的进步却缺乏深层次的道德人格精神，科学并不能走远，最终科学这把双刃剑必然伤害自己。今天，在新时代中国特色社会主义现代化的建设中，怎样使大学生在人格培养中协调好德行追求与科学求实精神的关系，使德智相配，是大学生人格培养过程中不可忽视的重要问题。

(2) 传统文化宣扬人伦的重要性、秩序性和成功的秩序规范，这种规范促进人与人之间和睦相处的社会秩序的形成，是中华民族在漫长历史中巨大的凝聚力产生之源，但在一定程度上压抑了个体的个性，使得我们多了谦恭，但却少了好奇心。在这样的环境中培养出的大学生缺乏幽默感、好奇心、想象力、求知欲，必然导致个性、创造性的缺失。

(3) 中国传统文化对人的重视表现为对群体的重视，重视集体主义，这很可贵，但是，这种思想在一定程度上轻视了个人的自主性、能动性和创造性。当前，东西方文化激烈碰撞、融合，大学生阅历尚浅，引导他们正确认识集体主义和人本主义精神的辩证关系，既要以人为本，重视个体的生存和发展需要，同时又要发扬集体主义精神，使中国的传统道德精髓与现代人本主义精神融会贯通、取长补短，成为大学生人格健全发展的精神之源。

总之，中国传统道德作为中国文化的核心内容，历经几千年的发展，已经渗透到中华民族的灵魂中，沉淀在中华民族的道德认识和道德心理中，已经成为中国人自然而然选择的道德行为。那些服务于封建统治、自然经济的没落思想，与今天的市场经济发展、全球化潮流、创新性追求相矛盾，也不利于大学生人格的养成，需要抛弃。中国传统文化中的优秀美德历经千年依旧散发光彩，今天仍旧是广大大学生人格培养的重要影响因素，值得我们辩证地分析，以期在大学生人格培养过程中发挥巨大的力量。

(二) 市场经济的影响

随着市场经济的发展，市场经济的利益价值取向成为整个社会经济的共识。

(1) 市场经济的根本目的是追求利润的最大化，这与我国传统的舍生取义、耻于言利等价值观相悖，也使得当代大学生的人生价值观发生不可避免的改变。相较于传统思想，当代大学生一改羞于言利的状态，在积极奉献社会的同时，敢于积极追求个人经济利益。但是，市场逐利的本质和西方资本主义思想的渗透，也会诱导人们在价值取向上一切以个人经济利益为主，重利轻义，一切向钱看齐，从而忽视个体对社会经济和精神文明建设的作用。同时，由于市场经济具有盲目性和自发性的特点，会导致大学生人格形成过程中出现价值取向浅表化、短期化，使得大学生局限于个人利益、局部利益和眼前利益。

(2) 市场经济的等价交换原则培育了人们的平等、公正观念和民主意识，当代大学生重视个人价值，追求自由和平等，参与意识和民主意识明显增强，但一旦等价交换原则渗透到思想道德领域则会带来很多负面影响。优胜劣汰、适者生存的市场法则使当代大学生更具竞争观念和效益观念。他们敢于创新、勇于进取，具有危机感，不再信奉知足常乐、中庸主义等观念，而是积极参与竞争，追求自我完善和发展，表现出积极进取、不甘落后的精神，但同时也出现了一些采取不正当手段达到个人目的的行为。

(3) 市场经济强调人的主体性、自主性、独立性，这使得当代大学生的独立意识、自主意识、自我意识明显增强。他们不再盲从附和，有着自己的独立思想和观点。但是，主体意识和自我意识的强化又容易导致个人主义思想和行为，不少大学生出现集体观念淡化、价值取向自我化的倾向。他们热衷于自我设计，强调自我得失，立场向个人本位偏移。

(三) 经济、文化全球化的影响

毛泽东同志曾强调："对于外国的、西方的文化，必须反对'全盘西化'的做法，但'凡属我们今天用得着的东西，都应该吸收'"。外来文化大量传入，与传统文化激烈碰撞并深度融合，在一定程度上导致了我国文化市场的鱼龙混杂和国人民族心理的动荡，甚至有些人提出应该用西方的文化全面清算中国文化，也有人主张全面恢复传统文化、与西方文化抗衡等极端做法。不管这些说法和观点孰是孰非，可以肯定的是，我们不能否认包括西方文明在内的世界各民族文化的优秀成果，但是也不能否认当代大学生在人格发展中出现的许多问题与经济、文化全球化带来的冲突密切相关。如果没有社会主义核心价值观的引导和规范，那么，在全球化浪潮中，我们不仅不能充分吸收世界各民族文化的精华，不仅不能实现中华民族传统人格的超越和进步，相反，还可能会导致大量的分裂、矛盾、畸形人格的产生。

目前，文化出现多元化选择与经济利益的多元化和各种外来文化的进入具有不可分割的关系，在这种多元文化中，以马克思主义为指导思想的社会主义核心价值体系是我们在应对文化多元化乃至文化霸权主义扩张过程中，引导大学生树立正确的人生观、价值观和世界观的航标。古今中外，所有的发展历史都证明，一个民族要想站在时代的高峰，没有自己的精神和灵魂，就像一个缺乏目标和方向的人，其奋斗必然是无果而终。坚持社会主义核心价值观的引导，那么不管是民族文化的成长，还是社会稳定，乃至当代大学生健全人格的培养等具体问题，我们都能够赢得主动。

二、家庭环境因素的影响

家庭是个体接受社会影响的第一场所，是一个人开始认识社会规则和建立行为规范的第一课堂，父母是一个人人格形成的模板。和谐的、充满爱的家庭环境是一个人健康成长的乐园，如果一个人在家庭中感觉不到爱和安全等积极的能量，就有可能造成其成年后的人格缺陷。因此，家庭在个体的成长和发展中具有重要和深远的影响，家庭结构、父母的教养态度和方式、父母的受教育程度及自身的文化素养、家庭经济状况等对大学生人格的形成和发展都有着深刻的影响。

(一) 家庭结构的影响

家庭结构是指组成家庭的成员之间互相影响、互相作用的状态，以及基于这种状态形成的相对稳定的联系模式。对于目前在校大学生的家庭成长环境而言，涉及的存在问题的主要家庭结构类型是单亲家庭和隔代抚养家庭。

单亲家庭作为一种家庭形式早已存在，但是近年来，随着离婚率的上升，单亲家庭大量增加，带来了单亲家庭子女的一系列社会问题。

在个体成长的过程中，家庭结构稳定，家庭成员关系和睦，则个体容易形成友善、乐观、诚实、热情的性格，具有良好的团队精神，乐于和别人合作，乐于且擅长组织、参加各种集体。个体成长的家庭环境和谐、有爱，会带给个体一种安全感，这种从小就有的安全感会让个体的性格沉稳，情绪稳定，能够冷静应对生活中遇到的各种问题。父母关系紧张的家庭没有温馨、和谐的家庭气氛，子女体会不到应有的安全感，会觉得自己是多余的，时时会有恐惧感，没有自信，缺乏安全感。长期生活在缺乏爱和温暖的家庭中的孩子，较家庭幸福的孩子更易形成偏激、多疑、敏感、自卑、自私、敌对、人际关系紧张等人格特质。

隔代抚养的现象，我国自古就有，但主要是因为父母去世导致。20 世纪 80 年代以来，随着经济发展，劳动力的流动性不断增强，大量农村青年涌入城市打工，造成了农村已婚青年的子女在农村由祖父母抚养。目前，隔代抚养的现象主要存在于农村家庭。在隔代抚养的家庭中，子女与父母的长期分离使他们缺乏父母的关怀和引导，愤怒、失落、焦虑和担忧等不良情绪得不到有效排解，长期积累，情绪情感的发展极易产生异常和偏离，导致人格的不健康发展。来自祖辈的关爱在一定程度上可能会减弱与父母分离对子女形成的消极影响，但由于祖辈的情感表达不恰当或溺爱，又会导致隔代抚养的孩子做事拖拉、依赖性强、生活适应性差等。

当今大学生的主体是 20 世纪 90 年代以后出生的，家庭结构不可避免地会影响他们的人格发展。

(二) 父母的教养态度和方式的影响

父母的教养态度是指父母对子女抚养、教育过程中所采取的一套特有的态度模式。研究表明，父母在教育子女时，如果态度和善，情感沟通多，理解子女的内心世界，则容易得到子女的情感应答，这类大学生情感外露、好交际、开朗活泼。如果子女不能够得到父母的温暖、理解、接纳和肯定，这类大学生会独断专行、冷峻、焦虑，负面情感多。

父母的教养方式是指父母在抚育子女的过程中采取的行为方式，是一种有延续性、相对稳定的状态。在所有影响个体发展的家庭因素中，父母的教养方式对个体人格发展的影响最大，也最为直接。民主型的家庭中，父母与孩子的关系和谐，孩子积极乐观，待人礼貌、热情，学习努力、勤奋，有社交能力，有创造精神，能够很好地独立思考；专制型的家庭中，孩子行动受到限制，孩子的言行要绝对依从父母，子女处于被支配地位，体验不到家庭的温暖，被限制了创造性，很容易造成孩子与父母的关系破裂，子女在父母面前规规矩矩，不在父母面前则无拘束，缺乏自信心和自尊心，容易形成不诚实的毛病；放纵型的家庭中，父母对孩子百依百顺，从不打骂孩子，重视子女的要求，孩子往往热情、善良、顺从，但由于父母过分迁就和溺爱，孩子很容易形成自私自利、缺乏责任心、以自我为中心等不良的人格特征。

(三) 父母的受教育程度及自身的文化素养的影响

父母的受教育程度及自身的文化素养会对大学生人格的健全发展产生一定的影响。受教育水平及自身文化素养较高的父母，追求知识、关心社会、积极参与社会文化活动，懂得并且也有能力营造有利于子女健康成长的家庭环境和气氛。相关研究表明，父母的受教育水平及自身文化素养越高，子女与父母的亲子关系越好，子女的自制力、求知欲、思维水平等越高，父母对子女的关注程度较高。还有一部分受教育水平及自身文化素养较低的父母自身无所追求、得过且过，对子女的人格发展容易产生消极影响。

(四) 家庭经济状况的影响

家庭经济状况对大学生人格形成也有一定的影响。在我国，几乎所有的在校本科生的主要经济来源是家庭供给。调查发现，家庭经济状况较好的大学生大多具有乐观、开朗、活泼、豁达等优秀品质，但也容易因脱离家庭优越感而产生脆弱感，或者因过于自信等表现出高傲、自大等性情。家庭经济状况较差的大学生则多具备勤奋、努力、勤俭、朴实等优点，但也不乏滋生因自身条件不如他人而产生自卑、孤僻、心理压力过大等人格问题。由此可见，家庭经济状况是影响大学生人格发展的又一因素。

三、学校教育因素的影响

在大学生健全人格的形成和发展过程中，学校教育是有巨大影响的因素之一，学校的教育理念和教育模式，学校环境，同学之间、师生之间的人际关系，以及学校的心理指导和咨询工作开展情况均对大学生的人格形成和发展有着不同程度的影响。

(一) 学校的教育理念和教育模式的影响

教育是打开人生成功之门的钥匙。新中国成立以来，我国的高等教育系统成为培养社会主义新型人才的坚实平台，也为大学生健全人格培养和发展提供了有力保障。但是，从客观上讲，目前我国高等教育体系的观念、体制、模式等，落后于世界先进水平，进而影响了大学生健全人格的形成和发展，主要体现在以下方面。

(1) 人格教育观念的偏差。由于历史原因，一直以来，我国高等教育一味地强调理论知识的灌输和科学技能的训练，而对于大学生的人文素质教育和健全人格培养的关注少之又少，没有发挥出这方面的教育功能。对学生的情感问题不能敏锐察觉和准确引导，对学生的日常生活不能提供健康、有效的指导，在一定程度上影响了大学生健全人格的培养和发展。

(2)“注入式”的传统教育模式不利于提高个体的创新意识和创新能力。加之相对封闭的教学环境，使大学生缺乏社会实践和社会交往等能力，导致大学生毕业后茫然失措，不能从学生顺利切换到职员身份，如果不能及时调整，可能变得困惑、茫然、失去信心。

(3) 长期以来的应试教育导致招聘单位人才选择高学历化。如果找工作的过程不太顺利，部分大学毕业生易产生焦虑、抑郁、自卑等负面情绪，最终可能会影响这部分学生的人格发展。传统教育模式重视成绩，忽视了学生的全面发展需求，导致部分学生毕业后与社会脱节，也导致一部分人不满这种体系，进而出现厌学情绪和应付专业学习的现象。

(二) 学校环境的影响

(1) 从校园物质条件来看，科教兴国、优先发展教育是我们国家目前的基本策略之一。围绕科教兴国这一伟大战略，国家和社会投入大量资金用于改善高校的基础设施等，高校的整体物质环境明显改观，基本实现了高校教育的现代化，也为大学生健康成长和发展打下了坚实的物质基础。但是因为我国目前仍处于社会主义初级阶段，社会生产力水平整体较低，而且不同地区间经济发展不平衡，尤其中西部部分地区经济仍较落后，导致有些高校的办学经费不充足，影响了校园基础设施建设和办学条件的改善，也极大地影响了大学生健全人格的成长和发展。

(2) 从校园文化氛围来看，校园文化活动是高校生活不可或缺的一部分，是高校文化建设的重要方式。多姿多态、内容各异的校园文化活动，锻炼了大学生的社会活动能力，满足了他们的文化需求，丰富了高校精神文明建设的形式。学术氛围浓厚、专业要求较高的校园文化活动不断增多，既活跃了校园文化，又加深了学生对专业知识的理解，开拓了学生的科研能力。但由于市场经济中某些消极因素的影响和活动组织者的局限，校园文化活动的质量参差不齐。尤其近年来，社会上各种综艺节目泛娱乐化倾向严重，此类文化活动在大学中也屡见不鲜，直接拉低了校园文化活动的水平，削弱了校园文化活动积极向上的教育功能。

(3) 从校园学术氛围和学习环境来看，具有浓厚学术氛围和学习环境的高校，更有利于培养大学生的探索精神和科学素养。

(4) 从学校周边环境来看，校园周边环境复杂，酒吧、网吧等娱乐场所增多，使大学生变得浮躁和不安，在一定程度上导致大学生人格发展问题不断。

(5) 从教育工作者本身应该具备的专业知识和人格修养来看，教师具有示范作用，教师的思想、行为、学识、作风和品格潜移默化地影响着学生，是任何道德箴言和奖惩制度都无法取代的力量。国家为高校思想政治教育投入了大量的人力、物力、财力，但是教师人格的完善体系还不成熟，受社会上不良风气的影响，一些高校教师的思想境界不高，对高等教育事业缺乏应有的责任感和事业心，学术上急功近利，存在不正之风，对大学生的人格发展产生负面影响。所以在人格培养的实践中，不仅要求教师具有渊博的知识、现代的理念，更要求教师具有为人师表的人格魅力和道德感染力，这种感染力对大学生的人格形成有着潜移默化的巨大影响，甚至会影响大学生人格发展的方向。

(三) 校园人际关系的影响

校园人际关系是指大学生在与周围人群互动的过程中形成的人际关系状况，包含师生关系、同学关系、寝室关系、恋爱关系等，校园人际关系对大学生的成长、成才和健全人格的形成与发展有着不可低估的作用。校园人际关系是否和谐，不仅对大学生学习专业知识的积极性有影响，更对大学生健全人格的发展有明显的影响。人际关系融洽的大学生，性格开朗、注重学习与成就，乐于与别人交往，乐于帮助别人，而人际关系较差的大学生往往因没有朋友而感觉孤独，心理健康状况较差，常常表现出压抑、敏感、自我防卫，难于合作的特点。所以，我们要积极创建优良的校园人际环境，对于人际关系较差的同学进行及时的疏导和教育，进行必要的人际交往训练，这对大学生健全人格的塑造有着重要的意义。

(四) 学校的心理指导和咨询工作开展情况的影响

目前，部分高校缺乏专业的心理咨询和指导，缺乏对大学生正确价值观念的培养和理想信念的引导，与时代发展的要求还有一定的差距，导致许多大学生在学习生活中遇到的心理问题得不到科学、有效的指导，出现价值观念冲突、心理困惑、心理疾患时得不到及时的咨询，从而导致更加严重的人格问题的出现。

四、个人因素的影响

(一) 生理因素的影响

生理因素，如先天遗传等，在人格的发展中虽不起决定作用，但是它对大学生人格形成过程中自我评价和自信心的影响是不容忽视的。大部分大学生正处于身体生长发育的末期，身体形态和身体的机能已基本定型，并因为遗传和发育等因素而存在一定的差异，而这种差异也影响着大学生人格发展的差异。一些大学生在谈恋爱、找工作时，比较注意自己的身体和脸部形象，他们希望自己的外在形象能够符合现代人的审美要求。如果自身外部条件较好，自己较满意，并能受到外部的认可和赞许，这将大大增强他们的自信心；反之，就会大大降低他们的自信心，甚至使他们产生自卑感。由于每个人成长的教育环境、家庭生活环境、社会环境等不同，使得每个大学生的性格特征和心理素质不同，有些大学生在意识到自己生理上的不足时，能积极对待，采用努力学习或者取得其他方面的成就来进行弥补，但有些大学生则会消极地屈从于所谓的缺点，导致郁郁寡欢、自卑、不愿与人交往。长期的抑郁、自卑、焦虑不但会影响大学生的日常生活和学习，更会使大学生对生活缺乏兴趣，对未来失去信心，进而产生心理疾病，导致人格缺陷和障碍。

(二) 自我意识的发展水平的影响

自我意识的发展水平是人格发展水平的重要标志，可以反映个体人格发展的重要特征。对于大学生来说，自我意识逐步成熟，但由于年龄、成长环境、社会化程度等差异，自我意识的发展程度也存在差异。例如，有的大学生初中、高中就离开父母，开始住校，自理能力较强；而大多数大学生都是第一次离开父母独自生活，特别是独生子女，对父母的依赖性较强，欠缺社会经验。还有一些家庭较贫困的大学生，可能很早就开始分担家庭的重担，利用寒暑假打工，减轻家庭生活负担。多种原因造成了大学生心理和思想发展情况的差异，导致自我意识发展水平程度不一致。而自我意识发展水平的不一致也导致大学生人格发展的水平不同。一般来讲，自我意识发展水平高的大学生，自我调节和对环境的适应能力较强，人格的发展较顺利；而自我意识发展水平低的大学生，自我调节和对环境的适应能力较弱，在人格发展中较容易出现问题。

(三) 价值观念的影响

价值观念是一种主观意识，是后天在知识的增长和生活经验的积累过程中逐步培养起来的，对人格的形成和发展具有重要的影响。个人的价值观一旦确立，就具有相对稳定性，大学生经过家庭教育、学校教育、社会教育后，通过自己的实践，逐步形成了自己的价值观念体系。由于个体的差异性，每个人的价值观念不尽相同。但一般情况下，大学生的价值观念体系协调，价值观的主要方面与社会主流价值观趋于一致，那么他的人格发展是适应社会发展需求的；反之，大学生会因为价值观念的冲突而导致人格的异化。

第五节　我国大学生人格培养现状、存在的问题及原因分析

我国高校对大学生人格培养问题已进行了几十年的探索，目前已取得了一定的成绩，但是由于高校在人格培养的认识和实践上还存在一些误区，影响着高校人格培养的效果。

一、我国大学生人格培养现状

(1) 高校在校教师和大学生对于人格培养具有一定的了解，但还不够深入。

在被访问的高校在校师生中，有52.4%的被访问者表示听说过人格培养或者人格教育，而表示没有听说过的占31.5%，说不清的占16.1%(图6-12)。也就是说，有将近一半的在校师生不了解什么是人格培养。

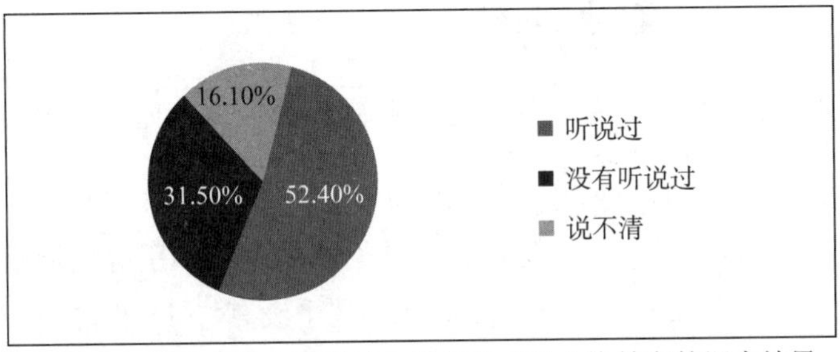

图6-12　关于有没有听说过人格培养或者人格教育的调查结果

(2) 人格培养的现实意义和重要价值得到了普遍认可，大多数在校教师和大学生认为高校对大学生进行人格培养非常有必要。

例如“在高校进行人格培养是否有意义”这一调查中，有38.6%的被访问者认为“有非常迫切的意义”，有47.6%的被访问者认为“意义较大”，认为“意义一般”的占到10.4%，认为“可有可无”的占到了3.4%(图6-13)。可见，大部分师生对于在高校开展人格培养持肯定的态度。

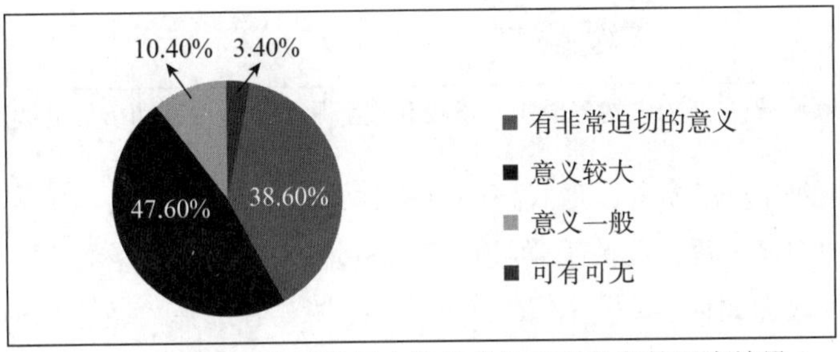

图6-13　关于在高校进行人格培养是否有意义的调查结果

(3) 高校承担人格培养工作的教师队伍较为复杂，以思政课老师和辅导员为主，一般没有专职的人格培养方面的教师。

在关于您所在学校开展人格培养的主要人员是谁的调查中，46.8%的人选择思政教师，45.4%的人选择辅导员，35.9%的人选择教辅人员，58.0%的人选择了大学生自身，还有13.5%的人认为高校没有人进行人格培养工作。

(4) 专业课程教学中人格培养的比重较小。

在关于您所在学校课堂教学中人格培养所占比重的调查中，有52.8%的被访问者认为需要增加，有 30.4%的被访问者认为特别缺少，只有 10.5%和 6.3%的被访问者分别认为课堂教学中人格教育的课时比重基本足够和很大(图 6-14)。

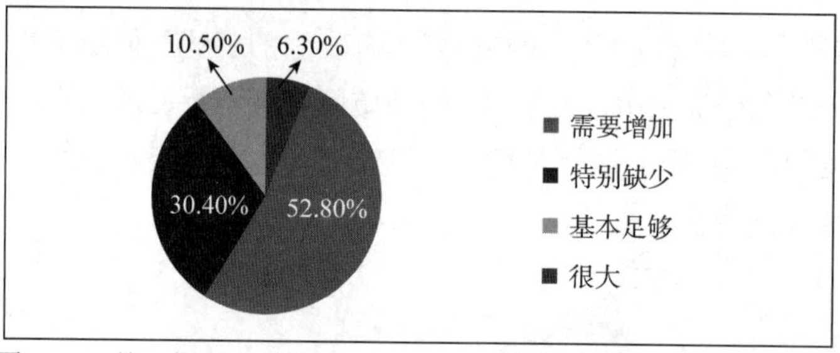

图 6-14 关于您所在学校课堂教学中人格培养所占比重的调查结果

(5) 在大学生人格培养过程中，学校、教师参与力度不够。

进行关于在您的人格养成中，学校和教师是否给予帮助和引导的调查时，有 57.6%的大学生选择“有，但不多”，24.7%的大学生认为“几乎没有”，11.2%的大学生选择“很多”，6.5%的大学生选择“没有感觉”(图 6-15)。由此可以看出，在高校，学校和教师参与了大学生的人格培养，但相当一部分学生认为学校和教师在自己的人格培养方面所起的引导和帮助作用不大或者没有帮助。

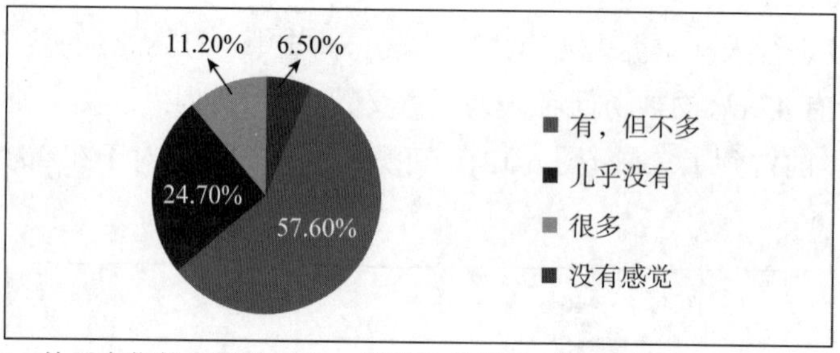

图 6-15 关于在您的人格养成中，学校和教师是否给予帮助和引导的调查结果

(6) 人格培养的内容较单一，形式还不够多样化。

在人格培养的内容方面，在关于学校进行人格培养的主要内容是什么的调查中，30.8%的被调查者选择“教你如何遵守纪律”，29.4%的被调查者选择“教你如何做人”，22.4%的被调查者选择“教你热爱学习”，8.1%的被调查者选择“美德教育”，还有9.3%的被调查者认为学校和教师没有实施人格培养(图6-16)。由此可以看出，我国高校在实施人格培养的内容方面约束性较强，而引导性和激发性还有待进一步加强。

在人格培养的形式方面，在关于当前学校进行人格培养的形式是什么的调查中，39.1%的被调查者选择理论教育，33.9%的被调查者选择口头教育，8.1%的被调查者选择实践培养，9.0%的被调查者选择自我培养，还有 9.9%的被调查者认为学校没有进行人格培养(图 6-17)。由此可以看出，目前，我国高校进行人格培养的方式大多是以理论和口头教育为主，通过开展实践活动来进行人格培养的高校不多，人格培养方式较单一。

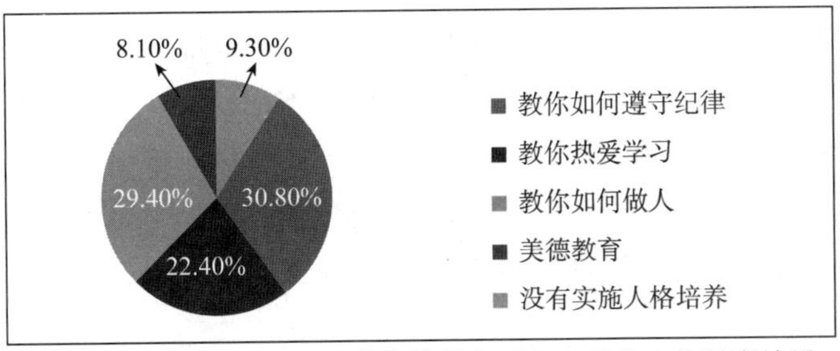

图 6-16　关于学校进行人格培养的主要内容是什么的调查结果

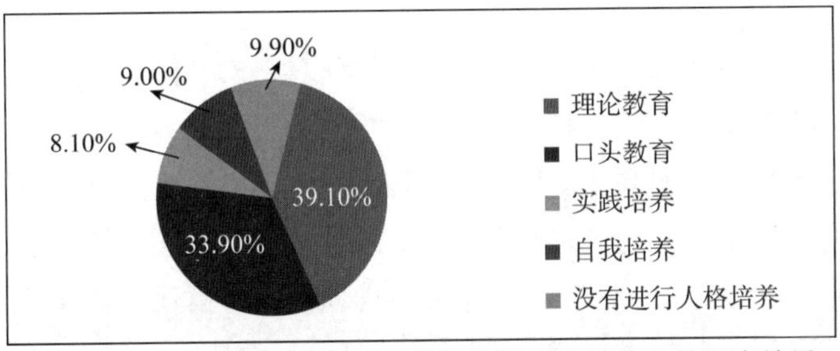

图 6-17　关于当前学校进行人格培养的形式是什么的调查结果

二、我国大学生人格培养中存在的主要问题

通过综合各类文献、归纳分析及实证调查研究，我们发现目前我国高校人格培养工作还存在一些问题，主要表现在以下几个方面。

(一) 人格培养地位弱化

同济大学的一项调查结果显示，在人格、知识和能力三者的重要性排序中，选择将“人格”排在第一位的同学占 43%，但是大多数大学生对人格的认识都很模糊。另外，我们此次调查的数据显示，在被访问的高校在校大学生中，有将近一半的大学生不了解什么是人格培养。由此看出，高校人格培养地位弱化现象较普遍。大学生中出现的人格问题还没有引起高校和教师的足够重视，人格培养地位弱化。虽然各个高校进行的思想政治教育、道德品质教育、文化素质教育及心理健康教育等具有一定的人格培养功能，但它们的简单组合并不能形成一个严谨、科学、有效的人格培养机制。还有许多高校提出了感恩教育、励志教育、诚信教育等有关大学生人格培养的口号，但并没有真正着手建立完整的人格培养系统，只是将大学生人格培养工作简单依托于心理咨询、心理健康教育过程中，或是将其并入思想道德课的范畴。直到如今，还没有高校将人格培养专门纳入学校育人体系之中，更没有形成一种思路清晰、操作可行的人格培养的教学理念。更有部分高校为了扩大办学规模和改善办学环境，往往将大学生人格培养的经费投入教学硬件设施的建设中，从而导致大学生人格培养所需的物质条件、师资和制度都得不到相应的保证。特别是一些教学资源相对紧缺的高校，更是忽视了对人格培养的组织、领导和宣传，出现人格培养无人管、没人做和没有条件开展的情况。正如陈秉公教授所言："学校教育省略了学生健全人格的培养、省略了学生丰富而均衡的精神世界的精心培养，在这种教育价值观的作用下，学生本应得到的道德情感和道德人格的培养也被无情省略了，一些管理者将学校简单地看作发展经济的工具，将学生按'工具'来培养，而不是按照'完整人'来培养……"①

(二) 人格培养目标不明确

人格培养的目标是高校整体培养目标的重要组成部分，是对大学生在知、情、意、行等各方面的规定，对高校的人格培养工作具有导向性。人格培养是以人为本的实践性活动，归根结底要体现在被培养的对象上。"千人千面，一面一心"，因此，人格培养的目标也应根据个体的差异而有所不同。通过对调查数据的分析，我们可以得出以下几点结论。

(1) 当前我国部分高校在人格培养中多采用管理倾向较鲜明的约束性培养模式。例如，教育学生要有远大理想，要报效祖国，要好好学习等。学校给予的成才导向是学习好才是好学生，这样就容易导致一些学习成绩不好的学生出现心理障碍，甚至衍生出其他不良的后果，如孤僻、冷漠、心理脆弱等。比如谈到奋斗、拼搏时，更多的是注重为什么要奋斗，但忽略了奋斗本身的价值，以及在奋斗过程中面对困难和挫折时该具有的品质的培养，在这样的教育理念下培养的学生，就容易出现学业顶尖但是情商低下，理想远大但是心理脆弱的特点。

(2) 部分高校树立的价值观导向太抽象或片面，不接地气。例如，有的高校提出学习的目的是为人民服务、为祖国奋斗、要做一个对社会有用的人等，教导学生要讲奉献、肯付出，却很少引导学生要懂得关心自己，要维护自身的正当、合法权益，号召学生要成为有崇高理想、远大抱负的人，而不是引导学生脚踏实地地首先成为一名能够适应社会的普通的合格公民。

(3) 当前我国部分高校的人格培养往往以培养学生的意识形态、政治理想、道德规范为重点，基本上是以政治教育和思想道德教育取代了人格培养，导致人格培养目标失衡。长期以来，以政治教育为纲，以思想品德教育为目，缺乏具体行为规范的和基本素质的灌输型教育方式，使得有关学生人格培养的教学活动流于形式，这种片面的、单方面的灌输往往导致让学生在有远大理想的同时，不知道远大理想的实现始于足下，始于当前每个人能做到的一点一滴，人格培养失去了立足的土壤，变成了"空中楼阁"。

(三) 人格培养内容简单、程序化

目前，我国大多数高校对当前大学生人格培养工作的任务、特点和规律等还缺乏足够

---

① 陈秉公. 论教育省略了什么[J]. 思想政治教育研究，2008(4).

的认识和研究，还没有完整的人格培养教育体系，也没有专业的人格教学课程，因此，人格培养本该具有的基础性地位得不到落实，人格培养的内容较狭窄，成为思想道德修养课的组成部分之一。在这种背景下，我国大部分高校进行的人格培养的方式基本包括思想政治理论课、思想政治教育与管理和大学生自我教育三个部分。思想政治理论课是相对比较严谨和规范的教学活动，但教学内容及形式程序化明显，基本都是关于如何树立正确的人生观、价值观、世界观的理论知识，强调道德修养、公德和美德意识，争做社会主义建设的合格接班人等内容，突出政治色彩，把塑造大学生的政治人格作为主要目标，教育目的是要求学生接受和掌握相关知识，忽视了对学生的心理人格和社会人格的培养。非课堂教学的思想政治教育与管理和大学生自我教育部分，基本上是通过学校的日常管理和文体活动来实现的，显得更为松散和随意，并且质量不能得到保证。虽然目前很多高校对学生的社会实践也非常重视，但是由于许多社会实践都起源于社会动员，学生的主体性并没有被很好地被调动起来，加之这样的活动往往因参与的有限性和组织的松散性而使教育效果大打折扣，使活动常常流于形式，不能收到很好的效果。

(四) 人格培养方法简单、单一

我们经常强调要“因材施教”，就是指教师要从学生的实际情况、个体差异出发，有的放矢地进行有差别的教学，使每个学生都能扬长避短，获得最佳发展，人格培养尤应如此。但实际情况是，一方面，我国高校的人格培养的主要方法大多数采用理论灌输式模式，在我国的学校教育中，从小学开始，就设有一系列的思想品德理论课程，到了大学，开设有思想道德修养、法律基础等课程，但是一部分高校的思想政治理论课教师和政治辅导员在对学生进行教育时，并没有根据不同学生的性格特点灵活设计和应用不同的教学方法进行人格培养教育，甚至当个别学生已经表现出人格缺陷的相关问题时，仍然没有意识到要应用专业的技巧与培养对象进行沟通，从而导致人格培养的失败。另一方面，近些年，高校都普遍加强了大学生的心理健康教育，但大都采用办讲座、开设选修课或者是对一部分有心理疾患的学生进行个别矫正等形式，且方法相对简单、单一，效果并不理想。

(五) 人格培养师资力量薄弱

目前，我国在人格培养方面尚未有统一的规定和明确的要求，加之一些学校政策落实不到位、制度不健全，所以，我国高校普遍存在从事人格培养的师资力量薄弱、队伍水平参差不齐、角色定位模糊等问题。欧美发达国家要求从事心理咨询相关工作的人员必须具有相应资质才能开展工作，但是，当前我国大多数高校没有专业的人格教育者，也没有完整的人格培养体系，更遑论专门的人格教育部门，人格培养的实施者多为思想政治课教师、班主任、辅导员，甚至学生干部。专职的思想政治理论课教学老师的学科背景大多为法学、教育学、马克思主义基本原理、历史学等，讲授人格理论或者进行专业的人格培养是有一定难度的。辅导员群体人员构成庞杂，专业背景多种多样、学历高低参差不齐，学识素养良莠不齐，大多数辅导员没有系统学习人格教育培养必备的心理学、伦理学、社会学等相关理论，更没有接受过专业的人格辅导技能训练。“我国高校辅导员与学生人数的配备比例严重低于 1:200 的标准，其中较大规模低于标准配置的约占 31%，严重低于标准配置的达 10%以上”[①]，辅导员人数的不足，导致他们不得不将大量的精力和时间用来应付日常繁杂事务，无法全面、准确地掌握学生的思想动态和心理状况，很少能发现学生身上潜在的人格问题，只能在问题暴露后试图挽救，疲于应付。因此，目前高校人格教育中，由于人员配置不合理，导致人格教育者不论在时间、精力上，还是知识储备及能力素质上，均不能满足当前大学生人格培养的需要，平时不能及时发现学生的人格形成过程中的问题，在问题暴露后又不能迅速、专业、有效地帮助学生纠正错误，重塑人格。笔者认为，师资队伍专业化、专职化是高校人格培养迫切需要解决的问题。

(六) 培养对象接受培养意识淡化

人格的培养说到底其实是一种终生的自我培养，个人自身的自我培养在人格的发展过程中起决定性作用，因此，一个人只有自身有培养自我人格的要求和愿望，能够发挥主观能动性去主动寻找、发现自己的不足和缺点，并有强烈的改变自己的愿望，老师的培养才能卓见成效。但当代大学生受功利主义价值观和实用主义价值观的渗透影响，呈现出越来越强烈的功利意识，在许多大学生的心目中，“证书比分数重要，分数比品德重要；现在比将来重要，将来比理想重要”。因此，他们整日忙于考级、考证、考托福雅思，有的连专业课程都应付了事，根本没有时间，也不愿意在自身人格培养上花时间，不愿意学习人格培养方面的理论知识。有些学生不热心参与人格养成的实践活动，进行人格修养的积极性不高，在课堂学习中的自觉性也是较低的。比如，在思想道德课和其他思政课的讲堂上，有一部分学生不听老师讲课，他们要么埋头看英语、数学或考研书籍，要么是玩手机、睡觉，甚至是说笑取闹，接受人格培养的自觉意识淡化。对于失去主观学习动机的学生来说，人格培养的效果是可想而知的，教学是“教”与“学”的双向交流，离开了学生的自觉接受，人格培养就会因为失去参与者的内在动力而显得苍白无力。

三、我国大学生人格培养中存在问题的原因分析

(一) 对人格培养的内涵界定不清楚，目标不明确

长期以来，我们常常将人格培养与心理健康教育、德育、思想政治教育、素质教育等或是割裂，或是等同起来，没有弄清人格培养的内涵和外延。目前，国内高校还不同程度地存在人格培养目标不明确、定位不清晰等问题，导致无论是在相关的理论研究还是实践

① 赵庆典，李海鹏. 关注当前大学生思想政治教育的几个特点——源自高校辅导员班主任视角的调研报告[J]. 中国高教研究，2006(10).

探索方面都缺乏较为明确的方向，给形成科学、系统的人格培养理论和方法体系带来很大的困难。

(二) 社会主流的教育观与人才观忽视人格的培养

社会主流的教育观和人才观是人格培养方向的无形指挥棒，对人格培养结果有极大的影响。

首先，当前我国的教育观主要受两方面的影响：一是传统的教育观，二是当代的应试教育。我国传统文化的一些教育理念，如“学而优则仕”“十年寒窗无人问，一朝成名天下知”的影响还一直存在。当前的教育制度看重分数而轻视健全人格的培养，强调高校教育的社会价值以及现实功能，认为教育就是国家与社会需要，接受教育是实现个人价值的途径，这在很大程度上限制了教育对人格培养的全面作用。

其次，当前社会对人才评价的主流观点是片面的，只注重高学历、高智商等显性因素，而忽略了个体的人格素养。譬如，企业招聘的时候，应聘人员的学历、资质证书、工作经验是最被关注和看重的，而其他方面，如心理健康、性格特点、道德修养等，基本都是一带而过。各个企业在招聘人才时对博士、高级职称者趋之若鹜，也折射出当前我国的主流人才观。受这种人才观的影响，高校和大学生将绝大部分精力放在了专业技术培养和学历的提高方面，忽视了大学生健全人格的培养。

(三) 高校对大学生人格的培养重视不够

首先，高校并没有意识到人格培养在学校教育中的基础作用，从而将其地位边缘化。由于应试教育和社会对学校自身发展建设的影响，高校往往更加关注和自身发展密切相关的工作，比如招生、就业、基础设施建设、科研等，所以社会需求和就业形势就成为高校设置学科、改变教学模式的主要依据。高校在教学过程中更看重学生的成绩、考研通过率和四六级通过率等一些硬性指标和显性业绩，但对学生的心理素质、意志品格、团队精神及社会责任感等人文素质的培养不够重视，甚至很多高校的建设规划中并没有人格的培养计划，还有部分高校将人格培养作为思想政治理论教育的一部分内容，没有独立、完整的大学生健全人格培养体系。

其次，高校对人格培养方面的投入有限。目前社会上衡量一个高校成功与否主要依据科研水平、学术氛围、毕业生的就业率、考研率以及学校的硬件设施等，所以高校将更多的精力投入科研发展、学科建设、招生宣传和高层次人才的引进等实务性的工作上，在这些方面，资金投入多，人员配置充足。而高校对大学生的人格问题的关注度远远不足，人格培养工作仅仅依靠政治理论课程和思想修养课程的说教以及负责学生工作的老师的日常说教，没有考虑加强大学生健全人格培养力度以预防和减少大学生人格问题的发生。对于加强人格培养方面，大多只是停留在口号上，缺乏实际的投入和切实有效的策略。

最后，高校没有独立的人格培养体系，导致人格培养工作开展的质量和效果缺乏监管，教师参与度低。从目前来看，大多数高校都没有关于人格培养方面的制度和标准，教师的考评制度中也没有对学生人格培养的要求和规定，所以人格培养的过程和效果均无法监管与考评，甚至大部分教师认为大学生人格培养是班主任和辅导员的工作，或者是思想政治课老师的事情，与自己无关，专业课老师和其他教师对学生的人格培养参与度较低。

思考与讨论

1. 试论大学生与一般青年的人格特征有什么异同。
2. 你认为当代大学生人格发展中存在的主要问题是什么？
3. 你认为当前我国高校人格培养中存在的主要问题是什么，为什么？

第七章

大学生健全人格培养的优化对策

随着改革开放的深入和市场经济的发展，我国人民的思维方式、生活方式、行为模式都发生了巨大的变化，许多传统道德和人格被重新审视甚至被摒弃，而新的道德和人格标准还没有完全确立，所以，在新形势下如何培养大学生的健全人格，是整个社会特别是高等学校及高校教育工作者面临的一个重要课题。由此，探求大学生健全人格培养的基本原则、途径和方法，成为有效开展大学生健全人格培养的理论基础和必要条件。

第一节　坚持大学生健全人格培养的基本原则

大学生健全人格培养的基本原则是指培养大学生健全人格时必须自觉遵循的具有本原意义的基本行为准则。根据大学生人格形成、发展特点，本书认为，大学生健全人格培养应遵循以人为本、理论与实践相结合、与时俱进、整体优化、培养与自我培养相互促进、统一要求与分类指导相结合的基本原则。

一、以人为本原则

以人为本是实现人的全面发展的必然要求。简单地说，首先，以人为本肯定了人在社会发展中的主体作用与地位；其次，以人为本是一种价值取向，它强调尊重人、依靠人和解放人，最终都是为了人；再次，以人为本是一种思维方式，它强调在分析问题和解决问题时，在坚持历史的标准的同时，还要坚持人的主观能动性，最大限度地发挥人的自觉性、积极性和创造性。

《国家中长期教育改革和发展规划纲要(2010—2020年)》中明确指出："坚持以人为本、全面实施素质教育是教育改革发展的战略主题，是贯彻党的教育方针的时代要求，其核心是解决好培养什么人、怎样培养人的重大问题，重点是面向全体学生、促进学生全面发展，着力提高学生服务国家和人民的社会责任感、勇于探索的创新精神和善于解决问题的实践能力。”高等教育应该始终坚持以人为本的原则，在当代大学生的人格培养过程中应当充分体现以人为本。

笔者认为，培养大学生健全人格，坚持以人为本，就是坚持以学生为本的原则，以实现大学生人格的全面、自由、和谐发展为根本出发点和最终落脚点，尊重大学生的权利和尊严，关心大学生的基本人格需求，最大限度地启发大学生的自觉意识，激发他们的主动性、积极性和创造性。

美国著名心理学家马斯洛(A. H. Maslow，1908—1977)认为，人的需要包括生理需要、安全需要、归属和爱的需要、尊重需要和自我实现的需要。以上五个需要是具有层次性的，而且是逐渐递进的，如果一个人低层次的需要被满足，那么就会出现更高层次的需要。所有需要得到满足之后，人就会变得快乐、自信；否则，人们就会有悲观、自卑、无助等负面情绪产生。大学生正处于人格发展的关键阶段，基本的生理、安全以及归属和爱的需要都已得到满足，这一阶段，他们强烈地需要被尊重。尤其是一些家境困难或是遇到挫折的大学生们，特别需要被尊重。所以，尊重学生是大学生得以健康成长及人格得以健全发展的重要前提和基本保证。以促进大学生人格的健全发展为着眼点，高校及教育工作者应注意以下三个方面。

(1) 要理解学生。大学生来自五湖四海，每个学生的生活背景、求学经历、兴趣、爱好、脾性等都大不相同，以致他们的思想、观念、行为存在较大差异。作为老师，不能只站在自己的立场，用自己的观念评价学生，而是要设身处地，多从大学生的角度出发，了解他们的心理变化，以便更好地做好大学生的思想工作。

(2) 要相信学生。尊重、理解每个学生之间存在的个体差异，还必须要做到相信学生。这就要求高校及教育工作者在鼓励学生全面、充分发展自己个性的同时，尊重他们的不同的兴趣、爱好和观点，只要不违背社会秩序、不触犯法律，就不要过多地干预和斥责。当然，相信他们不等于放纵他们。对于有错误倾向的学生，要及时制止、严厉批评。

(3) 要公平、公正地对待学生。高校及教育工作者应坚持自觉做到“以学生为本，热爱学生，满腔热情地关心、指导学生和谐成长。在培养过程中，要尊重学生的独立人格，民主、平等、公正地对待学生”[①]。以平等的眼光看待每个学生，以平等的态度对待每个学生，这是对学生人格的最大尊重。

只有真正做到理解、相信学生，公平、公正地对待学生，才能准确了解和掌握大学生们丰富多样的需求，采取更有效的教育手段，不断调动学生的积极性，挖掘他们的个人价值和内在潜能，最大限度地激发他们的创造能力。

① 詹万生，等. 和谐德育论[M]. 北京：教育科学出版社，2008：120.

二、理论与实践相结合原则

理论和实践相结合有两层基本含义：一是要掌握科学理论。因为科学的理论能给人们以科学的世界观和方法论，能给人们以信心和力量，能给人们指明前进的方向，所以它是我们行动的指南。二是要从实际出发，实事求是。因为科学理论是从革命和建设实践中产生出来的，是革命和建设实践经验的科学总结。

培养大学生健全人格需要理论的指导，同时也离不开实践的强化，即要把人格培养的理论和实践相结合。一则，要重视理论研究。中国古代就有人提出了有关人格培养的思想，但系统化的人格培养理论是近些年来才从西方引进的。与人格培养的实践不同，人格培养的思想理论在我国的发展还处于起步阶段，人格培养理论的中国化还有很长的路要走。而且，由于时代的发展，还有许多新的问题出现在当代大学生的人格发展与培养过程中，需要用科学的理论来指导我们解决这些问题。因此，在大学生人格培养的过程中，一定要重视理论研究。二则，要从大学生的实际出发，实事求是，重视实践探索。要善于将人格培养的理论成果与大学生的人格发展相结合，指导人格培养实践，并在实践的过程中检验人格培养理论的科学性。同时，大学生也能在长期的实践过程中逐步深入理解人格理论、价值观念等，自我磨炼、自我熏陶，促进自己健全人格的形成。

三、与时俱进原则

当代大学生健全人格的培养过程是一个发展的过程，如果简单地用过去的观念、观点和方法解决当代大学生人格培养中面临的新情况、新问题，用过去的思想观念应对新的变化和挑战，不仅不能很好地解决问题，甚至还会诱发更多新的问题和矛盾。因此，对当代大学生健全人格的培养，应该坚持用与时俱进的理念、用发展的眼光审视当代大学生人格培养过程中出现的新情况、新问题，坚持用现代思维构建大学生人格培养的新模式。正如习近平总书记在全国高校思想政治工作会议上强调的，“做好高校思想政治工作，要因事而化、因时而进、因势而新”[①]。大学生健全人格的培养工作也要不断地与时俱进，寻求新突破，开创新局面。

四、整体优化原则

什么是整体优化？整体优化就是在确定总体目标的前提条件下，协调一个整体中各个部分间的关系，从而获得最优化、最合理的组合。人格培养是一个系统工程，它需要协调

① 习近平在全国高校思想政治工作会议上强调把思想政治工作贯穿教育教学全过程，开创我国高等教育事业发展新局面[N]. 人民日报，2016-12-09.

使用各种手段，以使人格的各个因素能够在个体中和谐发展。在人格培养的过程中，坚持整体化的原则主要体现在以下两个方面。

(一) 协调人格发展过程中存在的各种因素

在前文中所提到的人格结构中，我们了解到人格是由许多因素组成的统一整体，例如生理因素、心理因素、行为因素等。人格的各种因素体现在现实个体身上，错综复杂、相互制约、相互影响、相互渗透。假设各种人格因素可以构成一个较为和谐的整体，它就会对社会所需健全人格的形成有利；反之，如果人格的各个因素发展得极不平衡，人格就容易出现缺陷以及障碍，甚至出现畸形。人格的培养就是要通过各种途径，客观地理解和认识大学生的人格状态，与人格培养目标相比较，采取比较科学和合理的途径，优化大学生人格素质的各个因素，充分发挥人格的各个要素间相互配合的合力作用，使大学生人格的各个方面得到充分的发展和完善，从整体上促进其人格的健全发展。

(二) 学校、家庭、社会相互协调

(1) 人格的形成和发展需要一个很长的过程，它需要经过很多阶段。在我国传统社会里，家庭文化是人格形成的主要因素，人格培养的目标和内容也是由家庭拓展到社会，即以家庭秩序和家庭伦理为基础，通过类推将家庭伦理转化、拓展为社会伦理和国家秩序。而在现代社会里，由于教育的普及和大众受教育程度的提高，影响大多数个体人格成长的重要因素变成学校文化和社会文化，大学生作为现代社会的一分子，学校、家庭、社会对其人格的形成和发展都具有重要的影响作用。

(2) 大学生的培养、管理和教育不是单一主体的单一行为，它需要学校、家庭和社会三者的通力配合，在现代教育环境下，对大学生的培养，学校、家庭和社会任何一方都无法独善其身。三方互相呼应，互相整合资源、沟通信息、协调对策，形成联动合力，才能实现各方功能优势互补。所以，大学生人格的健全发展是学校、家庭和社会共同努力的结果，其中任何一方的缺失和行为失当，都可能对大学生人格的健全发展造成消极的影响，学校、家庭、社会多种培养途径的不协调也会造成大学生思想上的混乱，使其人格发展出现问题，而这些问题若得不到及时的沟通和解决，大学生的人格问题得不到及时的关注和纠正，必将造成不可挽回的悲剧。

学校、家庭、社会都必须深刻认识自己在大学生人格发展中的重要作用，不但要主动承担自身应担负的责任，还要及时交流、协商和沟通，相互配合，相互理解，真正实现大学生人格的良好发展。另外，积极营造良好的家庭氛围、创设良好的校园环境和社会文化环境，使家庭文化与社会文化、学校文化保持一定的连续性，也有助于大学生人格的良好发展。

五、培养与自我培养相互促进原则

在大学生人格的形成和发展过程中，家庭、学校和社会的培养发挥着重要的作用，这是外因作用于内因的过程，具有他控性。而对于大学生自身来说，自我培养的作用也不容忽视，这是人格发展的内因，具有主动性。奥苏贝尔在关于自我发展的自然主义图式中描述了三个主要阶段："一是婴儿期，是指大致从 6 个月到 2 岁半，属于自我全知全能阶段。二是童年期，是指大致从 3 岁到青春期，属于遵从化阶段。三是青少年期和成年早期，属于去遵从化阶段。"①大学生属于青少年期，处于去遵从化阶段，他们的师授性、他控性的力量正在逐渐减少，而自授性的自我培养的力量正逐渐增大、加强，并且随着年龄逐渐增大，在人格的形成和发展过程中，自己会起到一些调节作用。因此，我们不仅需要家庭、学校和社会的共同努力，不断促进大学生人格的发展，还需要个人通过自我培养来调控和促进人格的形成，并逐渐将他授转化为自授，不断促进其人格的发展。

六、统一要求与分类指导相结合原则

人格是共同性与独特性的统一。在一个社会中，人们的人格既存在共同性，也存在独特性或个性。世界上不可能找到完全相同的两个人，个体人格发展呈现差异，这是人类社会发展进程中不可规避的客观事实。马克思曾说过，人是特殊的个体，并且正是人的特殊性使人成为个体，成为现实的、单个的社会存在物。同样，人也是总体，是观念的总体，是被思考和被感知的社会的自为的主体存在，正如人在现实中既作为对社会存在的直观和现实享受而存在，又作为人的生命表现的总体而存在一样。②

每个人人格的形成都是受各自遗传、成熟等生物因素和环境、教育等后天因素相互作用的结果，因此，人与人的心理、行为等各具特色，存在差异性。然而某一个阶层、某一个民族或某一个群体处于相同的自然环境、群体环境或社会环境中，就会逐渐形成一些共同的、典型的人格特质，他们对问题的看法，对人、对己、对事所持的态度和价值判断都具有某些共同性。对于大学生群体而言，大家基本处于同一年龄阶段，长期在高校这一相对稳定的环境中接受高等教育，所以他们的人格特质也存在共同性。然而不同的大学生又是来自不同家庭、不同区域的个体，由于各地经济社会发展不平衡，其所受教育背景、文化氛围、风俗习惯、宗教信仰等都存在差异，即便是来自同一生源地的大学生也可能因为年龄、性别、家庭教育、生活阅历、志趣情操、学习动机与目的、价值取向和人生理想等层面的不同而表现出个体独特的精神面貌和道德品质。所以，对于大学生的人格发展来说，独特性与共同性是相辅相成、互为补充的。高校在进行人格培养时，既要坚

① 简明国际教育百科全书.人的发展[M]. 北京：教育科学出版社，1989：93.

② 马克思恩格斯文集(第 1 卷)[M]. 北京：人民出版社，2009：188.

持统一要求，培养社会发展所需要的共同性的人格特征，又要注重分类指导，自觉运用分层分类原则，通过各种个别性培养措施来培养和促进大学生人格的独特性发展。

第二节　开辟大学生健全人格培养的途径

当代大学生健全人格的培养需要家庭、学校和社会的共同协作，形成联动效应，以家庭培养为基础，以学校培养为主导，以社会培养为前提，同时提高学生自我培养的意识，最终达到人格健全发展的目的。

一、营造良好的社会环境

“人的本质不是单个人所固有的抽象物，在其现实性上，它是一切社会关系的总和。”[①]社会关系是通过社会环境体现出来的，人的发展与社会环境息息相关，培养大学生健全人格，社会环境的影响不可忽视。

(一) 大力推进经济建设，优化社会经济环境

现代人格理论认为，人格的形成和发展与社会经济的发展关系密切。人类的发展历史表明，经济结构对国民精神与人格的形成有重要的影响。落后的经济关系阻碍人格的发展，而经济发展、物质文明发达则能促进人格的发展。新中国成立 70 多年，尤其是改革开放后，我国经济建设取得了举世瞩目的成就，但同时也面临着诸多的矛盾和挑战，如社会主义市场经济体制还不完善，科技创新能力还不够强，社会保障体制还不健全，大学生就业压力大等。这些矛盾和问题的存在，在一定程度上影响了大学生健全人格的培养。此外，在市场经济自由发展的同时，有些生产者和经营者过度贪婪，在进行经济活动时，为了追求利益最大化，重利轻义，进行不道德的市场竞争，甚至不惜触犯国家法律，给社会风气造成一定的恶劣影响，也给正处于人生观和价值观形成关键时期的大学生造成比较消极的社会影响。因此，我们要不断解放和发展社会生产力，丰富人们的物质文化生活，推动人类的全面发展和社会进步，维护大学生的合法权益，优化社会经济环境，加大执法力度，规范市场经济秩序，促进市场经济的持续健康发展，为大学生人格的健全发展营造良好的社会经济环境。

(二) 大力推进民主政治建设，优化社会政治环境

恩格斯指出：“经济的前提和条件归根结底是决定性的，但是政治等的前提和条件，甚

① 马克思恩格斯选集(第 1 卷)[M]. 北京：人民出版社，1995：60.

至那些萦回于人们头脑中的传统，也起着一定的作用。”[①]由此可见，大学生在当今社会中生活，不但会受到社会经济的影响，也会受到社会因素、政治因素等的影响。然而，当前社会存在贪污腐败、以权谋私等现象，严重损害了社会民主政治的公平、正义、民主和法制等原则，这些现象的存在在一定程度上影响着大学生的认知态度和道德行为，不利于健全人格的养成。因此，我们要大力加强社会主义民主政治建设，优化社会政治环境，健全法制，加大反腐倡廉力度。不仅如此，我们还要重视培养大学生的政治参与度，为大学生健全人格的培养创造良好的社会政治环境。

(三) 大力推进文化建设，优化社会文化环境

文化是人类创造的精神成果的总称，它的核心是对真善美的追求。个体总是处于一定的社会文化环境之中，个体人格的特征受特定社会文化的影响。当前，各种思想文化相互激荡、交织，处于社会化初期的大学生的思想观念也呈现复杂性和多元性。社会文化的转型不仅为大学生健全人格的发展提供了新的机遇，拓展了发展空间，丰富了发展内容，也为大学生带来了严峻的挑战，有可能使其道德失范、理想信念缺失，甚至价值观发生变化。因此，我们要加强社会文化的建设。加强文化建设，首先，必须坚持马克思主义在意识形态领域的主导地位，这样文化建设才能朝着正确的方向发展。其次，要吸收、借鉴传统文化的优良成果，践行社会主义核心价值观，创造能够与时代发展相适应的积极的文化市场。最后，要加强社会主义精神文明建设，大力发展教育事业、科学事业和文化事业，在全社会营造崇尚科学、鼓励创新、反对迷信的良好文化氛围，以促进大学生健全人格的形成和发展。

(四) 大力推进网络文化建设，优化网络环境

在“互联网+”的时代背景下，网络文化盛行，互联网已经逐渐渗透到人们生活的各个方面，互联网对人们生活的影响如同一把双刃剑，有利有弊。大学生作为使用网络的主力军，很容易受到网络不良信息的影响。为了有效控制网络文化对大学生人格塑造造成的消极影响，充分发挥网络文化的积极作用，谋求文化品质的内在提升，要充分发挥政府和社会文化管理机构的积极作用，不断健全网络相关法律法规，积极履行监管、惩戒、引导及教育职能，严厉打击虚假及不良信息发布者并关闭其相应的发布渠道，优化网络文化传播环境，重视网上精神文明建设，大力宣传时代主流价值观和积极向上的健康的文化，以保证其正确的价值导向。同时，增强大学生筛选信息的能力，规范并引导大学生树立正确使用网络的观念，加强大学生的网络法纪，制定预防大学生网络犯罪的预警措施，鼓励大学生之间形成网络监督机制，适时开展网上心理健康咨询等，以对大学生健全人格的培养产生积极、正面的影响。

---

① 马克思恩格斯选集(第 4 卷)[M]. 北京：人民出版社，1995：696.

二、创造和谐的家庭环境

家庭是人类成长过程中首先需要面对的环境，是大学生自身社会化的起点，更是其情感、人格等培养和形成的重要因素，对大学生的自我意识、认知能力、理想信念、道德品质、心理健康的发展方向都起着最基础的影响作用。平等、和谐、融洽的家庭环境有利于大学生人格的健全发展。

(一) 注重父母自身人格的健全发展

家庭环境对子女的影响是在日积月累、潜移默化的言行中形成的。父母作为孩子的第一任老师，对于孩子人格的形成起着启蒙、开智、引领的作用。父母的人格状况对子女的人格形成和发展有着不同程度的影响作用。具有健全人格的父母，能对自我有客观的认知和社会知觉，拥有积极的自我态度和有效解决问题的能力，有建立适宜人际关系的能力，在需要、动机、兴趣、理想和信念等个性结构间保持动态的协调，受父母的潜在影响，其子女的人格在某种程度上便会朝着积极、健康的方向发展；反之，则会朝着消极的方向发展。因此，父母应提高自身素质，不断促进自身人格的健全发展。有些父母由于身处复杂的现代社会环境中，为了适应社会生存和发展的需要，在有意或无意识中通过人格面具来满足社会角色的要求，演绎着不同的自我，与真实自我难以保持一致，这会对子女的人格发展造成不利的影响。所以，父母应当时刻保持清醒的认识，不断进行自我人格完善，在家庭生活中保持真实的自我，对自我严格要求，才能为子女起到榜样作用，于潜移默化中影响子女人格的健全发展。

(二) 建立良好的家庭人际关系，营造良好的家庭氛围

家庭是心灵的港湾，和谐的家庭人际关系能减轻大学生的生活压力、学习压力；反之，不良的家庭人际关系可能会使家庭成员感到不安或缺乏归属感，出现自卑、自闭、抑郁等人格问题。所以，家庭成员应努力建立良好的家庭氛围及人际关系，确保大学生身心健康，促进大学生全面发展。一则，要营造和谐的家庭氛围。家庭能在潜移默化中对人产生深远、持久的影响，在与家人的相处中，我们能学到许多为人处世的经验和技巧，我们的种种行为都被打上了家庭的烙印。家庭成员之间的关系十分紧密，能更轻易地暴露出自己的缺点，只有家庭成员在平时的交往中互相接纳、互相欣赏、互相宽容，才能使大学生学会宽容地对待他人。二则，家庭成员之间要多沟通、多交流。所谓家庭，是一个存在血缘关系和亲密情感的群体，充分的情感交流有助于家庭成员之间的互相悦纳。老年人把自己的生活阅历传递给年轻人，年轻人则能帮助老年人跟上时代的变迁。夫妻之间和睦相处，互相理解、互相帮助，彼此相亲相爱，孩子们也会效仿，有了矛盾也能及时解决。在家庭生活中，当夫妻之间、子女之间、亲子之间出现矛盾时，应当及时沟通，做到互相理解，及时消除隔

阂，建立和谐、融洽的家庭关系。由此及彼，大学生在跟其他人交往的过程中，也就会做到爱人爱己、乐于助人。

(三) 改进理念，优化教养方式

家庭教养方式实质上就是父母教养方式，是父母教养观念与教养行为的综合。良好的教养方式可以帮助孩子形成健全的人格，与之相反，则可能会阻碍孩子的人格发展，甚至导致孩子误入歧途。现实生活中，我们经常可以看到的是专制型的教养方式，这类父母常以冷漠的态度对待子女，很少考虑子女自身的发展意愿，对于子女违反规则的行为往往予以惩罚，在这种专制型家庭教养方式下成长起来的大学生往往会产生过分自我约束、学业焦虑、人际交往障碍、自我接纳程度较低导致的自卑等不健全的人格现象。还有一种教养方式则是完全相反的放纵型教养，即父母不对子女的行为做任何的约束，过度保护和偏爱，任由子女随他们自身的意愿发展，对于子女违反规则甚至原则的行为往往予以默认并不做任何惩罚，在这种家庭教养方式下成长起来的大学生往往自我中心化趋于严重，相对不会自觉遵守社会规范，人际关系和社会适应方面容易出现一系列问题。这两种教养方式对子女人格的健全发展都不利。

我们倡导的正确的教养方式是民主型教养方式，民主型教养方式的形成要求父母做到下列几点：重视和孩子的情感交流与沟通，经常关注孩子的变化，找出孩子出现问题的原因，并根据孩子的变化及时给予指导；父母是孩子的榜样，要做到品行端正、言行一致，不能说一套做一套，失信于孩子；给予孩子适当的磨炼和抗挫折的训练，以提高孩子的抗挫折能力，从而使他们意识到生活并不是一帆风顺的，在人生的道路上，要勇于面对各种困难；信任与欣赏孩子，减少对他们的干涉，相信他们可以独自处理一些问题。当然，在具体实施过程中，父母还要综合孩子各个方面的特点，选用合适的、正确的教养方式，促进孩子的人格朝着健全的方向发展。

三、构建优良的校园环境

(一) 充分发挥课堂教学主渠道作用

课堂教学是学校教育的中心环节，是向学生传授科学文化知识及专业技能的主要途径，对大学生的人格发展起着非常重要的作用。因此，必须高度重视课堂教学在大学生健全人格培养方面的重要性，不但要发挥思想政治理论课的课堂教学在充分发挥人格培养方面的功能，更要在公共课、专业课基础课、专业技能课等课程的课堂教学中渗透和体现人格培养的内容。

1. 改革创新思想政治理论课的教育教学

思想政治理论课是大学生学习马克思主义理论、接受社会主义思想政治教育的主要途径，在引导大学生树立正确的人生观、价值观、世界观和坚定的理想、信念等方面起着重要的、不可替代的作用。因此，必须充分发挥思想政治理论课教学在人格培养中的重要作用。

(1) 要改变教学理念、更新课程内容，反映时代特征。要以马克思主义、毛泽东思想和中国特色社会主义理论体系为指导，加强人生观、价值观和世界观教育，使大学生的思想道德素养得到不断的提升。要把当前的社会发展实际与大学生的思想紧密地结合起来，并以此宗旨设计课程内容。只有做到这些，先进的科学理论知识才能真正进入大学生的心灵，为提升大学生的人格品质发挥应有的作用。

(2) 要改革教学方法。要尽量避免填鸭式等传统的说教的教学方法，侧重发挥学生的主观能动性，试着运用讨论、案例、社会实践等教学方法，使学生对理论知识有更深入的理解。要使用现代化的教学方式及网络信息技术，创新教学模式，更应该重视社会实践，以便学生在实践的过程中增长知识，认识到自己的人生价值以及应该承担的社会责任，提高教学效果。

(3) 要更新评价体系。要走出以到课率、课堂纪律、平时作业、学生反馈、试卷考察等为主要考核内容的传统教学评价体系，走出应试教育的束缚，以知识、能力、行为等为指标，从入耳、入脑、入心三个方面客观、全面地看待大学生的成长。努力做到将学生的试卷成绩与实践活动相结合，将理论水平与其运用知识观察、分析、判断、解决问题的能力及思想道德表现结合起来对学生进行评价，同时还要注重大学生的自我评价，引导大学生将良好人格的外在要求转化为自身道德建设的内在动力，促进大学生的自我教育和自我调节。

2. 充分发挥各学科的渗透作用，形成人格培养合力

通过课堂教学培养大学生的健全人格，不仅需要通过思想政治教育课程来实现，也需要在其他各学科的教学内容中体现社会、人文议题和道德价值观念。只要用心研究，就会发现，平时的课堂教学中存在许多可以激发学生思考人生和人生价值的机会，比如，在大学语文的教学中，可以尝试渗透和反映中华民族的优秀文化与传统价值观，通过对传统的节日、风俗、礼仪和古代的神话、音乐、戏曲等内容的讲解，帮助学生了解中国传统文化，引导学生吸收蕴含在这些文化中的公德、孝亲、礼让、睦邻等中华传统美德。在生物学的专业课程教学中，教师可以教导学生在利用所学专业知识研究或制作药品时要诚实，进行人类的基因遗传实验时要有道德感等。体育教师则可以让学生在运动的过程中体会团结、拼搏、团队合作的价值。在各学科的课堂教学中，讲授和渗透社会态度与价值观念，可以使不同的专业科目形成整体的教育体系，让一些抽象而与人生无关的课程具有更多的价值内涵，为大学生健全人格的形成发挥积极的、不可替代的作用。

(二) 充分发挥教师的主导作用

在世界政治、经济全球化的今天，教师的主要功能已不仅是传授知识，教师还应承担

学生智慧和精神资源的开发，引导和激励学生发现、探寻和创造性地运用知识。所以，当今教师的职责更全面，使命更加伟大。

1. 教师要具备扎实的理论知识

作为一名合格的教师，首先应该具备的素质就是具有扎实的理论知识。瓦·阿·苏霍姆林斯基曾说过："对自己学科知识的深刻认识和理解是作为一名教师应具备的最基本素养之一，他应该对本学科活跃在学术最前沿和最复杂的问题进行熟练的掌握。"[①]因此，任何专业的教师都要努力钻研探索，不断提高自己的专业技能和学术水平，同时，主动拓宽知识面，了解与自己所学专业有关的知识，加强本专业与相关专业之间的关联和应用。

2. 教师要具备高超的传授知识的能力

教师的主要职责之一是让学生掌握自己所教的知识，如果自己满腹经纶，但是不能将自己所掌握的知识有效地传授给学生，让他们真正理解和掌握这些知识，那么这个教师必然是一个失败的教师。不断提升自己的教学理念，创新自己的教学方法，将自己所学有效地转化为学生所学，以自己的理念和方法成就学生的理念和方法，才能称得上一名合格的教师，这样的教师才能在教学中最大限度地激发学生有效学习专业知识及技能的潜力，才能在学生的人格发展中发挥积极作用。

3. 教师要增强自身人格魅力，发挥对大学生的人格示范作用

教育家康·德乌卢斯克曾提出，"教师的人格对于年轻心灵的启迪，是任何东西都无法替代的滋润其成长的阳光，教育者的人格影响教育事业的一切"。所以，提高教师自身素养，努力树立良好的榜样，是一名好的教师必备的素质。

(1) 教师要不断完善和提高自身的人格修养。教师的人格魅力对大学生的人格形成有着深刻的影响，教师的一言一行会对大学生形成强大的人格感召力，使学生在耳濡目染中潜移默化地发生变化，起到"春风化雨，润物无声"的作用。常言道："学高为师，身正为范"，因此，教师应该在政治、道德、价值观及行为习惯等方面以身作则、言行一致，在平时的教育教学中，要做到敬业、严谨、求真务实、认真负责，具有正义感。发挥教师对大学生的人格示范作用，努力做学生的良师益友和成长导师。

(2) 教师要关怀、爱护学生。近代著名的教育家夏巧尊曾说过："教育之没有情感，没有爱，就如同池塘没有水一样。没有水，就不称其为池塘。没有爱，就没有教育。"所以，爱，是整个教育活动的基础和关键，关爱学生是一个教师的基本要求。学生与老师之间和谐的关系及真挚的情感交流会拉近彼此的距离，激发学生对教师产生敬仰之情，达到亲其师、信其道的效果，这也能帮助大学生形成良好的人格。

(3) 教师要具备健康、良好的心理素质。在社会竞争日益激烈的今天，教师的工作压力、心理压力也会随之加大，具备良好的心理素质，面对压力、困境时自信坚强，乐观开

---

① 瓦·阿·苏霍姆林斯基. 给教师的建议(下册)[M]. 杜殿坤，译. 北京：教育科学出版社，1981：280.

朗，心态健康、积极，才能更好地影响学生，才能将学生培养成心理健康的高素质人才。

(三) 积极开展大学生心理健康教育与辅导

健康的心理是健全人格的必备条件之一，是大学生良好人格的重要标志，健康、稳定的心理素质不仅有助于大学生减少身心疾病、维护身体健康，而且有助于大学生发挥潜能，正确认识挫折与失败，乐观面对困难，可以帮助大学生保持积极向上的心态。所以，在大学生中积极开展心理健康教育与辅导是培养大学生健全人格的有效途径。

高校要加强和改进大学生的心理健康教育，根据大学生身心发展的特点和教育规律制定符合大学生身心发展的心理健康教育规划，明确教育目标、内容和方法，积极开展心理健康教育，建立咨询机构，聘用专门的心理健康辅导老师，积极开展形式多样的心理健康教育活动，为提高大学生心理健康、促进大学生人格健全发展奠定基础。

(1) 通过心理健康教育及开设专题讲座等方式，引导大学生的心理健康发展。开设有关心理健康教育的必修及选修课，运用课堂讲授、小组讨论、多媒体演示等多种教学方法对学生进行系统的课堂教学，使大学生全面掌握心理健康的基本知识，提高大学生自我心理保健意识与心理承受能力。在此基础上，还可以针对大学生在大学各个学习阶段出现的各种心理问题，适时举办专题讲座，通过专业性的疏导和减压来消除学生在学习、生活、恋爱、人际交往、择业等方面的疑惑和不适带来的紧张感和焦虑感。

(2) 通过心理咨询，对大学生进行心理健康辅导。一般来讲，有一部分大学生的人格问题在上大学之前就已经存在，还有一部分大学生在上大学之后，由于学业等各方面的压力以及对环境、人际关系等的不适应而出现人格问题，越早发现并治疗对学生个人的发展以及周围的同学越有好处。所以，高校及教育工作者要时刻保持对大学生人格问题的警觉，一旦发现，及时指导，尽力解决。高校应定期开展心理咨询服务，或设立长期的心理咨询机构，聘用心理健康、素质良好的心理教师，专门对大学生进行一系列的心理训练，消除大学生的困惑与焦虑，帮助大学生正确认识自己，从而提高自身的心理素质。学校还可以在网站上开设心理咨询专栏，在解决大学生出现的心理问题的同时，也可以避免面对面咨询时出现的尴尬。

(3) 关注特殊学生的心理健康状况。每年新生入学时，可以通过问卷等方式调查他们的心理状况，及时发现心理有问题及人格存在缺陷的学生，为他们建立心理档案，及早进行干预，请专业心理教师与他们交流，分析他们的思想和行为中存在的问题，及时进行帮助与指导，争取将不良的心理行为和人格异常现象扼杀在摇篮里。还要关注贫困以及单亲家庭学生的心理状况。受家庭情况的影响，贫困生和单亲家庭的学生可能会产生消极、孤僻、自卑等心理问题，学校应重点关注他们，并予以必要的帮助，通过向他们发放各种补贴、资助，安排他们勤工俭学、参加校外实践活动等帮助他们解决生活中的实际问题。还可以经常和他们聊天、谈心，关怀他们，了解他们内心的诉求、学习和生活中遇到的各种困难与挫折，尽量帮助他们减轻压力、树立自信心。

(四) 构建和谐的校园文化体系

校园文化是社会文化的重要组成部分，是以校园精神为核心，以师生价值观以及承载这些价值观的活动形式和物质载体为主体的文化体系，校园文化是一所学校的办学理念、精神传统等的综合体现，反映了学校的思想、价值、道德、管理等观念，展示着学校自身独特的精神，对大学生有着规范、导向、陶冶和激励的作用。

良好的校园文化具有独特的人格培养功能，它作为一种无形的力量，可以使学生在潜移默化中受到校园文化的影响、吸取正确的思想理念，可以帮助大学生拓宽视野、改变思维方式、奋发图强、积极向上、增长才干，促进大学生人格健全发展。大学生作为富有创造性的主体，又是校园文化的共同构建者，不只是被动地接受外在文化的浸润，其本身也以自身的价值观、知识、能力等不断地影响和创造着校园文化。也就是说，校园文化的形成、发展也反映大学生自身的身心发展历程。所以，必须重视和加强校园文化建设，营造良好的校园文化氛围，用积极、和谐的校园文化引导大学生人格健康、全面地发展。

(1) 要树立校园文化建设的正确导向。坚持科学治校及民主办学的宗旨，树立以人为本、尊重创新的办学理念，推行校务分开和民主管理制度，创造积极进取、勇于创新、团结合作、高效廉洁的文化氛围，积极推动校园文化建设沿着正确的方向发展。

(2) 要不断完善校园环境文化建设。校园的建筑设施、文化景观无不渗透着校园精神，优美的校园环境包含了对真善美的追求，对大学生积极向上情感的激发尤为有利，使人产生美感、愉悦感、舒适感，甚至自豪感，给人带来思想和感情上的充实，如北京大学的未名湖、南开大学的周恩来塑像、北京师范大学的“一二·九”纪念亭等建筑，已成为其校园文化的象征，彰显着独特的文化底蕴和精神风貌，在潜移默化中塑造着大学生的健全人格。因此，高校要重视校园文化设施建设，在校舍的建筑、道路及绿化、生活设施、运动场馆、图书馆、校史馆、宿舍等的设计布局中，突出学校的文化特色，让学生在目之所及的地方都能够感受到学校积极向上的氛围，促进其人格的健康发展。

(3) 要不断推进校园精神文化建设。校园的精神文化建设可以体现学校的整体精神风貌，是校园文化的灵魂与核心，是校园群体共同的价值认同、价值追求和行为方式，良好的精神文化可以催人奋进，可以提升学生的凝聚力、教师的责任感，达到个人与学校共同发展的最终目标。学校的精神文化主要通过校风来体现，校风对大学生良好人格的形成具有巨大的感染力，因此高校要做好校风建设，实现精神育人。校史、校训、校歌、校徽等都是校风的表现形式，例如，清华大学的“自强不息，厚德载物”、北京大学的“爱国、进步、民主、科学”、北京师范大学的“学为人师，行为世范”等校训，不但体现了各学校的办学特色，更能激发大学生奋发图强、求真务实的学习作风，还可以在一定程度上提高学校的凝聚力和向心力，增强学生的归属感。在校风建设上，教风、学风、工作作风等的建设是重点。教师和学生是构建良好教学和学校文化环境的主体力量，他们的政治立场、价值观念、道德品质、行为举止，以及理想、信念、性格等都在间接地影响着学校的校风。

我们要积极培养治学严谨、为人师表、教书育人、开拓进取的良好教风，严谨求实、团结协作、人心服务的工作作风，并引导学生形成勤奋学习、积极向上、尊师重教、遵纪守法、举止文明的优良学风，激励大学生刻苦学习、不断进取，进而帮助大学生形成健全的人格。

(4) 要积极开展内容丰富的校园文化活动。以大学生为主体，积极开展一系列弘扬优秀文化、提升个人能力的校园文化活动，包括思想政治教育、学术研究、科学技术创新、文体活动、社会实践、公益活动等。校园文化活动是方式最灵活、内容最充实、表现最直接的教育途径，也是培养大学生健全人格的重要途径之一。所以，要加强校园文化的建设，就要积极地、大力地开展丰富的校园文化活动。要依照大学生的特点安排、组织活动，例如围绕重大历史事件纪念日、民族传统节日开展主题鲜明、形式新颖的文化活动，结合学校传统活动打造班级、院系和社团的特色文化活动，举行学术讲座、创办人文讲坛、开展科技创新及文体活动等，培养学生情操，增强人文修养，激发大学生的创新能力和协作精神。

(5) 要充分发挥宿舍文化的教育作用。宿舍是学生们休憩和娱乐的主要场所，是开展大学生思想教育活动的主要阵地，同时，宿舍文化也是校园文化的重要组成部分，所以，大力发展宿舍文化，充分发挥宿舍文化的教育作用，对于培养大学生的健全人格也具有积极的意义。第一，增强宿舍的物质文化建设。可通过科学规划宿舍布局，卫生条件、绿化美化等，提高视觉上的美感；通过优化宿舍区域建筑，发展大厅及楼道文化，使学生能时刻处于浓厚的文化氛围中；在宿舍楼中设立阅览室及活动室，使学生的精神世界和课余生活丰富多彩；通过宿舍卫生评比活动，督促学生保持宿舍干净、整洁，使他们能在一个良好的环境中休息、娱乐。第二，激发大学生的主体作用。举办健康、多样的宿舍活动，比如文明模范宿舍的评选，“公寓文化节”、宿舍征文等激发大学生的想象力，陶冶情操、锻炼意志，培养大学生逐步形成和谐共处、团结协作、积极乐观、热爱生活等优良品格。

(6) 要加强大学生社团文化建设。高校中的学生社团是有一定的组织形式，学生自愿申请加入，报学校有关部门审批，按照章程自主开展活动的学生组织。社团文化是校园文化的重要组成部分，补充和延伸了课堂教育，为大学生提供了展示和丰富自我的平台，对于大学生发挥自己的创新性、自主性和协作性，拓宽视野，提高参与及组织活动的能力等起着重要作用。同时，社团对大学生的生活、学习具有较强的影响力，在大学生人格的形成和发展中起着重要的作用。因此，高校要大力加强对社团文化的指导和管理，通过在社团中建立党团组织、规范和完善社团管理制度、加强对社团干部的培训等措施保证社团健康、有序地发展。

(五) 广泛、深入地开展社会实践

实践是人格发展的必由之路，是大学生健全人格培养的重要环节。无论是知识的获取、能力的形成，还是意志的磨炼，都离不开社会实践。当代大学生思想活跃、求知欲强，渴望在实践中了解自然与社会，认识他人和自我，学校可以组织大学生参与生产劳动、志愿者服务、公益活动、社会调查等社会实践活动，帮助他们接触社会，进而认识社会、认识

自我，找到自身与社会的契合点，增强承担社会责任、履行社会义务的责任感，同时也磨炼大学生的意志品质，增强他们的心理承受能力，使大学生形成良好的人格，实现全面发展的目标。所以，高校应结合大学生人格发展的特点和规律，结合当前社会对大学生人格素质的要求，拓展社会实践活动渠道，丰富社会实践内容，改革社会实践方式，增强社会实践的育人作用。

(1) 要结合社会热点问题开展社会实践活动。社会实践与社会热点问题结合，能够进一步提高社会实践的针对性和有效性，如一些高校组织引导大学生参与抗震救灾、奥运志愿者服务、防治流行疫情等社会实践活动，不但充分调动了广大学生的积极性，激发学生的参与热情，更好地服务社会，也有利于增强大学生的社会责任感和奉献意识，促进其人格的良好发展。

(2) 要创新社会实践活动的形式和内容。当前各高校开展的各类社会服务活动，如勤工俭学，社区劳动，青年志愿者活动，科技、文化、卫生“三下乡”和科教、文体、法律、卫生“四进社区”活动，都是大学生参加社会实践的有效载体。大学生参加各种社会服务的实践及体验，可以丰富他们的人生阅历，促使大学生人格的社会化，从而可以防止他们因不适应社会而引发各种心理危机。因此，高校要结合国家、社会发展的需要和大学生成长的要求，挖掘传统社会实践活动的潜力，在原有基础上充实内容、创新形式，赋予其新的时代特色。

(3) 要结合大学生的专业开展社会实践活动。把专业知识渗透和运用到社会实践中，能激发、培养大学生更好地学习专业课的兴趣，增强大学生自觉使用专业知识的意识。结合专业学习、专业实习、就业实践、课外科技作品竞赛、创业计划大赛等，开展社会实践、科技活动与职业训练相结合的“三位一体”的实践活动，积极鼓励、引导学生参加科技开发、科研成果转让、推广，以组成优势互补的竞赛小组参与创业计划，把说与做、教与学、学与用紧密结合起来。通过学科专业和学术性研讨活动，使大学生加深对专业知识的理解，增强对科学技术的情感体验，为培养大学生健全人格创造有利条件。

四、增强人格的自我培养能力

社会、学校、家庭对大学生人格的培养，都是利用一些外力督促大学生们朝着正确的方向发展。大学生作为培养主体，更要注重增强自我修养，即在整个受教育的过程中，在与周围的人和事的交往过程中，了解自己，认清自己的人格状况，同时利用自己的精神力量对自我的人格不断进行培养与提高，帮助自己形成健全的人格。

(一) 注重道德品质的自我提升

优良的道德品质能起到规范大学生行为的作用，能帮助大学生形成正确的价值观念，使其人格朝着健全的方向发展。如果大学生仅掌握了知识，缺乏优良的道德品质，就有可能做出一些违背道德、违法乱纪的事情。骇人听闻的大学生“硫酸泼黑熊”案例表明，当今社会中有一些大学生徒有才干，却缺乏道德，以致做出损害大学生形象的事情。所以，大学生在对人格进行自我培养的同时，还必须重视道德品质的自我培养。

(1) 自觉加强马克思主义理论的学习。马克思主义是科学的世界观、方法论和思想体系，是人类思想文化发展的伟大成果。它不是一成不变的，它会随着社会的变化而不断发展，在中国，马克思主义就与实际相结合，发展出了毛泽东思想及中国特色社会主义理论体系两大理论成果。马克思主义作为一种观察问题的途径及行动指南，是我们党的思想基础，也是大学生在进行自我培养时的理论指导。大学生应该自觉学习、理解和掌握马克思主义理论的立场、观点、方法，学习马克思主义基本原理，利用这一理论武器去认识和改造客观世界，改造自己的主观世界，形成自己的科学的人生观、价值观、世界观。

(2) 利用自省、慎独、守志等方法，增强个人道德修养。康德说过，“道德的行为不是产生于强制，而是产生于自觉，因此自律道德才算真正具有道德意义”。所以，只有将表面上的社会道德转化为与自己内心要求一致的道德，才能真正形成优良的道德品质，帮助自己做出正确的价值判断，再进一步开展社会活动。大学生可以通过很多途径来进行自我道德品质的培养，比如，自省，依照社会对道德规范提出的要求，把自己的思想行为与之相比较，进行自我反省，及时改进不足的地方；慎独，缺少人监督时，依然可以坚守自我，保持自己高尚、纯净的思想道德品质；守志，坚定自己的理想和信念，战胜自己前进道路上的所有困难。

(3) 学习优秀人物的事迹，利用榜样的力量进行自我教育。榜样具有非常强的吸引力，可以对大学生产生很强的说服力和感染力。大学生具备较强的主观能动性，可以挖掘出榜样身上的闪光点进行学习。当前，为了使人们的精神需求得到满足，为了给大众树立时代榜样，一些电视媒体推出了许多优秀的栏目，例如中央电视台打造的《感动中国》栏目，每年都会通过各种各样的方式选出当年令人感动的人物及团队。大学生可以通过学习这些令人感动的人物或团队的事迹，来增强自己内心的力量，舍短取长，提升自己的道德品质。

(二) 注重自信心的培养

自信，即一个由复杂层次结构组成的心理构成物，是一个人对自己在一定程度上的肯定，是能客观、正向认知及评价自己的能力、价值等的性格特征。自信是大学生获得成功的基本条件，又与大学生的人格发展密切关联。拥有自信心的人，也就拥有积极、乐观的心态，拥有面对挫折的勇气、坚强的意志力、崇高的理想和信念，并能够为之努力、奋斗。否则，则会出现自卑、理想模糊、信念不坚定、意志力薄弱等人格问题。所以，大学生要重视培养自己的自信心，促使自己的人格健全发展。

(1) 正确认识自己，对自己有合理的认知和评价。正确认识自己可以为自信心的建立提供前提条件。正确认识自己是指在社会和自身发展的要求下，能对自己进行正确的自我评价，能够辩证地、一分为二地看待自己，体现在以下两方面：首先，能够看到自己的长处，欣慰于自己的优点，但又不会沾沾自喜、得意忘形；其次，能够正确对待自己的缺点。“金无足赤，人无完人”，在意识到自己有所不足并能够坦然接受的同时，要努力改正自身的缺点，发掘自身的潜能，从而增强自己的自信心。

(2) 正确对待挫折，在逆境中磨炼自己的意志力。人生不如意之事十之八九，一路坦途是不存在的，大学生要能认识到这一点。大学生缺乏人生经验，失败是再正常不过的。自卑的人对待挫折，会处处逃避；而自信的人面对挫折时，能对其进行理性的分析，查找其中的原因，直至问题得到解决。自信的人能够从失败中充分吸取经验和教训，磨炼自己的意志。弗烈德利克・罗伯森曾说过，“怀疑只会抑制能力，而信仰却是力量”。大学生应该对自己有信心，在逆境中磨炼自己的意志，不轻易放弃，终将取得成功。

(3) 积极地进行自我暗示，增强自信。自我暗示就是一个人用言语或其他方法对自己的知觉、思维、想象、情感、意志等方面的心理状态带来某种刺激或影响的过程，也是人的心理活动中的意识的发生部分与潜意识的行动部分之间的沟通媒介。自我暗示具有一种无形的能量，可以在不知不觉中影响人的行为。大学生要积极、主动地进行自我暗示，经常以“我能行”“我可以”等话语鼓励自己，利用简洁、积极的语言增加内心的能量，修正消极的态度，把精力集中在待解决的事情上，在解决问题的过程中逐渐增强自信心。

(三) 注重社会责任感的培养

所谓社会责任感，就是在特定的环境中，为了构建美好社会，一个人理应承担相应的责任、关怀他人、履行各种义务的一种社会要求。我们都是社会中的人，不可能脱离社会而独自生活。所以，每个人都应该对自己、他人和社会负责。社会责任感会带给人们一定的动力，也就是说，一个人在一定的认知基础上产生了社会责任感，这样的社会责任感就会影响个人的行为，并反映在生活、工作和学习中。最近几年，社会上频频出现大学生伪造自荐书、产生错误的价值取向、任意伤害他人等人格缺失的现象。苏联教育家马卡连柯明确指出：“培养一种认真的责任心，是解决许多问题的教育手段。”所以，大学生在加强自我人格培养的同时，也要对注重社会责任感的培养，并进行反思与践行。

(1) 树立崇高的理想和信念，增进社会责任感。崇高的理想和信念是前进路上的一盏明灯，曾引领一代代中国共产党人经历波折而永不言弃，为追求真理而艰苦奋斗。习近平总书记多次强调，理想和信念是共产党人精神上的“钙”，没有理想和信念，理想和信念不坚定，精神就会缺“钙”，就会得“软骨病”。大学生是社会主义的接班人，树立崇高的理想和信念，能够激发他们的社会责任感。我们每个人都是社会中的一员，在享受社会带给我们的权益的同时，也要履行社会义务，为社会发展添砖加瓦。所以，大学生必须树立共产主义理想，坚定共产主义信念，加强社会责任感。

(2) 增强自身的学习，提高社会责任感。知识的积累是提高社会责任感最基本的途径。一个具有高尚品德、能理性解决问题的人，定然是一个知识渊博的人，其表现是自信、聪慧、坚强和可以承担起自己应有的责任，而加强自我学习是获取知识的主要方式。只有在学习过程中，才能够发现自身的不足之处，才能够明事理、懂人伦，才能够明辨是非，祛恶扬善，形成健全人格。

(3) 要学会自我调节，合理释放压力。当前时期，大学生必须应对社会竞争所带来的危机，同时又要把握机会，进行自我完善。但是，大学生具有独特的特点，心理由跌宕起伏的过程逐渐趋于成熟，激烈的社会竞争增加了大学生的心理压力，部分大学生采用极端的减压方法，有的自杀，有的将怒气发泄在周围人身上。大学生必须学会自我调节，合理释放压力，不要任心理矛盾不断发展，这样身心才能健康地发展，肩负起自己应有的社会责任，才能在激烈的竞争中生存下来。

(四) 注重自控能力的提高

自控能力就是指个体能正确控制自己的情感、欲望及行为的能力。目前，社会竞争加剧、就业压力加大等不同程度地影响着大学生的心理健康。有较强自控能力的大学生能够抵挡社会中不良事情的诱惑，从而更好地适应时代的发展。与之相反，自控能力差的学生可能会性格暴躁、睚眦必报，做事半途而废。马加爵事件就是一个很典型的案例。马加爵因为一点小事杀害了舍友，本应有大好的青春年华，但是由于自己的一时冲动，而受到了法律的制裁。

(1) 加强体育锻炼，增强自控能力。体育锻炼不但可以强身健体，还对人的心理健康及人格发展有利。“体育锻炼过程中需要消耗体力，在耐力跑训练中存在这样的现象，当跑步达到一定程度的时候，就会出现极点，如果坚持下去，则有利于提升人们的自制力。”[①]研究表明，大学生参加体育锻炼有助于提升自控能力，也就是说，大学生的运动量越大，自控能力也会越强。所以，大学生要有意识地加强体育锻炼，并在学习和生活中灵活运用体育锻炼所培养出的自控能力。

(2) 减少自我批评，学会自我欣赏。自控能力可以反映一个人的成熟程度。缺少自控能力，就容易形成不好的习惯。所有人都想拥有较强的自控能力，特别是当代大学生，他们需要提升自控能力来抵挡社会中的各种诱惑。但是，大学生又常常会因为自控能力差而自责。当大学生们进行自我批评时，并没有意识到这样会降低他们的自尊和自信程度，也会阻碍他们增强自控能力。所以，大学生要减少自我批评，试着欣赏自己，接受自己身上的长处及不足，增加快乐体验，从而增强自己的自控能力。

(3) 从小事做起，把大目标细化成多个小目标，逐步提升自控能力。古人云：“欲速则不达。”培养自控能力是一个循序渐进的过程，需要很长的时间，不可急于求成。比如，人们在跑步时，最好的办法是每天跑三圈，持续几天，然后再渐渐增加圈数。相同的，自控能力的训练也要从小事做起，先设定一些比较容易达成的目标，等目标实现之后，再去挑战难度更强的目标。如此，自己的自控能力能随着目标的逐个实现而增强。

---

① 谢静. 体育锻炼对大学生自我控制能力的影响[D]. 西南大学，2013：24.

(五) 保持积极的人生态度

人生态度是一个人在生存和发展中形成的比较稳定的自我心理倾向。一个人的人生态度一旦形成，就会驱使他按照某种原则为人处世，经营自己的人生。积极向上的人生态度能够帮助人们适应社会的变化，激发人的潜能，进而帮助人们实现自己的人生价值。消极保守的人生态度会阻挡人们前进的脚步，甚至使人误入歧途。大学时期是一个人步入成熟的关键阶段，同时也是人格提升的重要时期。但是，这一时期的大学生缺少人生阅历，很容易转变自己的人生态度，造成人格扭曲。因此，大学生要注意保持积极向上的人生态度。

(1) 要敞开胸怀，及时调整自己的态度。人生道路在前进的同时又充满着曲折，这条道路时而笔直平坦，时而跌宕起伏；时而阳光灿烂，时而波涛汹涌；时而山重水复，时而柳暗花明。这就要求我们不断地进行自我心理暗示，不以物喜，不以己悲。做到“乱云飞渡仍从容”，“不管风吹浪打，胜似闲庭信步”。顺境时，把握好机会，提高自己；逆境时，不断告诉自己要勇敢地面对挫折，做到这些，当挫折来临时就会有较强的承受力，不会感到惊慌失措。

(2) 要做到情感独立。自己的人生要自己把握，不要把自己的情感寄托在别人身上。一个有自信的人，会对自己所做的事情充满信心，能肯定自己的所作所为，能自我尊重、支持、完善及发展。人们常说：“求人不如求己。”树的方向由它自己决定，人的方向也应该掌握在自己的手中。正如柏拉图所言：“最先和最后的胜利是征服自我，只有科学地认识自己，正确地设计自我，严格地管理自我，才能站在历史的潮头去开创崭新的人生。”

(3) 要主动参加社会实践，增加自己的人生阅历。大学生活是我们一生中重要的过渡时期，出了校门就进入了社会。和高中相比，学习上的压力减少了许多，大学生有更多的时间去接触社会。所以，大学生在学习的同时，也要多参加社会实践活动，在社会实践中开阔视野，增强人生阅历，提高心理承受能力，以保持积极、乐观的心态。

第三节　创新大学生健全人格培养的方法

结合大学生人格形成的特点，本书认为大学生人格培养的方法应有效地促进大学生认知能力的发展，正确的人生观、价值观、世界观的形成，以及良好心态的保持和优秀品质的获得。

一、理论灌输

一个人的人格培养过程中，认知起着非常关键的作用。只有正确的认知才能产生正确的认识，才能形成正确的价值观念，才能引导个体人格健全的发展。理论灌输法是在形成正确思想观念的过程中，非常有效的认知教育方法之一。两千年以来，我国的儒家经典、四书五经等都是靠理论灌输的方法传授给当时的读书人的，为历朝历代培养出了许多安邦治国的人才，帮助维护并巩固了国家统治。在马克思主义的理论教育史籍中，列宁系统地对理论灌输法做了阐释，强调马克思主义是无产阶级政党的行动指南，并把革命的理论灌输给了工人阶级。1902年，列宁在《怎么办》一书中指出："工人本来也不可能有社会民主主义意识，这种意识只能从外面灌输进去。"①理论灌输法与人的思想品德的发展规律相符，它反映了人们怎样选择和吸收外部社会环境对自己的影响，怎样把现代社会中的思想道德要求转变为自己的思想品质。

理论灌输法是指培养者有目的和有计划地对被培养者进行理论教育，抑或让被培养者自主学习理论，一步步形成自己的价值观念体系的培养方法。本书所指的"理论灌输"不只是老师或学校进行强硬的灌输，更注重的是激发大学生的自我意识，使其积极、主动地学习理论来提高自己的理论修养。因此，对于大学生来说，提高自身理论水平要依靠个体自觉、主动的学习和教育者对其实施教育共同完成。

目前，随着时代的发展与进步，社会上出现了理论灌输法已经过时的观点。持这一观点的人并没有看到理论灌输法有符合教育规律、科学性的一面，因此这种认识是片面的。时代赋予了理论灌输法新的内涵，以增强灌输效果。

(1) 培养者先接受教育。作为培养者，一定要具备科学的文化素养、先进的教育理念，以及坚定的理想和信念、高尚的道德情操、良好的心理素质，掌握先进的教学技术，运用科学的培养方式，对学生充满爱、理解和尊重，鼓励他们积极表达、畅所欲言，但又能以权威的力量引导他们，要对他们提出严格的要求，循循善诱，不姑息他们的错误。

(2) 理论教育内容要贴近实际，贴近生活，贴近学生，有时代气息。生活是丰富多彩的，每个人生活在其中，对道德规范有自己的见解，有是非真假善恶美丑等体会，理论灌输的内容只有出自生活，具有时代气息，才容易产生共鸣。

(3) 提出多样的、现代化的培养方法，增强理论灌输的实效性。理论灌输法既有直接灌输法，内容包括理论学习法、理论研讨法、理论培训法、讲授讲解法及宣传教育法，它是传统思想政治教育的主要途径，也有间接灌输法，内容包括学校的文化建设、管理理念等的学习等。另外，还可以运用现代化的科技手段来加强理论灌输效果，例如，使用多媒体课件，运用网络的便利条件建立网络论坛、网络教室、网络心理咨询室等，以增强理论灌输的实效性。

二、心理咨询

心理咨询就是心理咨询师使用心理学的原理及方法，帮助那些精神状态正常，但心理健康值较低，或心理产生障碍导致不能正常生活、工作、学习并寻求他人帮助的一群人，

① 列宁全集(第6卷)[M]. 北京：人民出版社，1986：29.

使他们感受到自身的问题及根源，进而挖掘其潜在能力，以改变原有的认知结构及行为模式，从而提升对生活的适应能力和对周围环境的调节能力。心理咨询可以促进大学生自我认识和自我发展，为自我培养和管理打下良好的心理基础，促进人格的健全发展。

心理咨询与心理治疗是不同的，心理咨询着重于“咨询”，即心理咨询师帮助求助者，解决求助者的心理问题；而心理治疗着重于“治疗”，即心理医生采用强制性的矫正方法及治疗方法调整求助者的各类心理和行为。

如今，大学生由于自身的学业、就业、经济、婚恋、家庭等压力不断加大，出现心理问题以致心理障碍的现象也在增加，在大学生中有针对性地展开心理咨询工作，可以帮助他们调节情绪、适应环境、发展人格，使其学会与人交往、选择适合自己的职业，提升心理调适能力，促进心理健康发展，促使人格健全发展。当前，在大学生中使用心理咨询的方法要注意以下几点：

(1) 转变大学生的传统观念，引导他们有意识地运用心理咨询的途径维护自己的心理健康。传统观念中，心理问题属于个人的隐私问题，当心理出现问题时，大多数人不屑于，也羞于去进行心理咨询，他们觉得进行心理咨询的人都是有神经病的人。所以，必须通过引导来转变大多数学生的传统观念，及早发现、咨询及预防，以促进他们人格的健全发展。

(2) 要加强对心理咨询人员的培训，以提高他们的工作能力及水平。心理咨询人员工作能力及水平的高低，会直接影响大学生进行心理咨询的效果，同时也会影响他们对心理咨询的看法。所以，必须重视加强心理咨询人员培训，特别是要引导他们多研究大学生的心理问题，以提高他们在大学生人群中的工作能力和水平。

(3) 要拓宽渠道，把心理咨询和思想政治教育相结合。大学中的心理咨询不能只存在于心理咨询室，而是要开辟新的道路，把心理咨询作为促进大学生思想发展，维护大学生心理健康的重要途径，而不是作为边缘性、辅助性的方式。要把心理咨询渗透到学校的思想政治教育、社会实践活动及科学研究活动中，利用电话、网络等各种媒介，加强与大学生的交流沟通，使老师和心理咨询师能及时发现并疏解他们的心理问题，以帮助他们维护心理健康。

三、榜样示范

榜样示范是指教师用自身优良的意志品质影响大学生。著名教育家叶圣陶先生曾说：“教育工作者的全部工作是为人师表，教师应以自己的人格影响学生的人格。”教师是帮助学生学习知识技能，对其进行思想道德教育，促使其心理健康发展的良师益友。一名优秀的教师能积极地影响学生人格的产生和成长。教师的优良人格具备强大的感染力、号召力、吸引力和推动力。在大学教育阶段，除了受专业知识教育的影响以外，教师的人格魅力也会对大学生人格发展产生重要影响。

教师的榜样示范作用主要对大学生人格产生以下 3 个方面的影响。

(1) 教师的人格魅力可以激发学生对学习的动力和研究的兴趣，明确自己人格的发展方向。教师的远大理想和敬业精神可以激发学生学习的动力和研究的兴趣，促使他们有正确的学习态度，使他们学习的愿望和行为相统一，言行一致，提升学习效果，明确人格发展的方向。

(2) 教师的人格魅力可以增强学生的道德品质，提升他们的自我调节能力。尤其是班主任、辅导员和专业课老师，他们的人格魅力对学生有明显的榜样作用，可以帮助学生自觉依照老师的示范来发现问题和处理问题，以矫正自己以前的观念和行为，增强道德品质，同时，通过此过程来提高自我调节的能力。

(3) 教师的人格魅力可以感染学生，促使其道德情感得以升华。教师含有真挚情感的人格魅力会让学生深受感动，使得他们建立良好的师生关系，这样的师生关系对大学生心理健康的维护具有重要的意义。

所以，高校教师也必须注重自己的自身修养，增强教书育人的意识，有意识地提高自身素质，不断提高自身教书育人水平。

思考与讨论

1. 在进行大学生健全人格培养过程中，应坚持的基本原则是什么？

2. 可通过哪些途径来实现对大学生人格的健全培养？从自身来看，你认为哪种途径能起到主导作用，为什么？

3. 你能运用所学的知识，帮助小王处理好和宿舍同学的关系吗？

大学生小王总是处理不好和同宿舍同学的关系，为此感到非常苦恼。当她和同宿舍同学相处时，她总觉得别人都和她过不去。比如，她在宿舍睡觉时，她觉得别人总是故意弄出声音把她吵醒；她看到宿舍的同学凑在一起窃窃私语时，她就会认为别人在说她的坏话；她心爱的布娃娃被别人无意间弄脏时，她就会认为别人是故意这样做让她伤心；宿舍同学一起上课没有喊她时，她认为是大家故意冷落她……

附录一

大学生人格现状调查问卷

亲爱的同学：

您好！因大学生健全人格培养研究需要，现诚挚邀请您参与此次问卷调查，请您根据自己的理解在选项中选择最适合自己情况的一个项目。本调查采用无记名方式进行，我们承诺：对于您此次填写的任何信息均完全保密，不对外发布。各问题答案无对错之分，所得结果及数据仅用于学术研究，不做他用，请放心对照自己的实际情况作答。衷心感谢您的热心帮助和大力支持！

填表日期：　　年　　月　　日

一、基本情况

学校：
所在院系：
专业：
年级：
性别：
民族：
出生年月：
是否为独生子女：A. 是　　B. 否
是否为单亲家庭：A. 是　　B. 否
家庭居住地：　A. 农村　　B. 城镇　　C. 城市

二、心理健康状况

1. 您认为您的心理健康状况________。
   A. 没有压力，心理健康状况良好
   B. 有点压力，通过自我调节可以保持良好
   C. 有压力，需要通过心理帮助维持良好
   D. 有压力，不知怎么办，心理健康状况不好
2. 您对周边同学心理健康素质的评价是________。
   A. 很高　　B. 一般
   C. 不太好　　D. 很差
3. 影响您或周围同学心理健康状况的主要因素是________。
   A. 社会环境　　B. 学校环境
   C. 家庭条件　　D. 自身条件
4. 您觉得学业、爱情、经济、就业等方面的因素对您造成的心理压力________。
   A. 很大　　B. 一般
   C. 不明显　　D. 没有影响
5. 您在面对较大压力时，会持续性出现焦躁不安、郁闷等情绪状态吗？________。
   A. 总是持续性出现这种情绪状态，已经无法靠自己排解
   B. 经常持续性出现这种情绪状态，需要一段时间才能恢复
   C. 偶尔持续性出现这种情绪状态，可以在较短时间内恢复
   D. 不会持续性出现这种情绪状态，可以迅速地恢复正常
6. 在学校生活中影响情绪的主要因素是________。
   A. 学业　　B. 爱情
   C. 人际关系　　D. 就业　　E. 其他
7. 您能很快地适应学习或工作的新环境吗？________。
   A. 能迅速适应　　B. 较短时间内就可以适应
   C. 需经过较长时间适应　　D. 完全不能适应
8. 您在遇到困难时是否容易产生自我怀疑？________。
   A. 总是如此　　B. 经常如此
   C. 偶尔如此　　D. 从不如此
9. 如果在生活中遇到挫折或苦难，您的态度是________。
   A. 自我调节，走出困境　　B. 求助他人
   C. 抱怨，逃避　　D. 自认倒霉，郁闷好久
10. 您是否笃信您所认为的就是事情的真相？________。
    A. 总是如此　　B. 经常如此

C. 偶尔如此　　　　　　　　D. 从不如此

11. 面对让您感到愤怒的人或事时，您能克制住自己的情绪吗？________。

A. 能克制，不会表露任何情绪

B. 一般情况下能克制，但情绪很受影响

C. 克制不住

12. 您在处理庞杂、繁复的信息时，会感到无所适从吗？________。

A. 总是如此　　　　　　　　B. 经常如此

C. 偶尔如此　　　　　　　　D. 从不如此

三、政治信仰状况

1. 您觉得自身是否有明确的人生信仰？________。

A. 有　　　　　　　　　　　B. 没有

2. 您觉得周边多数同学是否有明确的人生信仰？________。

A. 有　　　　　　　　　　　B. 没有

3. 您有宗教信仰吗？________。

A. 有　　　　　　　　　　　B. 没有

4. 您对宗教有浓厚的兴趣吗？________。

A. 有　　　　　　　　　　　B. 没有

5. 您觉得造成部分同学信仰缺失的主要因素是________。

A. 社会环境的影响

B. 学校信仰教育的实效性不强

C. 其他因素

6. 您是否申请加入了中国共产党？________。

A. 是正式党员　　　　　　　B. 是预备党员

C. 是党外积极分子　　　　　D. 参加过党校学习

E. 还没有，但是一直在争取　F. 没想过

7. 您加入中国共产党的主要动机是________(多选)。

A. 信仰共产主义

B. 为他人和社会多做贡献

C. 有利于就业和个人前途

D. 周围党员的模范作用感染了自己

E. 能更好地发挥自己的作用并早日成才

F. 父母或者老师要求的

G. 别人都申请自己就跟着申请了

H. 没想太多

8. 在现实社会中，您觉得周边多数同学信仰的是________。

A. 主流意识形态　　B. 宗教

C. 金钱至上　　D. 其他

9. 您对周围学生党员的整体评价是________。

A. 模范带头作用突出，威信很高

B. 起到一定的模范带头作用，威信较高

C. 模范带头作用不够突出，威信一般

D. 没有起到模范带头作用，威信很差

10. 您认为当代大学生是否需要加强思想政治理论培养？________。

A. 很需要　　B. 可有可无

C. 不需要　　D. 其他

11. 对于“马克思主义具有强大而持久的生命力”这一观点您怎么看？________。

A. 完全同意　　B. 基本同意

C. 不同意　　D. 说不清

12. 您平常对党和国家重大方针政策的关注程度是________。

A. 很关注　　B. 比较关注

C. 有空适当关注　　D. 无所谓

四、道德状况

1. 您认为目前大多数大学生的思想追求是________。

A. 利己主义　　B. 功利主义

C. 金钱崇拜　　D. 为国家做贡献

E. 主观为自己，客观为别人

2. 对于诚信，您认为________。

A. 现在人们普遍不讲诚信

B. 大多数人还是讲究诚信的

C. 别人诚信与否我不管，但是我要讲诚信

D. 有严格的监督就讲诚信，否则就不讲

E. 对亲人、朋友讲诚信

3. 您旷过课吗？________。

A. 从来没有　　B. 偶尔旷课

C. 经常旷课　　D. 几乎不怎么去上课

4. 您考试作弊吗？________。

A. 经常作弊　　　　B. 公共课作弊，专业课不作弊

C. 偶尔一两次　　　　D. 从不作弊

5. 您认为平时旷课、考试作弊，故意不偿还助学贷款等行为是诚信缺失的表现吗？________。

A. 是　　　　B. 不是

6. 您如何看待经常旷课的学生？________。

A. 是缺乏组织性、纪律性的表现

B. 影响教师授课情绪，负面影响很大

C. 大学生应该自己决定

D. 无所谓

7. 您认为在公共场所吸烟、乘车不讲秩序、浪费公共资源等行为是缺乏道德修养的表现吗？________。

A. 是　　　　B. 不是

8. 您在公共场所吸烟吗？________。

A. 经常　　　　B. 偶尔　　　　C. 从不

9. 您会遵守乘车秩序吗？________。

A. 严格遵守　　　　B. 偶尔遵守　　　　C. 从不遵守

10. 你认为应该怎样讲诚信？________。

A. 无论什么时候都要讲究诚信

B. 利益才是主要的，有利时就讲诚信

C. 希望别人对自己诚信，自己对别人不一定

D. 别人对自己诚信，自己才对别人诚信

11. 如果你遭遇到别人对你不诚信，你会________。

A. 据理力争，要求保护自己的正当权益

B. 自认倒霉，下回注意

C. 用同样的方法蒙骗别人，转嫁损失

12. 您认为不少大学生诚信缺失的原因是什么？________。

A. 社会大环境中不诚信的影响

B. 家长、老师、朋友的影响

C. 高校考试体制不合理

D. 其他

13. 如果看到有人不讲公德，您会怎么做？________。

A. 严肃地指出

B. 委婉地指出

C. 态度激烈地指出

D. 如果关系自己的利益就指出

E. 就当没看见

14. 您怎样看待在大学中提倡继承和弘扬为人民服务、艰苦奋斗等优良美德？________。

A. 树立为人民服务的人生目标对大学生很必要

B. 在市场经济中，大学生不应探求这样的人生观，应以学习知识为主

C. 为人民服务是空口号、大目标

15. 您怎么看待校园里的浪费行为？________。

A. 缺乏道德修养　　B. 不良习惯　　C. 反映大学生的潇洒风采

五、人际关系方面

1. 您与您现在的室友相处状况怎么样？________。

A. 相处融洽　　B. 一般　　C. 关系紧张

2. 您与您班上的同学的相处状况怎么样？________。

A. 相处融洽　　B. 一般　　C. 关系不好

3. 您与您的任课老师及辅导员相处状况怎么样？________。

A. 主动与老师沟通　　B. 从不找老师　　C. 不认识老师

4. 您对您以上各种关系的处理是否满意？________。

A. 非常满意　　B. 认为有不妥　　C. 从没想过

5. 您在学校里有没有非常不愿意相处的人？________。

A. 有　　B. 没有

六、综合调查

1. 如果在校园生活中遭受了不公平待遇，您会怎么做？________。

A. 自信心受挫，消极颓废　　B. 埋怨社会

C. 消沉一段时间，努力调整好自己　　D. 化不平为动力

2. 您认为目前的大学生活应________。

A. 心情舒畅，充满生气　　B. 心情压抑，前途未卜

C. 刻苦学习，为将来工作打基础　　D. 无所事事混岁月，吃喝玩乐等文凭

3. 您会积极参加班级和学校组织的集体活动吗？________。

A. 经常会　　B. 偶尔会　　C. 从不参加

4. 您挑选恋人的第一标准是________。

A. 有前途　　B. 外表　　C. 学历相当

D. 志趣相投　　E. 感觉

5. 您平常会购买奢侈品吗？________。

A. 偶尔会，但不会透支去购买　B. 不会

C. 经常会，而且有时是在经济状况不太允许的情况下

6. 为什么要购买奢侈品？________。

A. 展现独特的个性和品位　B. 从众心理　C. 炫富

7. 据你所知，你身边的同学有没有“傍大款”的行为________。

A. 有　B. 没有　C. 不清楚　D. 自己就是

8. 拥有金钱的多少是衡量一个人是否成功的标准，对这个观点，您的看法是________。

A. 非常认同　B. 比较认同

C. 不太认同　D. 不认同　E. 说不清

9. 你怎样看待大学生“傍大款”的现象？________。

A. 很正常，每个人的追求不同

B. 反对，不可以为了金钱放弃一切

C. 无所谓，但是自己不会这么做

D. 赞成，有机会自己也会这么做

10. 对于学得好不如嫁(娶)得好，您怎么看？________。

A. 非常赞同　B. 基本赞同　C. 不赞同

D. 中立　E. 基本不赞同

11. 您认为上大学的根本目的是什么？________。

A. 提高自身能力与素质　B. 获得一份更好的工作

C. 振兴中华，为人民服务　D. 为发展科技文化做贡献

12. 在社会主义社会，劳动和奉献是人生价值的评价标准，对这个观点，您的看法是________。

A. 非常认同　B. 比较认同

C. 不太认同　D. 不认同　E. 说不清

13. 对于社会上部分官员利用职权为子女铺路的做法，您怎么看？________。

A. 赞同，可怜天下父母心

B. 只要不威胁到自己的利益，无所谓

C. 不能苟同，但能理解

D. 为自己没有这样的条件而遗憾

E. 痛心疾首，坚决抵制

14. 毕业时，选择职业的出发点是________(多选)。

A. 个人兴趣和爱好　B. 工作稳定、轻松

C. 满足家人期望　D. 拥有一定的权力和社会地位

E. 为人民服务　F. 专业对口

15. 您是否愿意到基层或边疆锻炼？________。

A. 愿意　　B. 不愿意

C. 无所谓　　D. 看待遇

16. 您的大部分业余时间用来做什么？________。

A. 自习或听课　　B. 勤工俭学　　C. 陪恋人

D. 上网或打游戏　　E. 其他

17. 如果学习与娱乐发生冲突时，您会________。

A. 先学习后娱乐　　B. 先娱乐后学习

C. 只学习不娱乐　　D. 只娱乐不学习

18. 针对校园里的各种考证行为，您怎样看？________。

A. 可以多学其他技能　　B. 为了以后好就业

C. 跟风行为

19. 您认为在网络上可以随意发表任何言论吗？________。

A. 不可以，不管在虚拟空间还是在现实生活中，都需要对自己的言论负责

B. 可以，毕竟是虚拟网络，不用太认真

C. 无所谓，言论自由

20. 您在网络上使用过不文明语言吗？________。

A. 总是有　　B. 经常有

C. 偶尔有　　D. 从来没有

21. 您认为什么才是衡量自我价值实现的标准？________。

A. 拥有一定的经济实力　　B. 实现了自我突破

C. 拥有一定的权力和地位　　D. 对社会做出了一定贡献

22. 您对自己的生活有规划吗？________。

A. 有中长期规划并能按照计划执行　　B. 有短期规划并能按照计划执行

C. 有规划但从不执行　　D. 没有规划

23. 您目前的学习态度是________。

A. 平时不学习，考试前努力　　B. 态度端正，认真学习

C. 混及格就行　　D. 无所谓

24. 您曾经通过暑期工、兼职等方式为自己赚取过学费或者生活费吗？________。如果有，目的是什么？________。

A. 经常　　B. 偶尔　　C. 从没有　　D. 无

E. 体验生活　　F. 减轻家庭负担　　G. 锻炼自己

H. 经济独立　　I. 其他

附录二

大学生人格现状访谈提纲

一、基本情况

学校：
所在院系：
专业：
年级：
性别：
民族：
出生年月：
是否为独生子女：A. 是　　B. 否
是否为单亲家庭：A. 是　　B. 否
家庭居住地：　A. 农村　　B. 城镇　　C. 城市

二、访谈提纲

1. 您的家庭结构是怎样的？家庭关系、家庭氛围如何？
2. 您是否有良好的独立生活习惯？您倾向于独立思考还是集思广益？
3. 您对于就业问题更倾向于自主选择还是听从家里的安排？
4. 请您谈谈对于一些老人摔倒却反讹帮扶者事件的看法。
5. 不管是生活还是学习，您对于有疑惑的事情会进行查证或深入研究吗？
6. 您认为理想和信念在自己的生活或学习中起着怎样的作用？请举例说明。
7. 您是否有过无故旷课、早退的行为？如果有，请谈谈这样做的原因。
8. 您是否抄袭过其他同学的作业？如果有过抄袭，请谈谈这样做的原因。

9. 您在遇到困难时是积极想对策应对还是暂时逃避？为什么？
10. 您在遇到人际关系困扰时会选择如何解决？
11. 在校园中遭受不公平待遇时您会怎么做？
12. 刚进校时，多数学生会对大学生活感到迷茫，您觉得应怎样克服？
13. 您如何理解“人不为己，天诛地灭”这句话？
14. 您是否会与不道德的行为作斗争？
15. 您感觉如今大学生的自理能力如何？

附录三

大学生人格培养情况调查问卷

亲爱的老师/同学：

您好！

因大学生健全人格培养研究需要，现诚挚邀请您参与此次问卷调查，请您根据您自己的理解在选项中选择最适合自己情况的项目。本调查采用无记名方式进行，我们承诺：对于您此次填写的任何信息均完全保密，不对外发布。本问卷中问题的答案无对错之分，所得结果和数据仅用于学术研究，不做他用，请放心对照自己的实际情况作答。衷心感谢您的热心帮助和大力支持!

填表日期：　　年　　月　　日

1. 您是一位________。

   A. 思政课教师　　B. 大学生

   C. 辅导员老师　　D. 其他

2. 您是否听说过人格培养？________。

   A. 是　　B. 否　　C. 说不清

3. 您对当前大学生人格素质的评价是________。

   A. 很高　　B. 较高

   C. 不太合格　　D. 令人担忧

4. 您认为当前大学生最缺失的人格素质是________(单选)。

   A. 诚实守信　　B. 礼让包容

   C. 独立自强　　D. 知耻明辱

   E. 乐观自信　　F. 豁达胸襟

   G. 遵守规则　　H. 助人为乐

5. 您认为造成当前大学生人格素质缺失的根本因素是________(单选)。

A. 社会环境与学生自身因素　B. 义务教育忽视　C. 家庭不重视

D. 高校不重视　E. 成长环境

6. 关于大学生人格素质对其成长、就业的影响，您认为________。

A. 影响非常大　B. 影响较大

C. 有一点影响　D. 无所谓

7. 您认为健康人格的养成主要依靠________(单选)。

A. 社会重视　B. 家庭重视　C. 学校教育

D. 自身努力　E. 法律制约

8. 您认为在高校开展人格教育具有________意义。

A. 非常紧迫　B. 较大

C. 一般　D. 可有可无

9. 您认为应如何从根本上推动高校人格教育？________(单选)。

A. 转变育人理念　B. 改进德育课程　C. 加强学生管理

D. 建立人格评价体系　E. 呼吁社会重视

10. 您所在的学校开展人格教育的人员主要是________(多选)。

A. 思政课教师　B. 辅导员　C. 教辅管理人员

D. 学生自身　E. 没人实施

11. 您认为您所在学校课堂教学中人格教育的比重情况是________(单选)。

A. 足够大　B. 基本足够

C. 需要增加　D. 特别缺少

12. 您认为应如何在思想政治课教学中增强人格教育效果？________(单选)。

A. 修改教材　B. 增加课时

C. 教师重视　D. 案例解读

13. 您常看到的大学生人格问题是________(单选)。

A. 不诚信　B. 自私狭隘

C. 强调自我，忽视责任　D. 缺乏羞耻感

E. 心理不健康，易走极端　F. 漠视生命

14. 您所在学校的老师对学生有过人格养成方面的引导与帮助吗？________。

A. 很多　B. 有，但很少

C. 几乎没有　D. 没感觉

15. 当前学校在人格教育方面的内容主要是________(单选)。

A. 教人美德　B. 教你做人　C. 教你遵纪

D. 教你爱学习　E. 没有实施

16. 当前学校在人格教育方面的形式主要是________(单选)。

A. 理论教育　B. 口头教育　C. 实践教育

D. 自我教育　　E. 没有实施

17. 您最希望学校通过什么措施提高大学生的人格素质？________(单选)。

A. 树立典型人物　　B. 加强辅导

C. 以防范为主　　D. 定期评价并入档

18. 您将如何完善自身人格，提高人格素质？________(单选)。

A. 严格要求自己，提高思想觉悟　　B. 树立远大理想

C. 养成乐观向上的心态　　D. 学习心理学等知识

19. 教师应当传道、授业、解惑，您觉得您所在高校的多数老师是否做到了这一点？________。

A. 都做到了　　B. 大部分做到了　　C. 很少做到

20. 您觉得当前高校多数老师的师德状况如何？________。

A. 都很好　　B. 多数比较好

C. 部分比较好　　D. 多数比较差

21. 高校老师的师德状况对您人格发展的影响程度如何？________。

A. 影响很大　　B. 有一定影响　　C. 没什么影响

22. 您对加强高校人格教育的意见和建议是____

____。

参 考 文 献

[1] 三字经[M]. 北京：人民教育出版社，2013.

[2] 荀子[M]. 北京：中华书局，2011.

[3] 论语[M]. 北京：中华书局，2016.

[4] 老子[M]. 上海：上海古籍出版社，2013.

[5] 中共中央关于构建社会主义和谐社会若干重大问题的决定辅导读本[M]. 北京：人民出版社，2006.

[6] 胡锦涛. 高举中国特色社会主义伟大旗帜　为夺取全面建设小康社会新胜利而奋斗——在中国共产党第十七次全国代表大会上的报告(2007 年 10 月 15 日)[M]. 北京：人民出版社，2007.

[7] 马克思恩格斯选集(第 1、2、4 卷)[M]. 北京：人民出版社，1995.

[8] 马克思恩格斯全集(第 11、31、40、42 卷)[M]. 北京：人民出版社，1979.

[9] 马克思恩格斯全集(第 47 卷)[M]. 北京：人民出版社，2004.

[10] 列宁：列宁全集第 1 卷[M]. 北京：人民出版社，1984

[11] 毛泽东选集(第 1、2 卷)[M]. 北京：人民出版社，1991.

[12] 邓小平文选(第 2 卷)[M]. 北京：人民出版社，1994.

[13] 江泽民文选(第 2 卷)[M]. 北京：人民出版社，2006.

[14] 中国共产党第十八次全国代表大会文件汇编[M]. 北京：人民出版社，2012.

[15] 中共中央文献研究室. 十一届三中全会以来重要文献选读(上)[M]. 北京：人民出版社，1987.

[16] 北京大学社会学系社会学理论教研室《社会学教程》编写组. 社会学教程[M]. 北京：北京大学出版社，1987.

[17] 本书编写组. 马克思主义基本原理概论(2010 年修订版)[M]. 北京：高等教育出版社，2010.

[18] 本书编写组. 毛泽东思想和中国特色社会主义理论体系概论(2010 年修订版)[M]. 北京：高等教育出版社，2010.

[19] 蔡元培. 蔡元培全集(第 2、3、4 卷)[M]. 北京：中华书局，1984.

[20] 蔡元培. 蔡元培教育名篇[M]. 北京：教育科学出版社，2007.

[21] 陈秉公. 中国人格大趋势[M]. 北京：中国政法大学出版社，1988.

[22] 黄希庭. 人格心理学[M]. 杭州：浙江教育出版社，2002.

[23] 杨振斌，李军，陈曦，张跃. 探索与创新——研究生思想政治教育工作思考[M]. 北京：中国社会科学出版社，2008.

[24] 马兆明，王彩云，潘恩群. 人格教育[M]. 东营：中国石油大学出版社，2007.

[25] 陈剑旄. 蔡元培伦理思想研究[M]. 北京：北京大学出版社，2009.

[26] 陈选华，王军. 大学生健康心理学[M]. 合肥：中国科学技术大学出版社，2010.

[27] 陈义平. 思想政治教育学原理[M]. 合肥：安徽大学出版社，2008.

[28] 段鑫星，程婧. 大学生心理危机干预[M]. 北京：科学出版社，2006.

[29] 龚海泉，张晋峰，张耀灿. 20 世纪的中国高等教育 • 德育卷[M]. 北京：高等教育出版社，2003.

[30] 何齐宗. 审美人格教育论[M]. 北京：人民教育出版社，2004.

[31] 贾馥茗. 人格教育学[M]. 南京：江苏教育出版社，2008.

[32] 庞跃辉，等. 大学生人格优化系统研究[M]. 北京：北京大学出版社，2011.

[33] 陈建文. 人格与社会适应[M]. 合肥：安徽教育出版社，2008.

[34] 教育部高校辅导员培训和研修基地(北京师范大学). 新时期高校辅导员工作理论与实践[M]. 北京：北京出版社，2008.

[35] 孙德玉. 先秦儒家人格教育思想研究[M]. 芜湖：安徽师范大学出版社，2010.

[36] 陶行知. 陶行知全集(第 1、5 卷)[M]. 长沙：湖南教育出版社，1984、1985.

[37] 汤广全. 自由与和谐——蔡元培“五育并举”观研究[M]. 成都：四川出版集团巴蜀书社，2009.

[38] 王玉生. 蔡元培普通教育思想论纲[M]. 北京：中国社会科学出版社，2009.

[39] 魏慕. 中国人的人格——从传统到现代[M]. 贵阳：贵州人民出版社，1988.

[40] 魏英敏. 新伦理学教程[M]. 北京：北京大学出版社，2012.

[41] 许惠英. 人格教育论青少年的人格培养[M]. 北京：学苑出版社，2000.

[42] 许思安，严标宾. 大学生人格发展与辅导[M]. 广州：暨南大学出版社，2009.

[43] 杨志家，邵肖琴. 大学生心理健康指导[M]. 北京：中国水利水电出版社，2010.

[44] 余潇枫. 哲学人格[M]. 长春：吉林教育出版社，1998.

[45] 张玉芬. 大学生人格教育[M]. 北京：经济管理出版社，2006.

[46] 张晔，秦华伟. 人格理论与塑造[M]. 北京：国防工业出版社，2006.

[47] 张海燕. 大学生心理健康教程[M]. 上海：格致出版社，上海人民出版社，2010.

[48] 张青兰. 人格的现代转型与塑造[M]. 广州：广东人民出版社，2005.

[49] 赵敦华. 西方哲学简史[M]. 北京：北京大学出版社，2001.

[50] 辛自强，池丽萍. 社会变迁中的青少年[M]. 北京：北京师范大学出版社，2008.

[51] 刘文霞. 个性教育论[M]. 呼和浩特：内蒙古大学出版社，1997.

[52] 肖川. 主体性道德人格教育[M]. 北京：北京师范大学出版社，2002.

[53] 方俊明. 认知心理学与人格教育[M]. 西安：陕西师范大学出版社，1990.

[54] 李虎林. 当代人格教育论[M]. 北京：中国社会科学出版社，2015.

[55] 余潇枫，张彦. 人格之境——类伦理学引论[M]. 杭州：浙江大学出版社，2006.

[56] Jerry M Burger. 人格心理学[M]. 陈会昌，译. 北京：中国轻工业出版社，2004.

[57] 马斯洛，等. 人的潜能与价值[M]. 林方，译. 北京：华夏出版社，1987.

[58] 马斯洛. 动机与人格[M]. 许金声，程朝翔，译. 北京：华夏出版社，1987.

[59] 舒尔兹. 成长心理学[M]. 北京：三联书店出版，1988.

[60] 珀文. 人格科学[M]. 周榕，等译. 上海：华东师范大学出版社，2001.

[61] 乔兰德. 健全的人格[M]. 许金声，莫文彬，译. 北京：北京大学出版社，1989.

[62] 夏正江. 教育理论哲学基础的反思——关于“人”的问题[M]. 上海：上海教育出版社，2001.

[63] 肖少. 主体性道德人格教育[M]. 北京：北京师范大学出版社，2002.

[64] 阿德勒. 自卑与超越[M]. 黄光国，译. 北京：作家出版社，1986.

[65] 阿德勒. 生活的科学[M]. 苏克，周晓琪，译. 北京：生活·读书·新知三联书店，1987.

[66] 约翰·洛克. 教育漫画[M]. 北京：教育科学出版社，1999.

[67] 卢梭. 社会契约论[M]. 何兆武，译. 北京：商务印书馆，1963.

[68] 柏拉图. 理想国[M]. 郭斌和，张竹明，译. 北京：商务印书馆，2011.

[69] 色诺芬. 回忆苏格拉底[M]. 吴永泉，译. 北京：商务印书馆，2011.

[70] 怀特利. 大学生人格发展[M]. 朱深潮，等译. 杭州：浙江大学出版社，1993.

[71] 冯契. 哲学大辞典(修订本，上)[Z]. 上海：上海辞书出版社，2001.

[72] 朱智贤. 心理学大词典[Z]. 北京：北京师范大学出版社，1989.

[73] 美国不列颠百科全书公司. 不列颠百科全书(第 12 卷)[Z]. 不列颠百科全书国际中文版编辑部编译. 北京：中国大百科全书出版社，1994.

[74] 霍恩比. 牛津高阶英汉双解词典[Z]. 王玉章，等译. 北京：商务印书馆，2009.

[75] 梅里亚姆-韦伯斯特公司. 韦氏高阶英语词典[Z]. 北京：中国大百科全书出版社，2010.

[76] Hoad T F. 牛津英语词源词典[M]. 上海：上海外语教育出版社，2000.

[77] 本词典编译出版委员会. 新牛津英汉双解大词典[M]. 上海：上海外语教育出版社，2007.

[78] 王颖. 试析荀子的理想人格理论[J]. 北京青年政治学院学报，2006(1).

[79] 颜吾佴. 由大学生刑事案件引发的对大学生思想政治教育的思考[J]. 思想理论教导刊，2011(7).

[80] 郑雪. 试论人格教育的意义、目标和原则[J]. 华南师范大学学报(社会科学版)，1996(4).

[81] 陈敬朴. 素质教育·人格教育·公民教育——关于基础教育的思考[J]. 上海教育科

研，1995(8).

[82] 肖川. 论主体性道德人格教育对人的物化的抗拒[J]. 西北师范大学学报(社会科学版)，2001(5).

[83] 丁念金. 论教育中的人格观的转变[J]. 河北师范大学学报(教育科学版)，2002(3).

[84] 黄书光. 转型期中国儿童人格教育的文化审视[J]. 华东师范大学学报(教育科学版)，2003(1).

[85] 曾盛聪. 论中国现代化进程中的公民人格教育——基于中国文化语境的分析[J]. 探索，2006(3).

[86] 吴志华，柴进. 试析人格教育的几个问题[J]. 辽宁师范大学学报(社科版)，1998(3).

[87] 邹吉军. 人格和人格教育[J]. 山东教育科研，1996(4).

[88] 祁金善. 当代教育的重要命题——健全人格的培养[J]. 郑州大学学报(社科版)，2000(4).

[89] 王茜. 略论现代理想人格的塑造[J]. 河南师范大学学报(哲社版)，1999(3).

[90] 丁道勇. 品格教育：观点与评论[J]. 外国教育研究，2008(3).

[91] 花文凤. 论孔子对和谐人格的培养——兼议对当今人格培养的启示[J]. 内蒙古师范大学学报(教育科学版)，2007(10).

[92] 郝玉梅，徐全忠. 荀子的人格教育思想及其现代价值[J]. 社会科学论坛，2010(7).

[93] 王传旭. 培养健康人格促进学生全面发展[J]. 教育研究，2003(4).

[94] 茅于轼，鄢圣华. 也谈中国道德的重建[J]. 北京大学学报(哲学社会科学版)，2002(2).

[95] 谈炳和，樊富眠. 试论人格及人格教育[J]. 清华大学教育研究，2000(1).

[96] 万明钢. 论公民教育[J]. 教育研究，2003(9).

[97] 来月英. 重视研究生健康人格的培养和塑造[J]. 清华大学教育研究，1996(1).

[98] 张宝贵. 现代人格培育与教育社会价值提高[J]. 教育理论与实践，1999(6).

[99] 吴先伍，吴兴华. 理想人格的当代视野[J]. 安徽师范大学学报(人文社会科学版)，2000(3).

[100] 王平. 当代研究生道德人格的嬗变与重塑[J]. 高等教育研究，2000(3).

[101] 柏昌利. 浅析研究生的现代人格及其培养[J]. 学位与研究生教育，2001(5).

[102] 黄希廷，范蔚. 人格研究中国化之思考[J]. 西南师范大学学报(人文社会科学版)，2001.

[103] 虞友谦. 从传统现实人格到现代理想人格[J]. 学海，2002(5).

[104] 高德胜. 人格教育在美国的回潮[J]. 比较教育研究，2002(6).

[105] 葛斌茅，洪波. 论人格教育[J]. 辽宁师范大学学报(社会科学版)，2003(3).

[106] 陈建文，王滔. 当前人格研究的基本走向[J]. 厦门大学学报(哲学社会科学版)，2003(3).

[107] 薛晓阳. 人格现代化与教育的三种选择[J]. 首都师范大学学报(社会科学版)，2003(5).

[108] 王登峰，崔红. 中西方人格结构的理论和实证比较[J]. 北京大学学报(哲学社会科学版)，2003(5).

[109] 李书明. 浅析当前中国人格教育的现状与对策[J]. 现代校长，2006(4).

[110] 李定庆，曾天德. 健康人格教育与高校德育的关系[J]. 教育评论，2007(2).

[111] 方宏建. 大学生人格培育应从典型行为培养入手[J]. 高校理论战线，2012(3).

[112] 刘琪瑾. 以良好的校园文化塑造研究生健全人格[J]. 华南理工大学学报(社会科学版)，2006(4).

[113] 陈平. 关于大学生人格研究视角的思考[J]. 湖南师范大学教育科学学报，2005(4).

[114] 崔建霞. 论马克思生态思想的致思路径[J]. 教学与研究，2012(5).

[115] 陈玉福. 健全人格和谐发展[J]. 教育科学研究，2001(12).

[116] 戴家芳. 高校根本的目标追求：大学生和谐人格培育[J]. 高等农业教育，2008(9).

[117] 蒋萃. 大学新生人格特征的调查及对策[J]. 河南教育(中旬)，2012(2).

[118] 高延龙. 转型时期大学生理想人格构建问题探析[J]. 延安大学学报(社会科学版)，2001(2).

[119] 高中建，张林雨. 论青少年和谐人格的培育[J]. 思想政治教育研究，2007(5).

[120] 郭谊，潘光林. 思想政治工作对大学生和谐人格的影响策略合议[J]. 理论与改革，2008(3).

[121] 李丽红. 当代大学生和谐人格构建研究文献综述[J]. 天津市教科院学报，2010(6).

[122] 彭美贵. 浅谈高校教师的师德建设[J]. 教育探索，2011(11).

[123] 肖正德. 西方和谐教育思想的发展脉络及其当代意蕴[J]. 比较教育研究，2008(4).

[124] 李虎林. 当代人格教育的理论求索与时代建构[D]. 西北师范大学，2006.

[125] 钱皎月. 在建构和谐社会视野中军校青年学员和谐人格的培养研究[D]. 第四军医大学，2007.